PRECIFICAÇÃO
PRECIFICAR SERVIÇOS E EMPREITADAS EM ENGENHARIA

Editora Appris Ltda.
1.ª Edição - Copyright© 2024 dos autores
Direitos de Edição Reservados à Editora Appris Ltda.

Nenhuma parte desta obra poderá ser utilizada indevidamente, sem estar de acordo com a Lei nº 9.610/98. Se incorreções forem encontradas, serão de exclusiva responsabilidade de seus organizadores. Foi realizado o Depósito Legal na Fundação Biblioteca Nacional, de acordo com as Leis nos 10.994, de 14/12/2004, e 12.192, de 14/01/2010.

Catalogação na Fonte
Elaborado por: Josefina A. S. Guedes
Bibliotecária CRB 9/870

A958p 2024	Avila, Antonio Victorino
	  Precificação: precificar serviços e empreitadas em engenharia / Antonio Victorino Avila, Antônio Edésio Jungles. – 1. ed. – Curitiba: Appris, 2024.
	  381 p. ; 23 cm.
	
	  Inclui referências.
	  ISBN 978-65-250-5453-7
	
	  1. Contratos de construção civil. 2. Contratos de empreitada. 3. Prestação de serviços. I. Jungles, Antônio Edésio. II. Título.
	
	  CDD – 346.024

Livro de acordo com a normalização técnica da ABNT

Appris editora

Editora e Livraria Appris Ltda.
Av. Manoel Ribas, 2265 – Mercês
Curitiba/PR – CEP: 80810-002
Tel. (41) 3156 - 4731
www.editoraappris.com.br

Printed in Brazil
Impresso no Brasil

Antonio Victorino Avila
Antônio Edésio Jungles

PRECIFICAÇÃO
PRECIFICAR SERVIÇOS E EMPREITADAS EM ENGENHARIA

FICHA TÉCNICA

EDITORIAL	Augusto Coelho Sara C. de Andrade Coelho
COMITÊ EDITORIAL	Marli Caetano Andréa Barbosa Gouveia (UFPR) Jacques de Lima Ferreira (UP) Marilda Aparecida Behrens (PUCPR) Ana El Achkar (UNIVERSO/RJ) Conrado Moreira Mendes (PUC-MG) Eliete Correia dos Santos (UEPB) Fabiano Santos (UERJ/IESP) Francinete Fernandes de Sousa (UEPB) Francisco Carlos Duarte (PUCPR) Francisco de Assis (Fiam-Faam, SP, Brasil) Juliana Reichert Assunção Tonelli (UEL) Maria Aparecida Barbosa (USP) Maria Helena Zamora (PUC-Rio) Maria Margarida de Andrade (Umack) Roque Ismael da Costa Güllich (UFFS) Toni Reis (UFPR) Valdomiro de Oliveira (UFPR) Valério Brusamolin (IFPR)
SUPERVISOR DA PRODUÇÃO	Renata Cristina Lopes Miccelli
ASSESSORIA EDITORIAL	Nicolas da Silva Alves
REVISÃO	Mateus Soares de Almeida
PRODUÇÃO EDITORIAL	Sabrina Costa da Silva
DIAGRAMAÇÃO	Jhonny Alves dos Reis
CAPA	Sheila Alves
REVISÃO DE PROVA	Romão Matheus

Dedicamos esta obra às nossas esposas,
Rosemarie Darius Avila, in memoriam,
e Lacy de Oliveira Jungles, incansáveis
companheiras de nossas vidas!

LISTA DE SIGLAS

Abinee – Associação Brasileira da Indústria Elétrica e Eletrônica
ABNT – Associação Brasileira de Normas Técnicas
ART – Anotação de Responsabilidade Técnica
BDI – Benefícios e Despesas Indiretas
CEI – Cadastro Específico do INSS
CGU – Controladoria-Geral da União
CLT – Consolidação das Leis do Trabalho
CNAE – Classificação Nacional de Atividades Econômicas
Cofins – Contribuição para Fins Sociais
Conama – Conselho Nacional do Meio Ambiente
Confea – Conselho Federal de Engenharia e Agronomia
CPM – *Control Path Method*
Crea – Conselho Regional de Engenharia e Agronomia
CSLL – Contribuição Social sobre o Lucro Líquido
DEP – Despesas
FGTS – Fundo de Garantia do Tempo de Serviço
FPNQ – Fundação Prêmio Nacional da Qualidade
Gestcon – Núcleo de Gestão da Construção - Engenharia Civil - UFSC
Ibama – Instituto Brasileiro do Meio Ambiente
IBGE – Instituto Brasileiro de Geografia e Estatística
ICMS – Imposto sobre Circulação de Mercadoria e Serviços
Incra – Instituto Nacional de Colonização e Reforma Agrária
INSS – Instituto Nacional da Seguridade Social
IPI – Imposto sobre Produtos Industrializados
IR – Imposto de Renda
ISS – Imposto Sobre Serviços
NCC – Novo Código Civil
Pasep – Programa de Formação do Patrimônio do Servidor Público
PBQP-H – Programa Brasileiro de Qualidade e Produtividade no Habitat

PERT	–	*Program Evaluation and Review Technique*
PIB	–	Produto Interno Bruto
PIS	–	Programa de Integração Social
PLB	–	Pró-labore
RET	–	Regime Especial de Tributação
Seconci	–	Serviço Social do Sindicato da Indústria da Construção Civil
STF	–	Supremo Tribunal Federal
STR	–	Serviço de Terceiros
TCU	–	Tribunal de Contas da União
TST	–	Tribunal Superior do Trabalho
TRI	–	Tributos
UFSC	–	Universidade Federal de Santa Catarina

SUMÁRIO

1

A FORMAÇÃO DO PREÇO 17

1.1 O preço e o mercado. 17

1.1.1 O paradigma do lucro 17

1.1.2 Competitividade do mercado 23

1.2 Profissional liberal: preço por projeto 30

1.2.1 Preço unitário 30

1.2.2 Preço orçado 33

1.2.3 Preço de mercado 34

1.2.4 Análise da capacidade de produção. 34

1.2.5 Exercícios resolvidos. 40

1.2.6 O lucro e a influência dos tributos. .42

1.3 Profissional liberal: preço por atendimento. 45

1.4 Indústria e comércio: markup 47

1.4.1 Definição do markup 49

1.4.2 A margem de contribuição 50

1.4.3 O ponto de equilíbrio econômico. 52

1.4.4 Metodologia de cálculo do markup. 53

1.4.5 Exemplo de aplicação. 55

1.5 Preço de cesta de produtos 56

1.5.1 Objetivo 56

1.5.2 Metodologia da cesta de produtos. 57

1.5.3 Cesta de produtos: aplicação. 60

1.6 Exercícios propostos 65

1.6.1 Preço horário do profissional autônomo. 65

1.6.2 Preço de projeto do autônomo 67

1.6.3 Cálculo do markup. 68

1.6.4 Visita profissional. 68

2

O ORÇAMENTO 69

2.1 Origens do orçamento 69

2.2 O orçamento e o profissional. 70

2.3 O sistema orçamentário 71

2.3.1 O processo orçamentário 73

2.3.2 Vantagens e óbices 75

2.3.3 O plano de resultados 79

2.3.3.1 Plano substantivo 79

2.3.3.2 Plano de resultados de longo prazo, com caráter estratégico.......80

2.3.3.3 Planos de resultados de curto prazo, em base anual.............80

2.3.3.4 Orçamentos de despesas variáveis...........................82

2.3.3.5 Dados estatísticos complementares..........................82

2.3.3.6 Relatórios de desempenho.................................82

2.3.4 Requisitos e características do orçamento 84

2.4 Orçamento produto...85

2.5 Precificação: empreitadas e serviços 88

2.5.1 Justificativa 88

2.5.2 Do preço 88

2.5.3 Dos custos 94

2.5.4 Produtividade..98

2.5.5 Preço de equipamentos 106

2.5.5.1 Pequenos equipamentos e ferramentas......................106

2.5.5.2 Máquinas operatrizes 106

2.5.5.3 Equipamentos de transporte 107

2.6 Metodologia de cálculo do preço de equipamentos...............108

2.6.1 Despesas administrativas e financeiras 109

2.6.2 Custos de manutenção......................................112

2.6.3 Custos de operação..113

2.6.4 Metodologia e aplicação 114

2.7 Custo de materiais 119

2.8 Mão de obra de serviços..119

2.8.1 1ª abordagem: BDI não incidente sobre encargos sociais 120

2.8.2 2ª abordagem: BDI incidindo sobre encargos sociais 120

2.8.3 Preço de materiais e equipamentos.........................121

2.9 Do custo ao preço 121

2.9.1 Composição do custo direto................................125

2.9.2 Composição de preço: modelo 128

2.10 Alocação de custos 129

2.10.1 Recomendações..129

2.10.2 Reconhecimento do local 132

2.10.3 Custos inflacionários 140

2.11 Orçamento tributário...146
  2.11.1 Dos tributos...146
  2.11.2 ISS: tributo municipal....................................149
  2.11.3 Tributos federais: opção lucro real.......................153
    2.11.3.1 Conceituação.......................................153
    2.11.3.2 Exemplo de apuração dos tributos no lucro real......158
  2.11.4 Tributos federais: opção lucro presumido..................160
    2.11.4.1 Conceituação.......................................160
    2.11.4.2 Apuração dos tributos..............................161
    2.11.4.3 Caso da construção civil...........................166
    2.11.4.4 Exemplo de apuração dos tributos no lucro presumido..167
  2.11.5 O Simples Nacional..169
    2.11.5.1 Conceituação.......................................169
    2.11.5.2 Apuração do tributo................................174
    2.11.5.3 Exemplo de cálculo do Simples......................175
  2.11.6 O Regime Especial de Tributação: incorporações de imóveis ..176
2.12 Tributos e obras em pré-moldados................................179
2.13 Deságio para preço-alvo...181
2.14 Exemplos e exercícios...184

3
O BENEFÍCIO E AS DESPESAS INDIRETAS.................197

3.1 Formação do BDI..197
  3.1.1 Importância do BDI...197
  3.1.2 O markup e o I_{BDI}......................................202
  3.1.3 Lei de formação do BDI.....................................203
    3.1.3.1 O custo indireto (CI)................................204
    3.1.3.2 Valor de risco (VR)..................................208
    3.1.3.3 Montante de lucro (ML)...............................209
    3.1.3.4 Tributos..210
3.2 Rateio dos custos indiretos e das despesas e administrativas......214
  3.2.1 Critérios globais...214
    3.2.1.1 Rateio e superávit..................................216
    3.2.1.2 Manutenção do nível de produção.....................219
    3.2.1.3 Aproveitamento de capacidade ociosa.................220
  3.2.2 Critérios de rateio específicos............................221
3.3 O custo financeiro...225
  3.3.1 Conceituação..225

3.3.2 Custo do capital de giro 227

3.3.3 Custo do desconto de duplicatas (DD) 229

3.3.4 Custo da retenção em garantia (RG) 230

3.4 Volume do capital de giro (VCG) 233

3.4.1 Tipos de abordagem 233

3.4.2 Montante do capital de giro movimentado 233

3.4.3 Capital de giro e fluxo de caixa 234

3.5 Resumo das metodologias 237

3.5.1 Cálculo do BDI 237

3.5.2 Cálculo do custo financeiro 238

3.6 BDI e TCU 239

3.6.1 Base legal 240

3.6.2 Modelo do LDI 242

3.6.3 Referências de taxas do BDI 243

3.7 Exercícios resolvidos 245

3.7.1 Opção tributária 245

3.7.2 Caso da licitação de obra: conjunto poliesportivo 251

3.8 Exercícios propostos 259

3.8.1 A influência de tributos sobre o faturamento 259

3.8.2 Determinação de índice de rateio 259

3.8.3 O preço de venda 259

3.8.4 Custo financeiro e BDI 260

3.8.5 BDI e tributos 261

3.8.6 Orçamento de projeto 261

3.8.7 Proposta de empreitada 262

3.8.8 Determinação do BDI como índice 263

3.8.9 BDI para licitação 264

4

ENCARGOS SOCIAIS E TRABALHISTAS 267

4.1 Encargos sociais e a construção civil 267

4.2 Obrigações sociais do empregado 269

4.3 Obrigações do empregador 272

4.3.1 Custo do trabalho para o empregador 272

4.3.2 Encargos do trabalho 272

4.3.3 Obrigações sociais 278

4.4 Cálculo dos encargos do empregador 284

4.4.1 Descanso semanal remunerado (DSR) 285

4.4.2 Auxílio-doença (AD)...287
4.4.3 Provisão mensal para o 13º salário 288
4.4.3 Provisão para férias..289
4.4.4 Abono pecuniário de férias 290
4.4.5 Reincidência de encargos previdenciários 291
4.4.6 Aviso-prévio Indenizado (API)..............................292
4.4.7 Multa FGTS: rescisão sem justa causa 294
4.4.8 Adicional de periculosidade (A. Per.)........................294
4.4.9 Adicional de insalubridade (A. In.)..........................295
4.4.10 Salário-família...296
4.4.11 Licença-paternidade 297
4.4.12 Licença-maternidade 297
4.4.13 Contribuição patronal ao Seconci..........................298
4.5 Índices de encargos sociais....................................302
4.6 Metodologia dos encargos sociais para obras.................303
4.6.1 Horas anuais de trabalho....................................304
4.6.2 Encargos sociais: horas normais...........................309
4.6.3 Encargos sociais: horas improdutivas......................311
4.6.4 Encargos sociais facultativos...............................317
4.6.4.1 Vale-transporte...317
4.6.4.2 Vale-refeição...317
4.7 Desoneração fiscal na construção civil 319
4.8 Exercícios..322
4.8.1 Exercícios resolvidos..322
4.8.1.1 Caso da licitação 322
4.8.1.2 Custo total de um empregado 325
4.8.2 Exercícios propostos..330
4.8.2.1 Índice parcial 330
4.8.2.2 Custo da mão de obra....................................330
4.8.2.3 Benefícios diretos 331
4.8.2.4 Custo efetivo de mão de obra............................331
4.8.2.5 Serviço em hora extra 332
4.8.2.6 Encargos totais 332
4.8.2.7 Proposição legal 335
4.8.2.8 Salário de equilíbrio......................................335
4.8.2.9 Custo total do empregado: empresa do setor elétrico 336
4.6.1.1 Decisão de remuneração 341

5
ANÁLISE DE RISCO 343
5.1 Introdução 343
5.2 Análise de variação do lucro 347
    5.2.1 Conceituação. 347
    5.2.2 Análise por projeção da demanda. 347
5.3 Análise de alavancagem 349
    5.3.1 Grau de alavancagem operacional (GAO). 350
    5.3.2 Grau de alavancagem financeira (GAF). 352
5.4 Exemplos de aplicação 354
    5.4.1 Alavancagem operacional 354
    5.4.2 Alavancagem financeira: empresa em início
    de operações 355
    5.4.3 Alavancagem financeira: empresa em crescimento 358
5.5 Defesa do caixa pelo ponto de equilíbrio 360
    5.5.1 Metodologia e conceitos 360
    5.5.2 Aplicação 362
5.6 Análise de risco financeiro 364
    5.6.1 Objetivo 364
    5.6.2 Definições. 365
    5.6.3 Análise do risco financeiro 366
    5.6.4 Definição do *overtrade* 367
    5.6.5 Exemplo de cálculo do *overtrade*. 367
5.7 Resolução de caso: proposta. 369

REFERÊNCIAS. 371

PRÓLOGO

A proposta desta obra é atender aos profissionais atuantes em setores da engenharia responsáveis por projetos singulares, ou seja, não elaborados em série, como é o caso da construção civil. Desse modo, a obra se destina aos profissionais responsáveis pela gestão de contratos, projetos e obras, sejam eles integrantes do meio acadêmico ou do profissional, interessados no processo de formação do preço de suas propostas de trabalho.

Uma atribuição estratégica do gestor de contratos na construção civil diz respeito ao processo orçamentário e, consequentemente, à formação do preço de serviços, empreitadas e obras. O conhecimento sobre esse processo é de capital importância para a manutenção da sustentabilidade empresarial, social e econômica na indústria da construção e, em especial, nas empresas dedicadas a projetos únicos ou singulares.

Foge ao escopo do livro a composição ou o orçamento dos custos de obras, serviços e despesas administrativas. O objetivo maior são os custos e as despesas orçados, ou seja, discutir o processo de formação do preço.

O preço, então, é formado a partir da definição do índice BDI (Benefícios e Despesas Indiretas), parâmetro que, multiplicado pelo somatório dos custos e das despesas a serem incorridos, propiciará a definição do preço a ser proposto.

Nesta obra, o BDI foi discutido sob a ótica das possíveis opções tributárias consideradas no Brasil, quais sejam: o lucro real, o lucro presumido, o simples e o regime especial de tributação (RET).

Como será demonstrado, cabe ao gestor conhecer os tributos e as bases de cálculo para a sua incidência, segundo a opção tributária adotada para o exercício seguinte, quando efetua suas propostas de preço. No caso da última opção tributária citada, o RET, essa é destinada às incorporações e construções de caráter social, pois permite redução na carga tributária de empreendedor.

Considerando a expressiva carga tributária e a complexidade da legislação pertinente e dos encargos sociais existentes do país, é temerário, para a realização da lucratividade desejada, o desconhecimento dessas áreas fiscais, especialmente na indústria da construção civil.

Além disso, os conceitos de despesas e de custos serão adotados conforme a ótica do Tribunal de Contas da União (TCU). Nesse sentido, os custos correspondem aos dispêndios a serem realizados no processo de execução da obra ou serviço. Já as despesas, aos dispêndios associados ao processo de administração da empresa, e esses são relacionados no BDI.

Assim procedendo, poder-se-á constatar maior transparência, reconhecimento e facilidade na classificação e medição dos dispêndios, sejam eles custos, despesas ou tributos, fato que contribui favoravelmente para dirimir qualquer demanda futura quando se discute a composição dessas variáveis.

O motivo de estender o enfoque desta obra a um público com maior campo de abrangência profissional foi o fato de a indústria da construção civil ser um dos setores da economia com expressiva participação no PIB, em que atuam profissionais formados em diversas áreas do conhecimento.

Pelo exposto, o conteúdo do livro é de caráter multidisciplinar, fato que justifica a intenção dos autores de atender à capacitação dos profissionais envolvidos na formação do preço e na gestão de projetos e contratos realizados na indústria da construção.

O conteúdo aborda quatro temas: i) a formação do preço dos serviços dos profissionais liberais e das empresas, sejam de engenharia ou de construção; ii) o processo orçamentário; iii) a formação do BDI; iv) os encargos sociais e trabalhistas.

Outrossim, ressalta-se que os Capítulos 3 e 4, que tratam da composição do BDI e dos encargos sociais, compunham o escopo do livro Gerenciamento na construção civil, de lavra destes autores, e que ora foram revistos e atualizados.

Finalizando, cabe agradecimento ao engenheiro civil Manoel Gonçalves Annes por contribuir para a realização deste livro ao disponibilizar uma metodologia utilizada na determinação dos encargos sociais e adotada na elaboração de propostas de preços efetuadas por empresas de engenharia consultiva, motivo do Capítulo 4 desta obra.

Os autores

Florianópolis - SC, janeiro de 2023

A FORMAÇÃO DO PREÇO

Este capítulo discute uma visão geral quanto à formação do preço, seja para empresa ou profissional liberal, da definição da quantidade de equilíbrio da produção e uma abordagem sobre competitividade, assuntos de interesse precípuo do gestor.

1.1 O preço e o mercado

1.1.1 O paradigma do lucro

A definição do preço e, em decorrência dele, do lucro, é função do regime prevalente da indústria em que a empresa se situa. O reconhecimento desse fato induz a um comportamento distinto na formulação de proposta de preços, atuando a empresa seja em regime de livre concorrência, em oligopólio ou em regime de monopólio.

No caso da construção civil e especialmente das empresas que trabalham em regime de empreitada, de modo geral, pode-se afirmar que os preços dos bens e serviços praticados se formam no seio de seu mercado, isto é, em regime de livre concorrência.

Tal situação propicia a formação de preços por meio do embate das forças de mercado, o que leva à imposição da prática de determinado patamar de preço para o fornecimento de bens e serviços (AVILA; LIBRELOTTO; LOPES, 2003).

Dessa forma, os agentes de mercado, contratantes, contratados e concorrentes, pressionam para praticar um preço que lhes convém, provocando a ocorrência de um equilíbrio que será sempre instável (LIMA JR., 1993).

E esse fato se agrava em setores econômicos cuja exigência de capital de giro para as operações é pequena, ou nos quais não existem tecnologias exclusivas de difícil ou custoso domínio. Reconhecidamente, essa é a situação da construção civil.

Além disso, quando o governo é o maior contratante de infraestrutura, ele tende a definir os preços praticados, reduzindo a margem de lucro dos contratados. Esse fato contribui para que as empresam recebam propostas de preços evidentemente inexequíveis ou produzam obras de menor durabilidade.

Figura 1.1 – Formação do preço

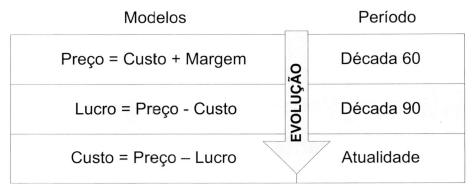

Fonte: os autores com base em Avila, Librelotto, Lopes, 2003

Nas últimas décadas, a formação das propostas de preço vem mudando de paradigma, especialmente quanto à garantia do atingimento da margem de lucro ou de sua definição. Essa evolução está mostrada na Figura 1.1.

Até a década de 1960, o objetivo da gestão era definir um preço a ser proposto, sendo esse preço equivalente à soma dos custos com a margem de lucro desejada. Na década seguinte, nos anos de 1970, passou a haver a preocupação com a garantia da realização do lucro, quando esse valor corresponderia à diminuição do custo do montante do preço a ser proposto.

Atualmente, o paradigma é conhecer o custo a ser incorrido para atender à obtenção do lucro desejado, já que o preço, também denominado preço-alvo, passou a ser definido pelo contratante ou pelo órgão operador de algum programa social. Como exemplo, cita-se o programa denominado Minha Casa, Minha Vida, no qual o valor máximo a ser financiado é estabelecido pela Caixa Econômica Federal (CEC).

Historicamente, tanto no comércio como na indústria manufatureira, o paradigma adotado para a formação do preço era função do somatório do custo incorrido com a aquisição de insumos da produção, da margem de lucro desejada, das despesas incorridas e dos tributos.

$$Preço = \sum (Custos + Despesas + Tributos + Lucro)$$

A expressão exposta permite inferir um tipo de comportamento tradicionalmente aceito e normalmente praticado ao se considerar o preço como uma variável dependente e as demais variáveis como independentes. Nesse contexto os custos são, geralmente, estabelecidos pelos fornecedores de insumos e a margem de lucro definida pela empresa ou pelo profissional interessado.

Outra forma adotada pela indústria e pelo comércio foi definir o preço em função do custo direto do insumo utilizado e adotar um fator multiplicador, fator esse denominado de markup, K, que engloba o lucro, as despesas indiretas de produção, as comissões de vendas, os tributos e a margem de lucro.

O markup, aplicado sobre os custos diretos dos insumos que compõem o produto, define o preço desejado. Matematicamente, expressa-se da seguinte maneira:

$$Preço = CD + K{\cdot}CD = CD\ (1+K)$$

Com a evolução do mercado, já na década de 90, devido ao acirramento da concorrência, a adoção de novas tecnologias e do surgimento de novos processos construtivos, passou a ocorrer um forte embate entre os atores do mercado. Essa situação propiciou o aparecimento de um novo paradigma, fato que estreitou as margens de lucro praticadas pelas empresas.

Nesse novo paradigma, que atinge principalmente as empresas que atuam em regime de livre concorrência, o preço vem se comportando como variável independente, sendo que o custo continua estabelecido pelos fornecedores de insumos e a margem de lucro passa a se comportar como variável dependente.

O novo paradigma pode ser expresso pelo seguinte o modelo:

$$Lucro = \int (Preço - \Sigma\ Custo)$$

O modelo mostra que o lucro passou a ser função do preço praticado pelo mercado e dos custos incorridos — nos quais estão inclusos as despesas e os tributos. Nesse caso, os custos e as despesas são variáveis passíveis de serem controladas pelas empresas.

Nessa situação, garantir a margem de lucro estabelecida *a priori* requer um forte acompanhamento e um controle dos dispêndios citados e de todas as etapas dos processos necessários à elaboração de produtos e serviços, já que o preço passou a ser variável de difícil domínio da empresa.

Atualmente, considerando que as empresas procuram trabalhar com a melhoria contínua e com a implantação de programas de qualidade total, a tendência prevista para o comportamento do mercado futuro é ocorrer, novamente, um rearranjo no modelo mencionado.

O entendimento do processo gerencial tem evoluído de uma visão voltada apenas ao controle técnico para uma visão de forte gerenciamento de custos, devido a ser o preço estabelecido pelo cliente, conforme expressa o modelo a seguir.

$$\Sigma\ Custo = \int (Preço - Lucro)$$

Figura 1.2 – Preço-alvo e preço proposto

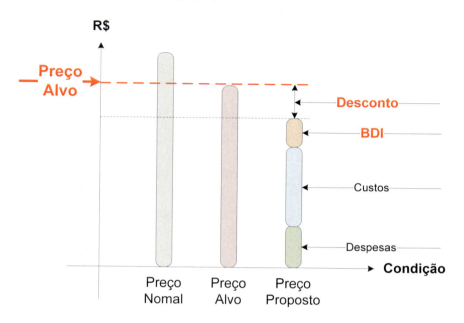

Fonte: os autores

A Figura 1.2 caracteriza um procedimento que já vem sendo aplicado tanto na iniciativa particular como na pública e, de forma crescente, em licitações para concessão de serviços públicos, tais como: implantações e exploração de linhas de transmissão de alta e extra alta tensões; construção e/ou manutenção de rodovias pedagiadas; implantação e exploração de serviços urbanos de transporte coletivo e de aeroportos; entre outros.

Assim sendo, o contratante define um preço-alvo[1] a ser pago pela concessionária ou o usuário e o proponente propõe um desconto nesse preço visando ganhar a licitação. Matematicamente, pode-se expressar essa relação da seguinte maneira:

Preço Contratual = Preço-Alvo − Desconto

---

[1] Em inglês *target price*.

Nessas circunstâncias, o fornecedor ou proponente deverá ofertar proposta com valor inferior ao do preço-alvo, conforme mostra a Figura 1.2. Sendo PA o preço-alvo, PP o preço proposto e "k" o percentual de desconto, tem-se matematicamente:

$$PA > PP = (1 \ k) \, PA = (1 \ k) \, I_{BDI} \times CD$$

Desse modo, para manter a margem de lucro desejada, deverão ser perfeitamente reconhecidos e eficazmente controlados os custos relativos ao processo de construção, as despesas a serem incorridas durante o período de construção e operação, os tributos incidentes sobre o faturamento/lucro e a opção tributária.

É comum, nesses casos, o contratante estabelecer e mesmo conhecer a formação dos custos diretos e dos custos associados aos processos construtivos. Nessa condição, ele estabelece o valor do preço-alvo que faz o proponente adotar uma margem de lucro reduzida.

No caso de licitações públicas, poderá também o contratante exigir a demonstração da composição do I_{BDI}, fato que reduz a capacidade de precificar novos serviços com margem de lucro distinta da proposta inicial.

Outro exemplo similar é o do programa social Minha Casa, Minha Vida, praticado pela Caixa Econômica Federal, em que o preço-alvo corresponde ao valor do financiamento a ser assumido pelo interessado.

Nesse caso, para que haja realização de lucro, é necessário ocorrer um acompanhamento do custo do processo construtivo em perfeita harmonia com o custo tecnicamente orçado. E, além disso, é preciso ser considerado na formação de preço o benefício fiscal permitido em lei e a desoneração do encargo social do empregador, bem como a realização da incorporação sob a égide do patrimônio de afetação, nos termos da Lei nº 4.591 de 16 de dezembro de 1964 (das Incorporações e Condomínios).

Na área pública, a própria Lei nº 8.666, das Licitações, em seu Art. 48, estabelece condições de desclassificação de propostas de preços cujos limites estejam em desacordo com o preço estabelecido pelo órgão responsável pela licitação.

A construção civil, diferentemente do que ocorre na maioria das indústrias, apresenta um processo laboral com três características que tornam difícil e complexa a implantação de um processo de acompanhamento e controle:

- unidades de produção temporárias e migrantes;
- operários móveis em torno de um produto fixo;
- produtos, normalmente, únicos.

Essas características contribuem para a complexidade de uma avaliação de todos os custos a serem incorridos e, em consequência, do respectivo acompanhamento e da realização do lucro desejado para cada empreendimento, pois não há continuidade ou repetição durante esse processo industrial.

Desse modo, o domínio de todo o processo construtivo, do reconhecimento dos óbices à construção, do levantamento e reconhecimento do local do empreendimento, passando pelo projeto, pela logística e pelo processo construtivo até ao comissionamento da obra, faz-se necessário a todos aqueles que dele participem visando ao sucesso desejado.

Pelo exposto, fica patente a importância do conhecimento do preço próprio para que a empresa possa participar com conhecimento e clareza do mercado em que atua e assim traçar sua estratégia de ação.

1.1.2 Competitividade do mercado

Antes de tudo, é necessário se entender que o preço pode ser determinado por três estratégias distintas:

- por composição de custos (PCC);
- por domínio de mercado (PDM);
- por estratégia de mercado (PEM).

A primeira metodologia parte do conhecimento da composição de custos, tributos e lucro para definir o preço. Nesse caso, há o entendimento do próprio preço a servir de parâmetro para seu cotejamento com o de mercado.

Na segunda metodologia, de formação do preço por domínio de mercado, a empresa dispõe de condições de impor o preço de seus produtos, pois domina a tecnologia ou há uma demanda por seus produtos, o que permite obter lucratividade acima da margem de lucro tradicionalmente adotada.

A terceira metodologia, de formação do preço por estratégia de mercado, refere-se ao acompanhamento ou à adoção do preço praticado por firmas líderes de mercado por aquelas que não dispõem de tal condição. Essa situação é comumente verificável em mercados crescentemente competitivos, assunto esse a ser discutido no Capítulo 16.

Recomenda-se ao profissional ou à empresa conhecer o próprio preço e definir sua margem de lucro. Nessas condições, terá condições de avaliar com precisão sua capacidade competitiva.

Tanto as empresas como o profissional devem avaliar constantemente o mercado em que atuam com vistas à competitividade e à sobrevivência. Competitividade se relaciona com a prática de preço compatível com o praticado pelo mercado. Já a sobrevivência diz respeito ao preço necessário para cobrir os custos com a subsistência do profissional ou da organização e os custos incorridos com a realização de seus serviços.

Assim sendo, três situações são passíveis de ocorrer, conforme mostrado na Figura 1.3:

I. O profissional ou a empresa ser muito competitiva: PO<PM. Neste caso, o preço orçado é inferior ao preço de mercado. Essa situação permite a realização do denominado lucro puro. O preço orçado, então, pode ser elevado a um patamar pouco inferior ao de mercado, obtendo-se uma lucratividade superior à margem de lucro preestabelecida.

II. O profissional ou a empresa ser competitiva: PO=PM. É o caso em que o preço orçado é igual ao preço de mercado. Nesta situação, para não se perder competitividade ou ter que reduzir margem de lucro, há que se instituir um efetivo controle de custos.

III. O profissional ou a empresa ser não competitiva: PO>PM. Neste caso, o preço orçado é superior ao preço de mercado. É a situação em que se deve analisar os custos praticados e também a permanência nesse mercado.

Figura 1.3 – Situações de competitividade

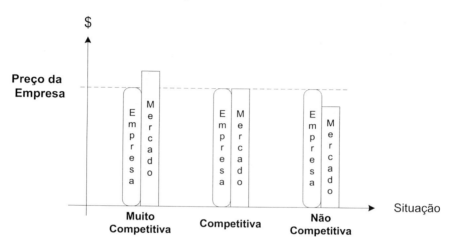

Fonte: os autores

Diante do exposto, cabe uma constante análise dos custos praticados e da margem de lucro desejada com os preços praticados pelo mercado.

Neste capítulo será discutida a formação do preço de produtos e serviços quando já se dispõe dos custos e das despesas que concorrem para a sua formação.

Para definir preço há que se orçar, *a priori*, o custo total, composto dos custos de execução de obras e serviços, dos custos indiretos e do custo do risco associado a cada etapa ou item a ser executado. E, gerencialmente, é necessário definir a própria margem de lucro. O preço, então, será orçado de acordo com o seguinte modelo:

$$\text{Preço} = CT \times I_{BDI}$$

Os principais grupos de variáveis componentes de um processo de formação de preço são mostrados na Figura 1.4 e serão discutidos nos capítulos seguintes. Ressalta-se que, na inexistência de projetos completos, torna-se temerária a realização de proposta de preço consistente com o objeto a ser executado, fato que torna temerária a obtenção da lucratividade desejada.

A seguir serão apresentados os conceitos de dispêndio, custos, despesas e investimentos visando manter o mesmo entendimento dos modelos a serem discutidos por profissionais com formação na área contábil, de administração ou de engenharia atuantes na indústria da construção.

Dispêndio corresponde a todo gasto efetuado na elaboração de um bem ou serviço, seja ele pago ou não.

Custo representa todo dispêndio necessário à consecução de um bem ou serviço. São apropriados em contas do Demonstrativo de Resultados (DR).

Figura 1.4 – Grupos de dispêndios na formação do preço

Fonte: os autores

Custo direto é aquele realizado no processo de elaboração e integra o bem ou o serviço propriamente dito ou está associado à sua consecução. Pode ser dividido em custos de execução, administrativos e de obras complementares, os quais são definidos da seguinte maneira:

- Custos direto de execução (CDE): correspondem aos dispêndios diretamente realizados ou incorporados na execução do produto final.

- Custos indiretos de execução (CIE): são os dispêndios realizados em obras complementares, sejam elas de apoio ou infraestrutura de construção, a exemplo de estradas vicinais, pontilhões, almoxarifados, escritórios, alojamento, refeitórios etc.
- Custos indiretos administrativos (CIA): correspondem àqueles custos necessários à administração local, tais como: pessoal de apoio, pessoal terceirizado ou serviços públicos, como administração local, estadia, transporte, alimentação, segurança, almoxarifado, manutenção, o custo do capital de giro demandado pelo contrato etc.

Custo de risco (RSK) corresponde ao dispêndio associado ao contrato de seguro realizado como garantia de desempenho contratual ou a sobrepreço associado, especificamente, à possibilidade de ocorrência eventual de algum sinistro durante o processo de execução. Gerencialmente, o custo do risco pode integrar o BDI ou o custo total, conforme melhor entendimento do gestor. No caso de ser associado a seguro, o recomendável é o integrar o BDI, pois será rateado entre todos os custos incorridos.

Custo total (CT) expressa o somatório dos custos diretos e indiretos de execução, bem como o custo previsto para a prevenção de algum sinistro ou a realização de seguro para garantia de execução. Matematicamente, expressa-se da seguinte forma:

$$CT = CDE + CIE + CIA + RSK$$

Despesas (DEP) correspondem aos dispêndios destinados a suportar a manutenção da administração central e a área de vendas das empresas. Elas serão rateadas entre as obras ou os serviços contratados, como salários da vinculados à administração central; pró-labore da diretoria; tributos vinculados à manutenção da sede; gastos com concessionárias de serviços públicos, serviços contábeis e jurídicos; segurança; e vendas. Via de regra, as despesas são rateadas entre os contratos realizados pela empresa e integram o BDI.

Investimento corresponde aos dispêndios realizados na aquisição de bens móveis, imóveis ou intangíveis, por exemplo, equipamentos, terrenos, edificações, patentes, participação ou controle de outras pessoas jurídicas.

Os investimentos são apropriados em contas do ativo permanente e, via de regra, não integrarão o BDI. Porém, quando considerados no preço de alguma obra ou serviço, geralmente, entram sob a forma de depreciação ou aluguel. O custo total de obras e serviços e as despesas administrativas serão lançadas em contas do Demonstrativo de Resultados do exercício.

Entre os principais erros cometidos pelos gestores no processo de precificação, tem-se:

- Desconsiderar as despesas administrativas e financeiras, as comissões e os impostos incidentes conforme a opção tributária adotada;
- Desconhecer a carga dos encargos sociais incidente sobre seus produtos;
- Não conhecer o real custo de produção de produtos ou serviços e dos dispêndios com materiais e fornecedores;
- Não definir o lucro desejado. Desconhecer meta almejada para a lucratividade. Em caso de haver frustração de objetivos, não revisar as estratégias a serem adotadas;
- Estabelecer o preço de venda, desconsiderando aspectos específicos do mercado;
- Não planejar, controlar e organizar as contas, custos e despesas, levando em consideração que esses devem estar alinhados com a margem e o lucro desejado.
- Desconhecer a diferença conceitual entre margem de lucro e lucratividade, bem como a influência do giro de capital.

O objetivo deste capítulo é discutir e analisar a formação do preço dos seguintes casos:

i. Profissional liberal: preço por projeto;
ii. Profissional liberal: preço por atendimento;
iii. Indústria e comércio: markup;

iv. Preço cesta de produtos;

v. O lucro e a influência dos tributos.

Para tanto, será adotada a seguinte nomenclatura:

A_{PRJ} = Área do projeto arquitetônico;

BDI = Benefício e despesas indiretas;

C(s) = Custos: gastos com empregados, viagens, cópias etc.;

CAB = Custo anual básico em reais;

CDE = Custo direto de execução;

CIE = Custo indireto de execução;

CIA = Custo indireto de administração;

Chp = Custo horário de serviço do profissional em R$/hora;

CAB = Custo anual básico;

CMB = Custo mensal básico;

CT = Custo total associado a um projeto ou obra;

CUB = Custo unitário básico da construção (Sinduscon), em R$/m²;

DEP = Despesa administrativa;

H_{AT} = Horas anuais disponíveis para o trabalho;

H_{DP} = Horas diárias de produção efetiva;

PAE = Produção anual de equilíbrio em m²/ano;

PLB = Pró-labore;

P_{MAX} = Produção anual máxima;

P_{UNIT} = Preço unitário de execução em horas;

Po = Preço orçado;

Pu = Preço unitário de serviço profissional em R$/hora;

RSK = Custo associado ao risco;

RTD = Retirada ou pró-labore;

S_{AT} = Semanas anuais disponíveis para o trabalho;

S_{IMP} = Semanas anuais indisponíveis ou improdutivas;

TDP = Tempo disponível de produção;

π (s) = Produtividade de um serviço ou trabalho, em horas/m².

1.2 Profissional liberal: preço por projeto

A metodologia deste item visa atender à formação do preço do horário de serviço do profissional liberal, ou seja, destina-se àqueles que atuam no campo de projetos, fiscalização de obras, elaboração de laudos, pareceres, enfim, àquelas que realizam trabalhos ou serviços de cunho intelectual. E, nesse sentido, discutem-se três assuntos de capital importância para a sobrevivência e sucesso profissional, quais sejam:

- o custo ou o preço horário de seu serviço, p_{UNIT}.
- o nível da produção de equilíbrio, PAE;
- a máxima capacidade anual de produção, P_{MAX}.

Os dois primeiros assuntos tratam da capacidade de produção do profissional. O terceiro diz respeito à competitividade.

1.2.1 Preço unitário

Em escritório de consultoria de profissional liberal, o preço unitário da hora trabalhada pode ser efetuado por uma conta simples.

Primeiramente, estipula-se quais são as necessidades financeiras mensais, incluindo todas as despesas fixas como aluguel de sala, telefone, locomoção etc., acrescidas de um valor equivalente à sua retirada ou pró-labore ou seja, as despesas administrativas vinculadas à sua manutenção e subsistência.

Obtido o valor mensal das necessidades, neste estudo denominado de custo mensal básico (CMB), divide-se esse pelo número total de horas disponíveis para o trabalho durante o mês, denominado de tempo disponível de produção (TDP).

$$p_{UNIT}(h) = \frac{\text{Despesas Fixas + Pró-Labore}}{\text{Tempo Disponível de Produção}}$$

Se, por exemplo, sua necessidade de ganho for de 4.000 reais por mês e você, efetivamente, trabalhe 100 horas no mês, sua hora vale 40 reais, por mais que esteja em função do trabalho durante 191 horas mensais, o que corresponde a 44 horas semanais.

Considerando que os contratos, comumente, são cumpridos em período superior a um mês e o respectivo fluxo de caixa é defasado do cronograma de serviços, recomenda-se que o profissional avalie suas necessidades de receita e do seu tempo de produção em bases anuais.

Recomenda-se que, partindo da expressão apresentada, o custo ou preço da hora de trabalho seja definido em função da razão entre o custo anual básico do profissional e as horas anuais efetivamente disponíveis para o trabalho. Também se recomenda que o custo anual básico do profissional (CAB) seja estabelecido em função do custo mensal básico (CMB). Matematicamente, expressam-se essas relações do seguinte modo:

$$CAB = \sum_{M\hat{E}S=1}^{12} CMB_{M\hat{E}S} \quad \therefore$$

$$pu(h) = \frac{CAB}{H_{AT}}$$

O custo anual básico (CAB) corresponde aos custos a serem incorridos pelo profissional durante um exercício fiscal, os quais são capazes de cobrir suas necessidades de sobrevivência, aperfeiçoamento, lazer, bem como a manutenção ou a funcionalidade de suas instalações. Logo, há de ser compatível com o ponto de equilíbrio conforme Figura 1.3.

O número anual de horas efetivamente disponíveis para o trabalho (H_{AT}) é obtido com certo grau de subjetividade, pois depende da avaliação dos seguintes fatores: número de horas diárias de produção[2] (H_{DP}); número de dias da semana dedicados à realização de sua produção (N_{DS}); e número de semanas anuais disponíveis para o trabalho (S_{AT}). Pode-se, então, escrever o modelo matemático:

---

[2] H_{DP} expressa o número de horas diárias de produção. Corresponde ao número de horas efetivamente empregadas na realização do produto. Logo, ela é inferior ao número de horas que o profissional se encontra no local de trabalho. Assim sendo, no caso do profissional liberal, não constam das horas efetivamente produtivas: tempo de atendimento a clientes; reuniões administrativas; ida a bancos etc.

$$\Sigma H_{AT} = H_{DP} \times N_{DS} \times S_{AT}$$

O número de semanas anuais disponíveis para o trabalho (S_{AT}), por sua vez, é obtido ao se deduzir do número total de semanas do ano o número de semanas improdutivas (S_{IMP}). Essas semanas improdutivas podem ocorrer por vários motivos: festas de Natal e Ano Novo; treinamento; visitas técnicas; afastamento por doença; férias. Matematicamente, expressa-se da seguinte maneira:

$$S_{AT} = 52 - S_{IMP} \quad \Sigma H_{AT} = H_{DP} \times N_{DS} \times (52 - S_{IMP})$$

As horas anuais disponíveis para o trabalho (H_{AT}) são um parâmetro de capital importância para a análise do profissional, pois com esse conhecimento poderá avaliar o número de horas de produção que disporá durante o ano para auferir os seus rendimentos.

Ressalta-se que a definição do número de horas diárias de produção (H_{DP}) possíveis de serem dedicadas ao trabalho dispõe de certo grau de subjetividade por ser influenciada pela disciplina e pela capacidade de organização do profissional. Além disso, nas suas relações com o mercado, é muito difícil para um consultor júnior, em início de carreira, ter a mesma possibilidade de praticar um preço unitário equivalente ao de um profissional sênior, fato constatado no mercado de engenharia.

Ressalta-se que, na avaliação diária ou semanal das horas efetivamente disponíveis para o trabalho, deve-se considerar apenas o tempo dedicado à elaboração de projetos ou trabalhos intelectuais, em outras palavras, ao esforço de produção. Além disso, deve-se desconsiderar como hora de produção as horas de atendimento a clientes e fornecedores, visitas não remuneradas a obras e dedicação a tarefas administrativas, pois essas impedem o profissional de se dedicar, exclusivamente, ao esforço de produção.

1.2.2 Preço orçado

O preço orçado pode ser estabelecido de três modos: i) adotando sugestões de preços divulgadas por entidades profissionais; ii) estabelecendo discricionariamente seu próprio preço em face ao seu valor profissional reconhecido pelo mercado; iii) orçando em função da própria produtividade.

Analisando o terceiro modo, o preço orçado é definido em função da produtividade, da quantidade de serviço expressa em área do projeto (A_{PRJ}) e do preço unitário calculado. Matematicamente, expressa-se da seguinte forma:

$$P_0 = \pi \times A_{PRJ} \times p_{U(h)}$$

Elaborando a equação dimensional do modelo expresso, visando demonstrar sua compatibilidade e considerando que o preço é dado em unidades monetárias, tem-se: [Po] = [R$].

Ao exprimir cada variável desse modelo em função das suas unidades constitutivas, chega-se ao seguinte:

$$[P_0] = \left[\frac{h}{m^2}\right] \times [m^2] \times \left[\frac{R\$}{h}\right] \therefore [P_0] = [R\$] \qquad c.q.d.[3]$$

Como exemplo de orçamento definido por produção, considera-se um profissional liberal cujo preço unitário da hora trabalhada foi orçado em R$ 98,00 e cuja produtividade é de 0,15 h/m² de projeto. Qual será o preço de uma proposta para um projeto com área estimada de 737 m²?

$$P_0 = 0,15 \times 98 \times 737 = R\$ 10.833,90$$

---

[3] C.q.d significa "como queríamos demonstrar".

1.2.3 Preço de mercado

Como já comentado, sendo este item mais voltado aos profissionais do campo da engenharia civil, a metodologia de orçamento do preço unitário dos serviços será efetuada em função do CUB, pois esse é um índice consagrado na indústria da construção e na engenharia. Assim, o preço unitário dos serviços pode ser expresso como fração percentual do CUB. Matematicamente:

$$pu(s) = k\ (\%) \times CUB\ (R\$/m^2)$$

O preço de mercado, então, é estabelecido multiplicando a área do projeto pelo preço unitário do serviço:

$$P_M = k \times CUB \times A_{PRJ}$$

Como exemplo de procedimento, pode-se avaliar o preço de mercado de um projeto com área de 737 m², cujo preço orçado foi calculado no item anterior, sabendo-se que o valor do CUB, na data da proposta, era de 850 R\$/m². A tabela de preços da associação de classe recomenda que o projeto em pauta seja remunerado a 2% do valor do CUB por metro quadrado de área projetada. Então:

$$P_M = 0{,}02 \times 850 \times 737 = R\$\ 12.529{,}00$$

Comparando os dois preços, P_O = R\$ 10.833,90 e P_M = R\$ 12.529,00, verifica-se que o profissional dispõe de um preço próprio, ou orçado, competitivo.

1.2.4 Análise da capacidade de produção

Neste item são discutidos três parâmetros necessários à análise da capacidade de produção do profissional, os quais lhe servem para definir metas de produtividade e controle:

I. capacidade máxima de produção;
II. produção anual de equilíbrio (PAE);
III. produção anual máxima (P_{MAX}).

I   Capacidade máxima de produção

A capacidade de produção do profissional é função direta da sua produtividade e das condições ou características do mercado em que atua.

Com o objetivo de avaliar sua capacidade de competitividade e estimar sua geração anual de caixa, é necessário conhecer duas quantidades de produção: a produção anual de equilíbrio (PAE) e a produção anual máxima (P_{MAX}).

O nível de produção de equilíbrio ou produção anual de equilíbrio (PAE) é definido como aquela quantidade de produção capaz de atender às necessidades de sobrevivência do profissional, dentro de um padrão de vida estabelecido.

A produção anual máxima (P_{MAX}) corresponde àquele nível de produção possível de ser realizado por um profissional considerando o número de horas efetivamente disponíveis para o trabalho, ou seja, horas efetivas de produção, e a sua produtividade.

Ao avaliar suas condições de competitividade, cabe ao profissional analisar três situações ao comparar a produção anual de equilíbrio e a sua produção anual máxima possível de ser realizada:

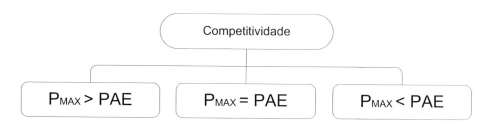

1ª situação: P_{MAX} > PAE

Quando constatado ser P_{MAX} superior à PAE, fica caracterizado haver condições de expansão do nível de produção, pois o profissional dispõe de capacidade para tanto, seja em termos de produtividade ou de possibilidades de mercado.

Conseguindo isso, passará a dispor de receitas superiores às suas necessidades básicas predeterminadas, passando a haver acumulação de capital, o que pode ser caracterizado como lucro.

2ª situação: $P_{MAX} = PAE$

Esta é uma situação de equilíbrio. É uma situação delicada e merece acompanhamento cuidadoso. Nesse caso há que se pensar, seriamente, em aumentar sua produtividade tendo como meta atingir a situação comentada anteriormente. Qualquer descuido pode fazer com que o profissional passe a coexistir com a situação seguinte.

3ª situação: $P_{MAX} < PAE$

Ocorrendo uma produção anual máxima inferior à produção anual de equilíbrio, evidencia-se uma situação crítica que pode levar o profissional ao desequilíbrio financeiro. Nessas condições, recomenda-se ao profissional autônomo reavaliar a real possibilidade de aumentar sua produtividade ou de reduzir substancialmente os custos em que incorre.

Caso não consiga tal intento, há que se repensar o entendimento ou o comportamento com que vem pautando sua atuação profissional. Mudar de mercado ou mesmo passar a atuar dentro de uma organização maior podem ser opções a serem estudadas.

Pode parecer por óbvia ou mesmo prosaica essa discussão, mas uma avaliação periódica do próprio desempenho permite evitar que o profissional entre ou permaneça durante considerável período de tempo em situações financeiramente desconfortáveis.

II   *Produção anual de equilíbrio (PAE)*

A produção anual de equilíbrio, por definição, corresponde àquela quantidade de produção em que as receitas cobrem os custos incorridos. Logo, o profissional não tem lucro nem prejuízo.

Em termos de teoria da produção, a produção anual de equilíbrio corresponde ao ponto de equilíbrio em que ocorre: RT=CT.

A Figura 1.5 mostra as condições dos pontos de equilíbrio e do lucro máximo. Os primeiros ocorrem na intersecção das curvas do faturamento e do custo total. O lucro máximo ocorre entre os dois pontos de equilíbrio em que a distância entre as duas curvas for máxima.

O profissional liberal deve estar atento à ocorrência do ponto de equilíbrio inferior, tendo foco de atenção e meta de gestão para a sua atuação, pois ele indica seu ponto de sobrevivência!

Recomenda-se definir a quantidade de produção de equilíbrio em base anual (PAE), dado que a produção, o faturamento e o recebimento ocorrem em tempos distintos, o que dificulta a previsão mensal.

Figura 1.5 – Determinação dos pontos de equilíbrio da produção

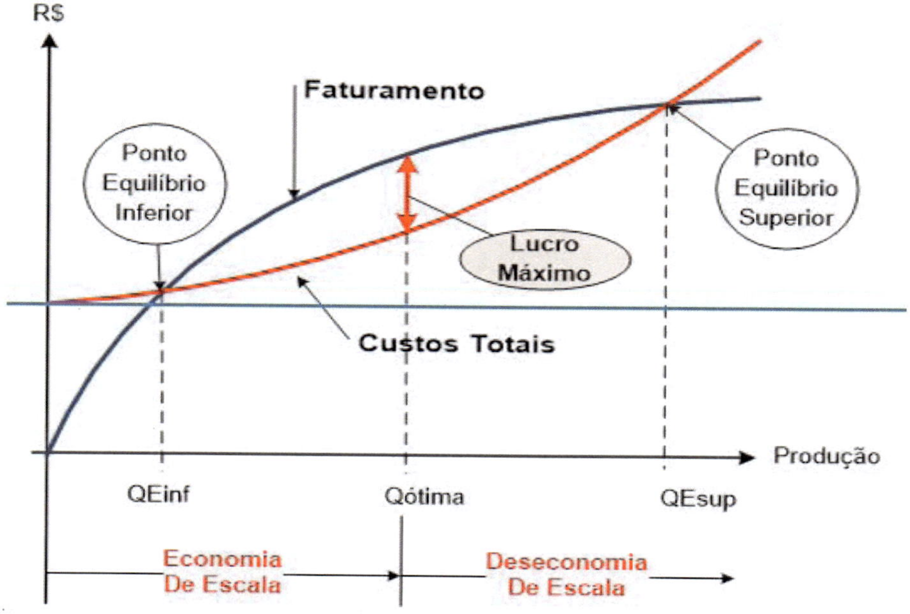

Fonte: os autores

O modelo a seguir é compatível com o objetivo desejado, ou seja, com o estabelecimento da quantidade de metros quadrados a serem produzidas anualmente e necessárias para cobrir os custos e despesas incorridos no período.

$$PAE = \frac{CAB}{pu(s)} = \frac{CAB}{k(\%)CUB}$$

Como comentado, a produção anual de equilíbrio (PAE) é dada em m²/ano e estabelece a quantidade correspondente ao ponto de equilíbrio.

Nesse caso, pode-se considerar que a PAE é definida em função do preço justo, já que o fator "k" é um parâmetro estabelecido e aceito por entidades de classe.

Quanto à ocorrência no mercado da prática de preços simbólicos, irrisórios ou irreais, não são considerados neste estudo, pois passam a integrar situações discutidas sob a ótica da ética profissional.

Condições do Ponto de Equilíbrio.	Lucro = RT − CT Lucro = zero ☞ RT = CT

III – Produção anual máxima

No caso de o profissional atuar na área de serviços, seja em arquitetura ou em cálculo estrutural, e o orçamento desses trabalhos for efetuado por metro quadrado, é interessante definir a capacidade máxima de produção em metros quadrados por mês ou ano.

Por definição, a produção anual máxima (P_{MAX}) corresponde ao nível máximo de produção possível de ser realizado por um profissional durante um ano de atividade. A definição da produção anual máxima é função da produtividade do profissional. Essa é expressa em horas/unidade de medida ou, no caso de projetos, em horas/m².

Matematicamente, a produção anual máxima é obtida efetuando a razão entre o número anual de horas efetivamente disponíveis para o trabalho e a produtividade do profissional.

$$PMAX = \frac{\Sigma H_{\bar{A}}}{\pi}$$

A produtividade, π, é um paramento a ser medido continuamente pelo profissional, devendo ser estabelecido em função do tipo ou da complexidade do trabalho que executa.

Por exemplo, quando o profissional atua na área de projetos, pode-se definir a produtividade em função da produção intelectual ou da produção de desenho, o que pode ser matematicamente por:

$$\grave{A} = \frac{hora}{m^2 \ de \ projeto} \quad ou \quad \grave{A} = \frac{hora}{prancha}$$

Como já visto, ao se substituir as horas anuais disponíveis para o trabalho por suas variáveis constituintes, tem-se:

$$P_{MAX} = \frac{H_{DP} \times N_{DS} \times (52 - S_{IMP})}{\grave{A}}$$

Esse modelo é compatível com o objetivo de desejado, ou seja, com o estabelecimento da quantidade de metros quadrados a serem produzidos anualmente e necessários para cobrir os custos e despesas incorridos no período.

A seguir é sugerida uma metodologia para a análise da competitividade e da produção anual do profissional autônomo ou liberal ao estabelecer o seu preço horário de seu trabalho.

Profissional liberal: metodologia do preço por projeto

1º passo: calcula-se o custo mensal básico (CMB):
$$CMB = f \Sigma \, (CT+ DEP + ES + RSK)$$

2º passo: define-se o custo anual básico (CAB):
$$CAB = 12 \times CMB$$

3º passo: calcula-se a produção anual de equilíbrio:
$$PAE = \frac{CAB}{pu(s)} = \frac{CAB}{k\% \, CUB}$$

4º passo: definem-se as horas anuais de trabalho, produtivas:
$$HAT = HDP \times NDS \times SAT \text{ com } SAT = 52 - SIMP$$

5º passo: calcula-se a produção anual máxima:
$$P_{MAX} = \frac{H_{AT}}{\grave{A}}$$

6º passo: calcula-se o preço unitário horário de trabalho:
$$pu(h) = \frac{\Sigma CAB}{\Sigma H_{AT}}$$

7º passo: comparam-se os preços dos projetos e define-se o preço a ser proposto:
- Preço orçado: $PO = \pi \times A_{PRJ} \times pU$
- Preço mercado: $PM = k \times CUB \times A_{PRJ}$

Definido o preço orçado, recomenda-se ao profissional cotejar o seu preço com o preço de mercado. Como referência de mercado, podem ser consultados os índices ou os valores de projeto publicados nos sites profissionais, especialmente dos sindicatos, associações de profissionais e/ou dos respectivos conselhos regionais.

1.2.5 Exercícios resolvidos

a. Um profissional júnior pretende se estabelecer na área de projetos. Para tanto deseja conhecer a mínima produção anual a ser cumprida necessária para manter um padrão de vida compatível com suas necessidades e se estabelecer como profissional autônomo.

O custo mensal de manutenção foi orçado em R$ 4 mil/mês. Além disso, considerando o escopo dos serviços que deseja oferecer, verificou que a tabela de preços da associação de classe estabelece um preço mínimo de 4,5% do CUB e que, nessa data, o CUB médio relativo a edificações está orçado em 890 R$/m².

$$PAE=\frac{CAB}{k(\%)\cdot CUB}=\frac{12\times4000}{0,045\cdot CUB}\cong 12.000\ m^2\!\Big/_{ano}$$

b. Dois profissionais se associaram para montar um escritório de projetos. Devido às características pessoais de cada um, concluíram que um deles permaneceria em tempo integral no escritório, supervisionando a produção, e o outro seria responsável pelo relacionamento, pelo atendimento e pela visita a clientes.

Deseja-se saber qual deverá ser o custo horário dos serviços profissionais do escritório, já que pretendem descansar ou viajar nas semanas de carnaval, das festas de final de ano e da Páscoa (obs.: considerar uma semana de 40 horas de atividade). Além disso, o ajuste social pactuado previu uma retirada mensal de R$ 4.000,00 para cada um.

Dadas as características das funções a serem assumidas, o primeiro poderia ter uma dedicação de 75% das horas semanais disponíveis para o desenvolvimento dos projetos e serviços técnicos; e o segundo, 50% devido a perdas de tempo relativas a deslocamento, serviços externos e espera. O custo horário de serviço será de R$ 39,18, conforme se vê em:

$$Chp=\frac{\sum CAB}{\sum H_{AT}}=\frac{12\times(2\times 4.000)}{(52\text{-}3)\times 40\times (0,75+0,50)}=39,18\ R\$/hora$$

c. Um profissional liberal, já estabelecido no mercado, conseguiu uma série de contratos que montam a 18.900 m². Visando cumprir os prazos pactuados dentro do exercício, está analisando a necessidade, ou não, de se associar ou contratar outro profissional para lhe ajudar a dar cumprimento ao pactuado. Para tanto, dispõe das seguintes informações:

- disponibilidade de quatro semanas de férias por ano;
- sua produtividade é de 0,085 m²/hora de trabalho;
- 45% do tempo semanal disponível é dedicado a atender clientes e visitar obras.

$$P_{MAX} = \frac{H_{AT}}{\grave{A}} = \frac{(52\ 4) \times 44 \times (1\ 0,45)}{0,085} = 13.666\ m^2$$

Pelo exposto, há a necessidade do concurso de outro profissional, pois dispõe de uma capacidade máxima, anual, de trabalho de 13.000 m², e necessita produzir, aproximadamente, 19.000 m².

1.2.6 O lucro e a influência dos tributos

Este item abordará a formação do lucro e a influência dos tributos visando à realização do lucro líquido de modo a manter a margem desejada. Serão discutidos os seguintes casos:

I. Formação do preço e do lucro;
II. Profissional liberal;
III. O caso do lucro real;
IV. O caso do lucro presumido e do simples.

I   Formação do preço e do lucro

Nos itens anteriores, o cálculo do preço foi realizado em função das necessidades de remuneração do profissional, desconsiderando a influência de tributos e o estabelecimento do lucro.

Neste item, será estudada a formação do preço em face ao interesse em estabelecer uma margem de lucro e em face à exigibilidade dos tributos.

O conhecimento da questão é de capital importância para o profissional, especialmente ao associado a empresas de projetos, visando manter a lucratividade desejada. O preço, nesse sentido, é função das seguintes variáveis:

$$P = f\,(CT + DEP + ES + RSK + TRI + L)$$

O lucro, por sua vez, deve ser visto como a remuneração do empreendedor ou da prestação de serviço em função dos custos e das despesas previstos. É função direta da margem de remuneração desejada pelo profissional, ou então é definido como a remuneração desejada calculada sobre o capital movimentado. Pode-se expressar da seguinte maneira:

$$L = \mu\,(CT + DEP + ES + RSK)$$

Em segmentos a seguir, analisa-se a formação do preço para três situações quanto à incidência de tributos.

II   *Profissional liberal*

Neste caso, o profissional poderá ou não emitir nota fiscal. No caso de emissão de nota fiscal, há que acrescentar o ISS (α_{ISS}), estabelecido pela municipalidade onde será prestado o serviço ou onde está seu escritório. Porém, ao emitir ou não nota fiscal, há que se considerar a alíquota do Imposto de Renda (α_{IR}) como pessoa física. Matematicamente, pode-se expressar da seguinte maneira:

$$P = (CT + DEP + TRI) + L \quad \therefore \quad P = (CT + DEP) + \mu\cdot (CT + DEP) + TRI$$

Para a definição do preço por majoração dos tributos, tem-se:

$$P = \frac{(CT + DEP) + \mu\cdot(CT + DEP)}{(1 + \alpha_{IR}) + (1 + \alpha_{ISS})}$$

É interessante notar, ao avaliar as despesas a serem incorridas, a inclusão do valor do próprio pró-labore (PLB), valor esse a ser definido em função do custo horário do profissional e do número de horas demandadas para a execução do trabalho.

$$PLB = D_T(h) \times pu(R\$/h)$$

Nesse modelo, $D_T(h)$ expressa o tempo de duração do trabalho estimado e expresso em horas.

III O caso do lucro real

Há que se entender que, no Brasil, dois são os tipos de incidência dos tributos caso ocorra a opção tributária pelo lucro real: tributos que têm por base de cálculo o valor da nota fiscal ou do faturamento; e tributos cuja base de cálculo é o lucro apurado ou LAIR (Lucro Antes do Imposto e Renda).

Assim, para haver a manutenção da margem de lucro desejada, essa deverá ser majorada dos tributos incidentes sobre o lucro. Além disso, sobre todo o processo, é necessário majorar o resultado segundo o somatório dos tributos incidentes sobre a nota fiscal ou o faturamento. Matematicamente, expressa-se isso da seguinte forma:

$$PV = \frac{\left(CT+DEP+ES+RSK\right)+\dfrac{\mu}{\left(1-\alpha_{LUCRO}\right)}\left(CT+DEP+ES+RSK\right)}{\left(1-\alpha_{FAT}\right)} \quad \therefore$$

$$PV = \frac{\left[1+\dfrac{\mu}{\left(1-\alpha_{Lucro}\right)}\right] \times \left(CT+DEP+ES+RSK\right)}{\left(1-\alpha_{FAT}\right)}$$

É importante alertar que, no atual sistema tributário brasileiro, a maioria das empresas de serviço e dos profissionais liberais optam pelo sistema tributário do lucro real.

IV   O caso do lucro presumido e do simples

Nesse caso, todos os tributos têm como base de cálculo o faturamento ou as receitas auferidas. Assim, o proposto para a determinação do preço de vendas é que a margem de lucro (μ) seja majorada por um valor igual à soma das alíquotas dos tributos incidentes sobre a nota fiscal ou sobre as receitas auferidas.

$$PB=\frac{(1+\mu)}{(1-\alpha_{FAT})} \times (CT+DEP+ES+RSK)$$

No caso da indústria da construção civil, considerada como consumidora final de bens e serviços, a alíquota total dos tributos incidentes sobre a base de cálculo (α_{FAT}) é dada pelo somatório das seguintes alíquotas de IR, CSLL, ISS, PIS-Pasep e Cofins. Matematicamente, expressa-se por:

$$\mu_{FAT} = \mu_{IR} + \mu_{CSLL} + \mu_{PIS\text{-}Pasep} + \mu_{Cofins} + \mu_{ISS}$$

1.3 Profissional liberal: preço por atendimento

Este é o caso em que o preço é calculado por atendimento ou visita do profissional ao local do cliente.

A metodologia é recomendada para o caso de serviços de manutenção ou visita técnica efetuada por profissional liberal autônomo quando atende serviços a serem realizados fora de suas instalações. Essa metodologia é similar à precedente e o modelo de cálculo será considerado para o caso de a empresa ser optante pelo lucro presumido ou o simples.

Basicamente o preço por visita (PPV) corresponde à soma do custo unitário da mão de obra (CMO) com o custo médio dos transportes a serem incorridos, soma essa majorada pelo total dos tributos incidentes sobre o faturamento, sendo somado a esse resultado o valor dos insumos ou matéria aplicados.

O custo unitário da mão de obra, CMO, por sua vez, é definido como a razão entre o custo anual básico e o número de visitas estimadas e possíveis de serem realizadas durante um ano. Matematicamente:

$$PPV = \frac{CMO + CMT}{(1 - \alpha_{FAT})} = \frac{\dfrac{CAB}{NVA} + CMT}{(1 - \alpha_{FAT})} + MAT$$

Recomenda-se definir o PPV em base anual ou mensal visando aumentar a amostragem, procedimento que dará maior segurança ao profissional ao avaliar o seu preço, pois evitará considerar oscilações sazonais ou diárias.

O custo anual básico (CAB) corresponde ao montante do valor dos custos e despesas que o profissional necessita para cobrir, anualmente, a sua manutenção e sobrevivência.

O número de visitas anuais (NVA) é definido em função da produção anual máxima possível. Para tanto, duas variáveis devem ser avaliadas *a priori*: o número máximo de visitas possíveis de serem realizadas semanalmente (Nvs); e o número semanas anuais de trabalho.

$$NVA = Nvs \times (52 - NSI)$$

NSI corresponde ao número de semanas improdutivas devido à paralisação do trabalho por: descanso anual; carnaval; festas natalinas, cursos ou treinamentos etc. E o número de visitas possíveis de realizar por semana (Nvs) é função do número de visitas possíveis de realizar por dia multiplicado pelo número de dias trabalhados na semana: Nvs = número de visitas diárias x dias trabalhados na semana.

A metodologia de cálculo proposta para a definição do preço para o atendimento do profissional liberal segue os seguintes procedimentos:

Profissional liberal: metodologia do preço por atendimento

1º passo: definir o custo anual básico (CAB);

2º passo: definir o número de semanas anuais indisponíveis para o trabalho (NSI);

3º passo: definir o número de visitas possíveis de realizar por semana (Nvs);

4º passo: estabelecer o número possível de visitas anuais (NVA);

5º passo: estabelecer o custo médio de transporte (CMT);

6º passo: majorar o valor do tributo ISS;

7º passo: calcular o custo por visita (CPV).

O custo médio de transporte (CMT) pode ser calculado em função do tempo de deslocamento médio na região em que o profissional atua e o custo horário estabelecido segundo o modelo apresentado no item 2.7.

O tributo a incidir sobre o custo calculado é o ISS, cuja alíquota pode variar segundo o município em que o serviço for prestado.

Caso ocorra fornecimento de material (MAT), esse deverá ser especificado em separado do valor dos serviços e destacado na nota fiscal, pois como consumidor final não ocorre a incidência do tributo sobre material. Do ponto de vista tributário, esse é um caso típico de serviço, ocorrendo a incidência do ISS somente sobre o valor da mão de obra.

1.4 Indústria e comércio: markup

A técnica do markup é um procedimento comumente adotado no comércio. Por definição, o markup é um índice que, aplicado aos custos totais a serem incorridos na venda do produto ou do serviço, permite estabelecer, expeditamente, o preço a ser praticado.

Figura 1.6 – Composição do preço de vendas

Fonte: os autores

Matematicamente, o preço de vendas é dado por: PV = Mkup x CT.

Este item trata de três parâmetros de capital importância para qualquer empresa, seja na definição do seu preço como no controle dos resultados:

- markup;
- a margem de contribuição;
- o ponto de equilíbrio econômico.

Neste caso, o preço de vendas é decomposto em quatro variáveis: o custo direto, as despesas fixas, as despesas variáveis e o lucro, conforme Figura 1.6.

$$PV = CD + DPV + DPF + L$$

A despesa fixa (DP_{FIXAS}) corresponde a todo dispêndio realizado independentemente das vendas ocorridas. Como exemplo, tem-se: despesas com telefonia, água, energia, aluguel, salários, IPTU etc.

A despesa variável ($DP_{VARIÁVEIS}$) corresponde aos dispêndios havidos em decorrência das vendas realizadas, por exemplo, comissão de vendas, tributos como o ICMS e o IPI, dispêndios relativos ao desconto de duplicatas, a comissão de cartão de crédito etc.

O custo direto (CD) corresponde aos dispêndios efetuados com a aquisição de mercadorias ou insumos e serviços destinados à realização dos produtos a serem vendidos.

1.4.1 Definição do markup

A formação do preço adotando a técnica do markup facilita a sua determinação, já que engloba os custos e as despesas indiretas incorridas pela empresa, incluindo as despesas de vendas, administrativas ou financeiras, bem como a margem de lucro estabelecida.

Estabelecido o markup por produto ou por linha de produtos, torna-se possível efetuar o cálculo do preço de vendas de modo simples. Como já definido, tem-se:

$$PV = Mkup \times CT$$

Demonstrando a formação do markup em função dos custos diretos, tem-se:

$$PV = f(\Sigma \text{ Custos Diretos} + \text{Despesas} + \text{Tributos} + \text{Lucro})$$

Assim, pode-se considerar que o preço de vendas é função do somatório dos custos diretos, das despesas, do montante do lucro desejado e dos tributos incidentes. Matematicamente:

$$PV = \Sigma\,(CT + DEP + ML + TRI) \therefore PV = CT + \Sigma\,(DEP + ML + TRI)$$

Considerando que a expressão $\Sigma\,(DEP + ML + TRI)$ possa ser expressa como um percentual do preço de venda, tem-se:

$$PV = CT + k \times PV \therefore PV - (k{\cdot}PV) = CT \therefore PV \times (1 - k) = CT \therefore$$

$$PV = \frac{CT}{(1-k)}$$

Substituindo nessa expressão o valor de (1 − k) por δ e φ, respectivamente, a expressão do markup divisor e do markup multiplicador, em que:

- δ = (1 − k) é denominado de markup divisor;
- φ = 1/ (1 − k) é denominado de markup multiplicador;

então o preço pode ser definido por:

$$Preço = \varphi \times CT \quad \text{ou} \quad Preço = \frac{CT}{\delta}$$

1.4.2 A margem de contribuição

O preço de vendas, seja de um produto singular ou de uma empresa, pode ser expresso em termos das variáveis que o compõem, o que facilita a demonstração da margem de contribuição.

Por definição, a margem de contribuição expressa um parâmetro que demonstra a capacidade da cobertura da margem de lucro e das despesas fixas diante do volume de vendas. Em outras palavras, a margem de contribuição corresponde ao percentual da parcela do preço de vendas que contribui para o pagamento das despesas fixas e da margem lucro desejado. Nesses termos, a margem de contribuição, expressa em função do valor percentual de vendas, é dada por:

$$Mc\ (\%) = DP_{Fixas}\ (\%) + \mu\ (\%)$$

Ou seja, trata-se do quanto cada produto, departamento ou unidade de produção contribui para o lucro da empresa.

Figura 1.7 – A margem de contribuição em Mc (%)

Fonte: os autores

Matematicamente, a margem de contribuição é estabelecida após a dedução dos custos e das despesas do volume de vendas, bem como após descontado também as devoluções. A Figura 1.7 mostra a formação, em termos percentuais, da margem de contribuição diante do preço de vendas.

Ao exprimir a margem de contribuição como percentual do preço a ser praticado, tem-se:

$$Mc\ (\%) = PV\ (\%) - (CD\ (\%) + DPV\ (\%) + DVL\ (\%))$$

Considerando o preço de vendas como uma unidade de referência, a Mc (%) pode ser escrita como:

$$Mc\ (\%) = 1 - (CD\ (\%) + DP_{VARIÁVEIS}\ (\%) + DVL\ (\%))$$

Como exemplo de cálculo do valor da margem de contribuição em termos percentuais, Mc (%), pode-se considerar o caso de um DR – Demonstrativo de Resultados, como expresso na Figura 1.8.

Figura 1.8 – DRE e margem de contribuição específica

	DR - Demonstrativo de Resultados	R$
+	Receita de Vendas – R$	1.489,00
(-)	Custo de Produtos Vendidos – VARIÁVEIS – R$	– 694,00
=	Lucro Bruto – R$	= 795,00
(-)	Despesas Gerais e Administrativas – FIXOS - R$	– 433,00
=	Lucro Operacional ≡ Margem de Contribuição – R$	= 362,00

$$Mc\left(\%\right)=\frac{\text{Lucro Operacional}}{\text{Receita de Vendas}}=\frac{362}{1.489}=0,2431 \therefore Mc\left(\%\right)=24,31\%$$

Fonte: os autores

1.4.3 O ponto de equilíbrio econômico

Como já visto, por definição, o ponto de equilíbrio econômico corresponde à quantidade de produção, ou vendas, em que o lucro é **zero**. Mostrado na Figura 1.5, o ponto de equilíbrio econômico corresponde à quantidade de produto em que o custo total iguala a receita total. Nessa situação, pode-se definir o nível de vendas necessário para cobrir as despesas fixas. Assim, no ponto de equilíbrio, o montante dos custos e das despesas é suportado pela margem de contribuição.

A definição do ponto de equilíbrio inferior, ou melhor, da quantidade de equilíbrio, será efetuada utilizando um modelo de DR – Demonstrativo de Resultados ao se exprimir seus itens básicos pelas suas variáveis componentes. Adotando como nomenclatura: p_v = preço unitário de vendas; c_0 = custo unitário operacional; DEP = Despesas Totais; q = Quantidade de produção ou vendas, tem-se:

Demonstrativo de Resultados: modelo básico

1. Receita de vendas	**+**	$q{\cdot}p_v$
2. Custos (CT)	**–**	$q{\cdot}c_v$
3. Margem de contribuição total	**=**	$q{\cdot}(pv - c_v)$

4. Despesas totais — DEP

5. Lucro operacional (LAJIR) $= q \cdot (p_v - c_v) - dp$

6. Despesas financeiras — d_{FIN}

7. Lucro antes do IR (LAIR) $= q \cdot (p_v - c_v) - dp$

8. Provisão para o IR — $\alpha \cdot LAIR$

9. Lucro líquido (LL) $= \alpha) LAIR$

Conforme expresso nesse DR, o lucro operacional (LAJIR) é definido como a diferença entre as receitas e a soma das despesas e dos custos incorridos. Pode-se expressar de forma algébrica:

$$LAJIR = q \cdot (pv - c_v) - DEP$$

Considerando, por definição, ser zero o lucro no ponto de equilíbrio, pode-se escrever:

$$q \cdot (pv - cv) - dp = 0 \therefore q = \frac{DEP}{pv - cv}$$

Sendo "q" a quantidade associada ao ponto de equilíbrio:

$$PEE = \frac{DEP}{(pv - cv)}$$

1.4.4 Metodologia de cálculo do markup

A metodologia para a definição do markup parte da técnica da margem de contribuição, conforme mostrado na Figura 1.8. Os procedimentos propostos são:

- 1º passo: estabelecer, como artifício, o valor do preço de vendas como 100%;
- 2º passo: exprimir todos os custos, despesas, impostos e o lucro como fração, ou porcentagem, do valor do preço de venda;
- 3º passo: calcular o markup divisor: δ = 100% − ITV (%) − MC (%).

Figura 1.9 − Modelo de cálculo do markup multiplicador e divisor

item	% do Valor Total
(+) Preço de Vendas definido em percentagem	100%
(-) ITV − Impostos e Taxas incidentes sobre vendas	(-) X%
(-) Margem de Contribuição	(-) Y %
= Mark − up divisor em percentagem	d = 100-X-Y
= Mark − up multiplicador em decimal	f = 1/d

Fonte: os autores

Sob esse procedimento, é garantida a manutenção da margem de lucro desejada, já que todas as despesas e tributos passam a ser caracterizados como uma parcela do valor de vendas. Dessa forma, diminuindo do preço (estabelecido em 100%) cada percentagem de custos, despesas, impostos e do lucro a ele referidos, obtém-se o valor do markup divisor.

$$\delta = 100\% - ITV\ (\%) - MC\ (\%)$$

O preço, por sua vez, é definido pela expressão:

$$P = \frac{CT}{\delta} = CT \times \varphi$$

Para finalizar, a definição do markup multiplicador é realizada ao se definir, inicialmente, o markup divisor, δ. A partir desse é definido o markup multiplicador, já que $\varphi = 1/\delta$.

1.4.5 Exemplo de aplicação

Pode-se exemplificar ao calcular o preço de venda de um produto, utilizando o markup divisor e multiplicador, quando uma empresa incorre nos seguintes custos para levar seu produto ao mercado:

I – Informações gerenciais	
Item	Valor
Custo direto = 100%	R$ 800,00
Matérias-primas	R$ 420,00
Mão de obra e outros custos diretos	R$ 380,00
Impostos e Taxas de Vendas (ITV)	25,65 %
ICMS	18,00 %
PIS	0,65%
Cofins	2,00%
Comissões de vendas	5,00%
Margem de Contribuição (MC)	30,00 %
Despesas administrativas	4,00%
Despesas de vendas	7,00%
Outros custos indiretos de produção	4,50%
Margem de lucro	14,50%
II – Cálculo do markup	Em %
Preço de vendas	= 100,00 %
(-) ITV	– 25,65 %
(-) Margem de Contribuição (MC)	– 30,00 %
Markup divisor = δ	= 4,35 %
Markup multiplicador = φ (100 ÷ 0,4435)	2,2548
III – Cálculo do preço de vendas	

I – Informações gerenciais		
Item	Markup divisor: δ	Markup multiplicador: φ = 1/δ
Custo direto = 100%	800,00	800,00
Markup	÷ **44,35%**	× **2,2548**
Preço de vendas	1.803,83	1.803,83

Como não poderia deixar de ser, o preço de vendas calculados com o markup divisor ou multiplicador é igual em ambos os casos.

1.5 Preço de cesta de produtos

1.5.1 Objetivo

O objetivo deste item é apresentar uma metodologia de cálculo do preço de cada um dos produtos que compõem uma cesta de bens e que apresentam distintas margens de contribuição de modo a manter a lucratividade desejada pela empresa. Nessa situação, a lucratividade da empresa é função da lucratividade esperada para cada um dos produtos por ela ofertados ($£_n$).

$$£_{Empresa} = f(£_1; £_2; £_3; \cdots; £_n$$

Por definição, a lucratividade, ou seja, o percentual de lucro obtido após a realização de uma atividade é função do percentual da margem de lucro preestabelecida multiplicada pelo giro do capital alocado ao produto, medido em um determinado período: $£_n = \mu_n \times \rho_n$

E o giro de estoque ou giro de um produto é definido como a relação da quantidade vendida do estoque mantido pela empresa em um determinado período, geralmente, mês ou ano. O giro, então, pode ser definido em função da quantidade vendida ou do capital movimentado: $\rho_n = Q_{Estoque} \div tempo$.

a. Giro função da quantidade vendida

$$\acute{A} = \frac{\text{Quantidade de Vendas}}{\text{Estoque Disponível}}$$

Como exemplo, pode-se considerar uma vendedora de tubos pré-moldados que mantém um estoque médio de 1.200 metros de tubos de Φ 80 cm. A empresa vende 25 mil tubos desse diâmetro por ano. O giro do produto é dado por: ρ (Φ 80) = 25÷1,2 = 20,83.

b. Giro função do valor de vendas

$$\acute{A}_{EST} = \frac{\text{Valor de Vendas em R\$}}{\text{Valor do Estoque em R\$}}$$

No caso de a empresa dispor de diversos tipos de produtos e quiser saber qual o giro médio das vendas, o recomendado é adotar o volume de capital empregado. Para tanto se utiliza o valor médio dos estoques a preço de compras e os valores das vendas também a preço de compras, para que se mantenha uma mesma unidade de comparação.

Por exemplo, pode-se pensar no caso de uma empresa que dispõe de um estoque médio a preço de compra no montante de R$ 185 mil. O volume de vendas anuais dessa empresa atinge o montante de R$ 1.665 mil a preço de compras. O giro do estoque é dado por: ρ_{EST} = 1.665÷185 = 9.

1.5.2 Metodologia da cesta de produtos

Do comércio, sabe-se que uma margem de lucro maior é realizada em produtos de menor giro, e uma margem de lucro menor em produtos de maior giro. Assim sendo, é possível praticar margens de lucro distintas para cada produto singular, de modo a manter a lucratividade desejada para a empresa como um todo.

Margem de lucro		Giro
ALTA	$\Rightarrow$	BAIXO
BAIXA	$\Rightarrow$	ALTO

Quando a empresa dispõe de uma cesta de produtos para venda, o objetivo comercial é definir um preço e um volume de vendas de modo a cada produto singular alcançar a margem de contribuição desejada para a empresa. Isso porque a margem de lucro e o giro podem ser distintos para cada produto singular, e a operação do conjunto dessas margens de lucro e o giro dos respectivos produtos singulares deve alcançar a lucratividade estabelecida para a empresa.

Considerando que a lucratividade de um produto é função do produto da margem de lucro arbitrada e do giro realizado, o artifício proposto é igualar a lucratividade desejada pela empresa à lucratividade de cada produto singular, e, desse modo, definir o preço e a quantidade a ser vendida de cada produto singular.

Sendo a lucratividade de um produto ($£_n$) função do produto da margem de lucro (μ_n) pelo giro do produto (ρ_n), tem-se, matematicamente: $£_n = \mu_n \times \rho_n$

O artifício, então, é praticar para cada produto uma margem de contribuição ajustada (Mc*), que seja função da margem de contribuição calculada – Mc(u) e do giro de capital apresentado por cada um dos produtos, de modo a manter o ponto de equilíbrio econômico e obter a lucratividade desejada. Matematicamente:

$$£_n = \mu_1 \times \rho_1 = \mu_2 \times \rho_2 = \cdots = \mu_n \times \rho_n$$

No caso em questão, a margem de contribuição – Mc(p) de cada produto corresponderá à soma do percentual das despesas fixas com o percentual da margem de lucro.

$$Mc(p) = DF\,(\%) + \mu\,(\%)$$

E a margem de contribuição ajustada (Mc*) corresponderá à razão entre a margem de contribuição calculada e o giro do capital:

$$Mc^* = \frac{\text{Margem Estabelecida}}{\text{Giro do Capital}} = \frac{Mc(p)}{g}$$

Por sua vez, a expressão do ponto de equilíbrio econômico é dada por:

$$PEE = \frac{DF + Lu}{\dfrac{\sum(Mc(p) \times VP)}{VTP}} = \frac{DF + Lu}{\sum\big(Mc(p) \times VP\big)} \times VTP$$

em que:

PEE = ponto de equilíbrio econômico;

DF = despesas fixas apropriadas, em valor monetário;

Lu = montante do lucro desejado em valor monetário;

Mc(p) = margem de contribuição de cada produto;

VP = quantidade de venda prevista, em unidades por produto;

VTP = venda total prevista no mês, em quantidade de unidades.

A aplicação da abordagem em questão segue a seguinte metodologia:

Metodologia Cesta de Produtos	
Informações Gerenciais	Dispor de: custo das mercadorias vendidas, despesas fixas, despesas variáveis. As despesas fixas e as despesas variáveis devem ser expressas em porcentagem do faturamento previsto.
1º Passo	Calcular a margem de contribuição única para todos os produtos. Expressa em porcentagem: $Mc(u) = DF + \mu$
2º Passo	Calcular o Preço Base do Produto - PB_P
3º Passo	Calcular Giro de Cada Produto - ρ_P.
4º Passo	Calcular a Margem de Contribuição Ajustada – $Mc(p)^*(\%)$.
5º Passo	Calcular o Preço de Vendas a Comercio – $PVC(p)$
6º Passo	Calcular a Margem de Contribuição de Cada Produto – R$
7º Passo	Estimar o Número de Vendas por Produto - NVP
8º Passo	Calcular o Ponto de Equilíbrio de Vendas – PEE.
9º Passo	Definir a Quantidades de Vendas de Equilíbrio - $NVE(p)$

1.5.3 Cesta de produtos: aplicação

Neste caso, a empresa determina a margem de lucro desejada e, como se dispõem de diversos produtos que apresentam giros diferentes, o recomendado é definir o preço de vendas comercial de cada um baseado na MARGEM DE CONTRIBUIÇÃO AJUSTADA. Matematicamente:

$$PVC_N = \frac{CMV}{100 \quad (DV\% + Mc^*(\%))} \times 100$$

em que:

PVC_N = preço de vendas comercial;

CMV = custo de mercadorias vendidas;

DV = despesas variáveis;

Mc* = margem de contribuição ajustada.

Por exemplo, considere uma empresa que comercializa cinco produtos e estabeleceu como margem de lucro o valor de 15% para as suas operações. É necessário calcular o preço de vendas para cada um dos produtos. Para tanto são disponíveis as seguintes informações:

- O custo das mercadorias vendidas ou custo direto do produto (CD);
- O percentual das despesas fixas (DF) corresponde a 7,8% do valor de vendas;
- O percentual das despesas variáveis (DV) corresponde a 25,03% do valor das vendas;
- A margem de lucro da empresa, $\mu_{LUCRO,}$ foi definida em 15% do faturamento;
- O faturamento foi previsto em R$ 64.000,00.

1° passo: calcular a margem de contribuição da empresa ($MC_E (\%)$).

$$MC_B = DF + \mu = 7,80 + 15,00 = 22,80\%$$

2° passo: calcular o preço base do produto (PB_p).

$$PB_P = \frac{CD}{DF + MC_P} \rightarrow PV(p1) = \frac{17,00}{0,2503+0,2280} = 35,56 \ R\$$$

3° passo: calcular giro de cada produto (ρ_P).

No caso o giro foi dado conforme Quadro 2. O item 1.6.1 mostra como se calcular o giro de um produto.

4° passo: calcular a margem de contribuição ajustada ($Mc(p)*(\%)$).

$$Mc(p)^* = \frac{Mc_E}{\acute{A}_p} \quad \therefore \quad Mc^*(p1) = \frac{22,8\%}{0,7} = 32,57\%$$

5º passo: calcular o preço de vendas a comércio (PVC(p)).

$$PVC(p) = \frac{CD}{100 \quad (DV\% + Mc^*)} \times 100 \quad \therefore \quad PVC(p1) = \frac{17,00}{100 \quad (25,03 + 32,57)} \times 100 = 40,09$$

6º passo: calcular a margem de contribuição de cada produto, em R$.

$$MC_p^\$ = Mc(p)^* \times PVC(p) \quad \therefore \quad MC_{p1}^\$ = 0,3257 \times 40,09 = R\$ \ 13,06$$

7º passo: estimar o número de vendas por produto (NVP).

O número de vendas por produto (NVP) corresponde a uma previsão do possível número de vendas mensal por tipo de produto.

O objetivo de dispor NVP é avaliar, em primeira aproximação, o número de vendas possíveis de acontecer no mês e o percentual de participação de cada produto nessas vendas. Definido o NPV, torna-se possível determinar o número total de vendas e, também, o ponto de equilíbrio de vendas. Nesse caso, tem-se como projeção de vendas o seguinte:

Produto	P1	P2	P3	P4	P5	Soma
Previsão de vendas em unidades	455	650	960	1.055	1.200	4.320

8º passo: calcular o ponto de equilíbrio de vendas.

$$PEE = \frac{DF + Lu}{\sum (Mc(p) \times NVP)} \times TVP$$

Para tanto, deve-se dispor de:

a. O valor monetário das despesas fixas apropriadas, DF ≈ R$ 5.000 (R$ 4.992,00).
b. O montante do valor monetário do lucro correspondendo a 15% do faturamento, ou seja, Lu = 0,15 × 64.000,00 = R$ 9.600,00.
c. A margem de contribuição de cada produto expressa em valor monetário. Essa margem é função do produto do preço de vendas multiplicado pela margem de contribuição ajustada que é expressa em percentual: Mc(p) = PV x Mc*.

Tomando como exemplo o caso do produto P1:

$$Mc(P1) = PV(P1) \times Mc^*(P1) = 13,06 \times 455 = 5.942,30$$

Assim, levando esses dados para a expressão do ponto de equilíbrio (PEE), tem-se:

$$PEE = \left\{ \frac{(5.000+9.600)}{(13,06\times455)+(12,12\times650)+(2,93\times960)+(2,15\times1055)+(1,01\times1200)} \right\} \times 4.320$$

$$PEE = \frac{63.072.000}{20.139,35} \cong 3.132 \text{ unidades}$$

Nessas condições, o objetivo da gestão é vender 3.132 unidades de produtos em um mês.

9º passo: definir as quantidades de vendas de equilíbrio.

Quadro 1 – Preço com margem de contribuição única

Produto P_N	CD R$	DF %	DV %	μ_L %	MC_E (%) 1º passo	PB_P (R$) 2º passo
P1	**17,00**	**7,80**	25,03	15	22,80	35,56
P2	25,50	7,80	25,03	15	22,80	53,35
P3	14,40	7,80	25,03	15	22,80	30,12

Produto P_N	CD R\$	DF %	DV %	μ_L %	MC_E (%) 1° passo	PB_P (R\$) 2° passo
P4	12,00	7,80	25,03	15	22,80	25,10
P5	8,95	7,80	25,03	15	22,80	18,72

Quadro 2 – Preço com margem de contribuição ajustada

Produto P_N	Giro (ρ) 3° passo	Mc(p)* (%) 4° passo	PVC(p) (R\$) 5° passo	Mc(p) (R\$) 6° passo	NVP (un.) 7° passo	NV (%) 8° passo
P1	0,70	32,57	40,09	13,06	455	11 %
P2	1,00	22,80	53,35	12,16	650	15 %
P3	1,80	12,67	23,11	2,93	960	22 %
P4	2,00	11,40	18,88	2,15	1.055	24 %
P5	3,40	7,60	13,28	1,01	1.200	28 %
Soma: TVP = Σ NVP				-	4.320	-
DF = Despesas fixas; DV = Despesas variáveis; Mc*(%) = Margem de contribuição ajustada			CD = Custo direto de mercadorias; PV = Preço de venda; PVC_N = Preço de vendas a comércio.			

Quadro 3 – Quantidades de vendas de equilíbrio

Produto	Ponto de equilíbrio (PEE) 8° passo	Percentual de vendas %	9° passo Unidades de vendas por mês (NVE(p))
P1		11	344
P2		15	470
P3	3.132 Unidades	22	689
P4		24	752
P5		28	877

O objetivo final é de definir o número de unidades a serem vendidas por mês para que se obtenha o ponto de equilíbrio (NVE(p)).

Considerando ser o ponto de equilíbrio total de vendas equivalente a 3.132 unidades e dispondo do percentual de vendas para cada produto, a quantidade a ser vendida mensalmente é definida matematicamente a seguir, e esse parâmetro passa a ser a meta da empresa.

$$NVE(p) = PEE \times NV(\%) \therefore NVE(p1) = 3.132 \times 0,11 = 344 \text{ un/mês.}$$

1.6 Exercícios propostos

1.6.1 Preço horário do profissional autônomo

Sendo você um profissional liberal autônomo e considerando suas despesas incorridas mensalmente, calcule o valor do seu preço considerando sua opção tributária pelo simples e pelo lucro presumido. Preencha os quadros de orçamento abaixo e informe:

> ➢ a sua produção mensal de equilíbrio;
> ➢ o preço de sua hora de trabalho com e sem tributos;
> ➢ o preço de sua hora considerando a retenção dos tributos na fonte.

Caso de opção pelo Simples	
Item de custo	R$
Aluguel de moradia	
Condomínio/residência	
Aluguel de sala comercial	
Condomínio Escritório	
Telefone	
Internet	
Água	
Energia elétrica	
Alimentação	

Caso de opção pelo Simples

Combustível	
Manutenção do veículo	
Consórcio do veículo	
Vestimenta	
Secretário	
Encargos sociais	
Atualização e treinamento	
Depreciação de equipamentos	
Outros	
Total dos custos	
Lucro (%): $L = \mu \times ST$	
Preço líquido	
Tributos	
Preço bruto	

Caso de opção pelo lucro presumido

Item de custo	R$
Aluguel de moradia	
Condomínio/residência	
Aluguel de sala comercial	
Condomínio/escritório	
Telefone	
Internet	
Água	
Energia elétrica	
Alimentação	
Combustível	
Manutenção do veículo	
Consórcio do veículo	
Vestimenta	

Caso de opção pelo lucro presumido	
Secretário	
Encargos sociais	
Atualização e treinamento	
Depreciação equipamentos	
Outros	
Total dos custos	
Lucro (%): L = μ x ST	
Preço líquido	
Tributos	
Preço bruto	

1.6.2 Preço de projeto do autônomo

Você, profissional liberal, atuando na área de projetos de engenharia ou arquitetura (arquitetônico ou estrutural), está analisando seus custos de produção. Nessa situação, deseja saber:

- Quanto você deve cobrar por metro quadrado de projeto?
- Qual deverá ser a sua produção anual de modo que possa adotar os preços praticados pelo mercado em que atua? (verificar valores indicados por associações profissionais).
- Se você dispõe de condições, sejam sociais, profissionais ou familiares, para se estabelecer no mercado?
- Qual seria sua estratégia para se estabelecer nesse mercado?

Sugere-se que você avalie seus custos de subsistência, tais como despesas de manutenção de escritório; produtividade; tempos de atendimento ao cliente; secretário e estagiários; desenhistas e/ou cadistas; tributos incidentes sobre a nota fiscal; enfim, todas as variáveis necessárias ao seu estabelecimento.

1.6.3 Cálculo do markup

Determine o markup a ser utilizado por uma empresa comercial sabendo que: P= CD × φ.

Item	Valor/porcentagem
Valor das vendas	R$ 159.000,00
Depreciação de móveis e do imóvel	R$ 1.450,00/mês
IPTU	R$ 360,00/mês
ICMS	18,00 %
Cartão de crédito	3,00 %
PIS	0,65 %
Cofins	2,00 %
CPMF	0,38%
Comissão vendedores	3,00 %
Despesas administrativas	R$ 10.700,00/mês
Despesas de vendas	R$ 4.800,00/mês
Salários empregados	R$ 2.800,00/mês
Encargos sociais	43,50 %
☞ Margem de lucro	16,00 %

1.6.4 Visita profissional

Calcule o custo por visita de um profissional autônomo no caso de utilizar como meios de locomoção uma moto 125 e um veículo tipo furgão pequeno para dois passageiros. Como dados complementares, sabe-se que:

- o raio de atuação do profissional é de 90 km;
- o profissional emite nota fiscal de serviço cuja alíquota do ISS é de 5%.

O ORÇAMENTO

2.1 Origens do orçamento

O primeiro orçamento surgiu na Inglaterra com a instituição da Carta Magna outorgada pelo Rei João Sem Terra em 1215, motivado pela imposição dos barões feudais interessados em limitar o poder do rei ao lhes impor tributos e garantir a sua aplicação em atendimento às demandas sociais.

A introdução do orçamento como instrumento de controle dos governantes remonta ao século XVII, época do Liberalismo inglês, da Revolução Francesa e da Independência dos Estados Unidos. Nessa época, velhas aspirações populares foram se impondo aos governos, dado a repulsa pela cobrança aleatória de impostos e a aplicação de recursos públicos efetuados a talante dos chefes do Poder Executivo de então.

Paulatinamente, a partir do século XIX, por meio da autorização parlamentar, foram sendo estabelecidos instrumentos de controle na gestão de dinheiro público, devido à previsão das possíveis receitas — orçamento público — e ao respectivo acompanhamento da realização das despesas programadas.

Na França, após a Revolução Francesa em 1789, foi promulgada a Declaração dos Direitos do Homem, quando foi estabelecido ser atribuição exclusiva dos representantes do povo reunidos em assembleia a definição do imposto a ser pago pelos cidadãos, segundo sua capacidade contributiva.

Passou, então, a haver o entendimento legal e legítimo de o tributo ser uma obrigação do cidadão — porém, sem o esbulhar. E, em contrapartida, houve o estabelecimento da responsabilidade do governante em prestar contas quanto ao destino da aplicação dos recursos arrecadados.

No Brasil, o estabelecimento de impostos pelas cortes portuguesas, considerados abusivos pela população local, foi um dos importantes motivos que deram origem à Independência e, anteriormente a ela, ao movimento denominado Inconfidência Mineira.

Na fase do Império brasileiro, a Constituição de 1824, promulgada por D. Pedro I, já estabelecia uma prestação das contas públicas do governo à assembleia.

A partir de 1924, todas as constituições brasileiras estabeleceram que a fixação dos tributos e a respectiva aplicação passariam a ser atribuição da Câmara dos Deputados.

A atual Constituição Brasileira, promulgada em 1988, atribuiu às duas casas do Congresso Nacional a responsabilidade dos projetos de lei relativos ao plano plurianual, às diretrizes orçamentárias, ao orçamento anual e ao exame das contas anualmente apresentadas pelo presidente da república, tratando desses assuntos nos artigos de números 165 a 169.

2.2 O orçamento e o profissional

No século atual, com o desenvolvimento das grandes organizações, o orçamento passou a ser utilizado como um forte instrumento de planejamento e controle. Ele serve como documento para estabelecer e divulgar metas a serem cumpridas por cada unidade da empresa bem como por suas áreas descentralizadas ou subsidiárias, ficando explícito o que a administração central deseja de cada órgão interno ou de empresa controlada, principalmente quanto aos custos programados e ao retorno do capital investido.

Em outras palavras, o instrumento passou a ser apropriado para clarificar e formalmente estabelecer os objetivos desejados pelos controladores, de modo a serem cumpridos por cada órgão ou empresa controlada. Esses objetivos devem ser alcançados em determinado período de tempo, além de servirem como parâmetro para comparação e avaliação do desempenho dos seus gerentes.

O conhecimento dos custos de uma empresa é instrumento de capital importância para o gerente, principalmente em empresas de engenharia em que os custos acontecem continuamente, em valores expressivos, e em que o faturamento ocorre de forma discreta.

O conhecimento e o controle dos custos em um mercado competitivo, como o da engenharia, têm capital importância para a competitividade e a sobrevivência da empresa, isso porque não se pode controlar aquilo que não se conhece (MAITAL, 1996).

Essa constatação foi efetuada após a observação do comportamento gerencial de diversas empresas cujo sucesso ou fracasso ocorreram devido ao nível de conhecimento disponível pela área gerencial quanto aos custos praticados.

Para a indústria da construção civil e para o engenheiro em particular é recomendado instituir um sistema orçamentário e de acompanhamento de custos adequadamente integrado à área de contabilidade visando dispor de informações fidedignas e tempestivamente acessíveis a todos os interessados.

Esse procedimento recomendado permite uma rápida resposta quanto à evolução dos custos e, consequentemente, favorece a ação gerencial em tempo hábil dada a velocidade na recuperação de informações e estabelece um sistema com informações confiáveis, além de otimizar os recursos da empresa ao evitar a instituição de sistemas e controles paralelos.

2.3 O sistema orçamentário

Sob a ótica gerencial, o sistema orçamentário é um processo estratégico integrado à gestão financeira da empresa em que são definidas as políticas e os planos visando cumprir os objetivos expressos na razão social da organização ou da coalizão dominante.

Para um melhor acompanhamento do assunto em questão, a seguir é conceituado o entendimento do autor sobre orçamento, sistema e processo orçamentário.

Orçamento produto ou simplesmente orçamento é um documento que prevê atividades, serviços, planos ou programas e os qualifica em termos quantitativos de unidades físicas e valores monetários, referindo-se a uma unidade de tempo, a serem executados em períodos futuros.

O orçamento integra o processo de gestão financeira sendo possível de ser tratado sob duas óticas: a estratégica e a ótica operacional. Sob a ótica estratégica, ele é formalizado no denominado sistema orçamentário. Sob a ótica operacional, é definido no processo orçamentário — ver Figura 2.1 que sintetiza um sistema orçamentário.

Figura 2.1 – Orçamento e gestão financeira

Fonte: os autores

     O sistema orçamentário dispõe de um conjunto de planos e políticas que, formalmente estabelecidos e expressos em resultados financeiros, permitem à administração, *a priori*, estabelecer os resultados operacionais da empresa, e, consequentemente, estabelecer critérios de acompanhamento e procedimentos necessários a obter esses resultados. Além disso, permitem que possíveis desvios ocorridos sejam analisados, avaliados e corrigidos em tempo hábil.

Processo orçamentário corresponde a um conjunto de metodologias e procedimentos, formalmente instituídos, necessários para compatibilizar o planejamento, a contabilidade gerencial e a legal, o orçamento próprio da empresa e a previsão dos fluxos de caixa abrangendo o horizonte dos projetos. Enfim, trata-se de um instrumento de controle financeiro da gestão.

Partindo do já exposto e da análise da definição exposta, fica claro que o sistema orçamentário e que o processo administrativo dele decorrente são um forte instrumento de planejamento e controle. Adequadamente utilizados, favorecem à tomada de decisão, pois fornecem condições para o acompanhamento do desempenho tanto da organização, de seus órgãos e de qualquer obra ou serviço em particular.

Outro fato a ser lembrado pelos profissionais é que obras, geralmente, exigem recursos vultosos dos proprietários. Erros ou defasagens na elaboração ou na execução do orçamento podem resultar em repercussões indesejáveis, seja na insuficiência de capital de giro, seja na realização da rentabilidade desejada. O que se tem verificado no mercado da construção é que orçamentos inconsistentes contribuem para uma decisão de implantação de empreendimentos a custos superiores aos previstos.

Além do comentado, a perda de serviços por retrabalho, a postergação do faturamento devido a paralisações ou redução de ritmo de trabalho, a ocorrência de horas extras e de encargos financeiros imprevistos, a incidência de custos indiretos mal avaliados, o domínio inconsistente de processos produtivos, entre outros elementos, favorecem à superveniência de um quadro financeiro prejudicial à empresa. Esse quadro pode causar a inadimplência da organização, fazendo com que ela veja frustrada sua previsão de retorno do investimento e capacidade de pagamento dos custos do seu empreendimento, situação que pode atingir a todos os envolvidos, contratantes e contratados.

2.3.1 O processo orçamentário

O processo orçamentário, por sua vez, é um sistema de trabalho que, envolvendo toda a empresa, tem por objetivo prever os investimentos futuros, os custos a serem incorridos, o faturamento com que cada produto poderá contribuir e a perspectiva da rentabilidade.

O objetivo de sua realização é definir metas financeiras, avaliar o desempenho da empresa e a consequente expressão do lucro do exercício atual e no dos subsequentes, e a flutuação do fluxo de caixa considerando o horizonte do projeto.

O orçamento subsidia o processo de tomada de decisão e o estabelecimento de políticas empresariais de captação e aplicação de recursos.

O orçamento como **processo** abrange os programas, as metas, os objetivos a serem atingidos e os resultados específicos esperados de cada órgão interno.

O orçamento como **produto**, comumente realizado pela área técnica da empresa, visa à definição dos custos diretos e indiretos dos projetos, serviços e obras, ou seja, seus produtos singulares, bem como à decorrente proposta de preços. Para tanto são considerados os insumos, a tecnologia, a força de trabalho, os custos e as despesas, os riscos e os tributos a serem incorridos em cada um dos produtos.

À área de contabilidade cabe a atribuição de suprir informações quanto às despesas administrativas a serem suportadas por cada contrato e os tributos e suas alíquotas incidentes por opção tributária.

A contabilidade gerencial ou de custos tem por atribuição o acompanhamento e o controle dos dispêndios realizados, visando acompanhar a realização da rentabilidade de cada contrato segundo os parâmetros estrategicamente definidos.

O registro sistemático do orçado e do realizado permite registrar o ganho de conhecimento e a experiência adquirida pela organização. E, em decorrência disso, permite definir índices de produtividade próprios para cada atividade, fato que contribui para o domínio dos tempos a serem orçados e da competitividade da organização.

A literatura especializada, geralmente, considera o processo orçamentário na forma como é utilizado pela indústria manufatureira.

A indústria da construção civil tem suas peculiaridades e, mesmo que as metodologias utilizadas na produção industrial não possam ser fielmente transplantadas para ela, o processo orçamentário pode e deve ser instituído, pois seus princípios são perfeitamente intercambiáveis. Além disso, como a construção civil fornece produtos únicos, com longo processo de maturação e de elevado custo, o domínio do controle orçamentário torna-se imprescindível para o conhecimento do fluxo de caixa, das metas de lucratividade e do processo de gestão.

Como o processo orçamentário define parâmetros a serem perseguidos pelas diversas áreas da empresa, recomenda-se a sua instituição formal, mesmo porque, na construção civil, além dos riscos inerentes à atividade dessa indústria, cada obra em particular apresenta um risco distinto ao ser comparado ao de outra semelhante.

Um bom exemplo para essa assertiva é o caso de dois edifícios cujos projetos arquitetônicos sejam idênticos, porém executados em locais distintos. Esse é um caso em que pode ocorrer: diferentes projetos e processos construtivos de fundações; custos de implantação diferentes; mão de obra diferente; sem considerar ainda possíveis mutações nos desejos e aspirações da clientela a que se destinam; fatos que podem repercutir nos custos incorridos.

Finalizando, o orçamento programa é uma atribuição da área política da organização, porém deve receber a contribuição das áreas estratégica, técnica e administrativa para que seja consistente. Por sua vez, o orçamento produto é responsabilidade primordial e função das áreas executivas.

2.3.2 Vantagens e óbices

Este item expõe vantagens e óbices à realização de um processo orçamentário.

I   Vantagens

Algumas das principais vantagens da instituição de um processo orçamentário adequado nas empresas são relacionadas e comentadas a seguir:

- tem efeito positivo na motivação e no moral do corpo funcional, pois cria o sentimento de que todos estão trabalhando para um objetivo comum;
- possibilita a coordenação do trabalho de toda a organização, pois como o orçamento é um retrato dos planos estabelecidos para o exercício seguinte, a direção pode agrupar as atividades de cada unidade e otimizar os recursos a serem dispendidos na execução de cada plano singular;
- pode ser utilizado como instrumento sinalizador de desvios ocorridos e permitir a realização de medidas corretivas. Não se deve esquecer que a finalidade de qualquer sistema de controle é alertar aos membros da organização de que foi violado algum padrão;
- ajuda as pessoas a aprenderem com a experiência passada, devido à apropriação de dados de produção e custos realizados, permitindo aos administradores analisar o acontecido, isolar o erro e avaliar a sua causa;
- melhora a alocação de recursos, pois cada pedido extra de recurso deve ser justificado e fundamentado, induzindo os administradores ao hábito de cumprir o que foi planejado;
- ajuda os administradores e supervisores de nível subordinado a conhecerem quais são suas responsabilidades, pois passam a dispor de recursos a serem aplicados, de modo claro e objetivo, bem como dos padrões de desempenho a serem cumpridos;
- mostra aos novos membros da organização qual é o rumo e a cultura da empresa, já que passam a conhecer os objetivos e prioridades da organização;
- serve como bom instrumento de avaliação de desempenho, dado que o resultado previsto e obtido pela atuação de administradores e de determinadas áreas da empresa podem ser registrados e medidos com maior facilidade;
- favorece o desenvolvimento de novas ideias e a realização de novas propostas para soluções de problemas futuros, pois permite ocorrer diferentes percepções quanto à realização do orçamento pelos integrantes da organização.

II   Óbices ao processo

A instituição de um processo orçamentário, eventualmente, pode sofrer resistência de segmentos internos de qualquer organização. Isso ocorre por haver o entendimento de que esse processo pode restringir o poder e a liberdade de ação de certos gestores, favorecendo o controle sobre eles, situação essa que, se é benéfica à organização como um todo, pode ser incômoda para alguns.

As autores desta obra têm constatado, especialmente em empresas de menor porte, a minimização ou a dificuldade de se reconhecer a importância do processo orçamentário e a visão antecipada do desempenho futuro da empresa. Fato esse possível de ser avaliado por meio da realização da projeção do balanço e pelo demonstrativo de resultado de exercícios futuros.

Justifica-se tal entendimento pela morosidade de sua elaboração e pelas variações possíveis de ocorrerem no transcorrer do exercício, principalmente em época inflacionária, esquecendo que o orçamento é um "plano de voo" traçado para a empresa cumprir o seu objetivo.

É lógico e intuitivo que, ocorrendo mudanças nos meios econômico, social ou político que tragam consequências para a empresa, seus orçamentos devem ser reavaliados. Porém, alterar orçamentos porque alguém não sabe ou não quer cumpri-lo, é temerário. O orçamento deve expressar um conjunto de metas a serem perseguidas, sem ser uma camisa de força, mas um documento de responsabilidade de comprometimento empresarial. Qualquer alteração propiciada por capricho pessoal tem levado ao descrédito o processo com a consequente desmotivação do corpo funcional.

No caso de ser elaborado em período inflacionário, é recomendado que seja expresso em moeda de poder aquisitivo constante. Atualmente, há empresas que os têm realizado em CUB e mesmo em dólares.

A seguir são relacionadas algumas situações de comportamentos possíveis de ocorrerem durante a instituição de um processo orçamentário:

- A alta administração: o envolvimento da alta administração é de capital importância, exigindo o seu cumprimento e cobrando resultados. Isso não ocorrendo, fica extremamente difícil cumprir metas preestabelecidas pelos escalões inferiores e mesmo acreditar na seriedade do processo. Sem o seu envolvimento, qualquer orçamento assim prestigiado já nasce morto. A organização passa a viver casuisticamente, trabalhando ao sabor dos ventos do dia a dia, sem condições formais de dirigir o seu destino.
- Influência política: deve ser evitado que ocorra influência política na alocação de recursos destinados a qualquer área da empresa, pois administradores podem postergar informações até o momento de fechamento do orçamento no intuito de exercer influência ou ter capacidade de barganha, visando aumentar os recursos sob sua gestão.
- Disfunções nas relações: é comum haver hostilidade para com aqueles que coletam dados e montam os números finais do orçamento. Isso deve ser evitado para haver compromisso e solidariedade na execução do processo orçamentário e reduzir influências não desejadas de alguns.
- Exagero de necessidades: é comum administradores orçarem valores acima de suas reais necessidades ou capacidade de aplicação de recursos durante o exercício. O objetivo desse comportamento é ter folga na eventual ocorrência de eventos imprevistos que possam reduzir seus recursos ou se prevenir contra efeitos inflacionários. Assim, não há necessidade de disputar ou efetuar eventual justificativa na obtenção de novos recursos, além de estar protegido quanto a possíveis cortes quando da análise e fechamento de metas orçamentárias.
- Informações veladas: quando orçamentos são mantidos em sigilo, geram perigo para a organização, pois pode ocorrer a difusão de informações inexatas pelos bastidores, aumentando desnecessariamente a rivalidade e a desconfiança entre gestores ou unidades da organização.

- Auditoria: em empresas de maior porte, recomenda-se a permanente realização de trabalhos de auditoria com o objetivo de verificar o cumprimento do processo estabelecido e constatar inconformidades nos controles.

2.3.3 O plano de resultados

Neste item são apresentados os principais documentos componentes de um plano de resultados planejado ou projetado.

Para o melhor conhecimento do assunto, é interessante consultar o livro *Orçamento empresarial*, publicado por Welsch em 1983. Mesmo sendo esse livro mais voltado para a produção industrial, com as devidas adaptações, seus princípios e metodologias podem ser perfeitamente utilizados pelos planejadores na construção civil. Recomenda-se, visando à realização de um plano de resultados, a elaboração ou disponibilidade dos seguintes documentos:

i. plano substantivo;
ii. plano de resultado de longo prazo;
iii. plano de resultado de curto prazo;
iv. orçamento de despesas variáveis;
v. dados estatísticos complementares;
vi. relatórios de desempenho.

2.3.3.1 Plano substantivo

Deve conter:

a. objetivos gerais da empresa;
b. objetivos específicos da empresa: projetos, serviços, empreitada;
c. estratégias da empresa;
d. definição das premissas de planejamento.

2.3.3.2 Plano de resultados de longo prazo, com caráter estratégico

Deve conter:

a. projeções de receitas, custos e lucros;
b. principais projetos a serem realizados;
c. investimentos em ativo imobilizado;
d. fluxos de caixa e financiamentos;
e. necessidade de recursos humanos.

2.3.3.3 Planos de resultados de curto prazo, em base anual

Deve conter:

I   O plano de operações

a. Demonstração planejada do resultado.

- demonstração do resultado geral;
- demonstração do resultado por área de responsabilidade;
- demonstração do resultado por produto.

b. Tabelas e quadros auxiliares da demonstração de resultados, com:

b1)   Plano de vendas:

- por zona de vendas e período
- por produto e período.

b2)   Plano de produção:

- quadro de quantidades a serem produzidas;
- quadro de estoques;
- orçamento de matérias-primas;
- orçamento de compras;

- orçamento de mão de obra direta;
- orçamento de custos indiretos de fabricação:
- previstos para departamentos de produção.
- previstos para departamento de apoio ou administrativos.

b3) Orçamento de despesas administrativas:

- orçamento de despesas para departamentos administrativos;
- orçamento do departamento de pessoal;
- orçamento de recursos humanos.

b.4) Orçamento de despesas de vendas;

b.5) Orçamento para apropriação de verbas;

- orçamento de publicidade;
- orçamento de pesquisa;
- outros.

II   Plano financeiro

Este plano prevê a projeção do ativo, do passivo e do demonstrativo de resultados referentes a exercícios futuros, dentro do horizonte de planejamento. E, assim, pode-se reconhecer os índices a seguir relacionados que permitem efetuar a análise do desempenho futuro.

a. Balanço planejado ou projetado: ativo, passivo, DR.

- índice de liquidez;
- taxa de retorno sobre investimentos;
- nível de capital de giro;
- retorno sobre o capital de acionistas;
- entre outros.

b. Quadros auxiliares do balanço.

- previsão de fluxos de caixa e de origem e aplicação de recursos;
- orçamento de duplicatas e títulos a receber;
- orçamento de investimentos em ativo imobilizado;
- orçamento de depreciação.

2.3.3.4 Orçamentos de despesas variáveis

Integram as despesas variáveis:

- despesas de produção;
- despesas de vendas;
- despesas administrativas.

Definidas essas despesas, torna-se possível: i) elaborar fórmulas de custos para a preparação de orçamentos; ii) dispor de dados para o controle dinâmico de custos, ou seja, acompanhar a evolução dos custos, periodicamente.

2.3.3.5 Dados estatísticos complementares

Com os dados mencionados disponíveis, há condições de desenvolver análises ou informações de:

- ponto de equilíbrio de custo, volume e lucro — por filial, departamento, por produto e para a empresa como um todo;
- nível ou quantidade ótima de produção;
- análise de situações especiais;
- tabelas gráficas do crescimento histórico e para análise do ponto de equilíbrio.

2.3.3.6 Relatórios de desempenho

O relatório de desempenho é um documento que visa medir, objetivamente, o cumprimento das metas e os desvios havidos. Para tanto, deve considerar dois tipos de informações:

- a comparação entre os custos orçados e os realizados;
- e a análise de variações ou análise de inconformidades, em que são comentadas as causas dos desvios ocorridos.

A comparação entre custos efetuados, receitas auferidas, evolução dos ativos, passivos e patrimônios líquido, reais e projetados, indicando a variação havida, visa determinar em que medida o plano de resultados foi atingido ou superado, indicando as variações ocorridas para cada item importante de orçamento. Em decorrência disso, essa comparação permite a aferição do desempenho havido, efetuado para cada área de produção, das filiais e da empresa como um todo. A seguir é exposto um modelo de relatório de desempenho.

A análise das variações ou inconformidades tem a finalidade de comentar a causa das diferenças havidas entre os resultados reais e os valores planejados. Dessa forma, há condições de determinar o que contribui para a ocorrência das variações medidas, permitindo a execução de medidas corretivas quanto ao desempenho de processos e produtos e a consolidação das experiências.

É recomendado o estabelecimento de limites de variação, para que a análise de variações seja efetuada com rigor e sem tendências. A partir desses limites a análise passará a ser efetuada.

Relatório de Desempenho								
Item	Unidade un	Custo Unitário Orçado (1)	Quantidade Prevista (2)	Custo Previsto (3)	Custo Realizado (4)	Quantidade Realizada (5)	Variação de Custos	Variação de Quantidade
		R$/un	un	R$	R$/un	un	$\Delta C = (4)-(3)$	$\Delta Q = (5)-(2)$
Terraplenagem	m^3							
Concreto	m^3							
Piso	m^2							
Meio fio	m							
Poste	un							
.....	...							
Total Geral								

Em estando qualquer item de produção ou de balanço dentro dos limites estabelecidos, será considerado que os objetivos foram atingidos, mesmo tendo a variação ocorrido para mais ou para menos do valor desejado.

Como regra de procedimento gerencial, a análise de variação apenas deverá ocorrer quando os limites de variação forem ultrapassados.

2.3.4 Requisitos e características do orçamento

Visando à instituição e o acompanhamento de um processo orçamentário, a seguir são comentados alguns requisitos a serem cumpridos para a sua realização e para a melhor utilização das informações dele advindas.

- É útil dispor de registros e informações orçamentárias e contábeis de exercícios passados. Porém, esses devem servir apenas como informações de comportamento da empresa ao se realizarem novas projeções e não devem ser repetidas aleatoriamente. O recomendado é que as projeções sejam realizadas pela prospecção do mercado futuro e pelo comportamento da economia, já que é muito pouco provável que o futuro se repita nas mesmas condições do passado.
- É essencial que um orçamento projetado tenha condições de informar o grau de liquidez da empresa e se ela terá condições de se manter em funcionamento, cumprindo os seus compromissos de pagamentos externos e fornecendo fundos para sustentar o nível de operações previsto.
- A realização de um bom plano de fontes e usos de fundos deve considerar recursos tanto de curto como de longo prazo. Para tanto, devem ser considerados lucros a se realizarem e custos de aplicações financeiras.
- O orçamento deve fornecer à alta administração informações sobre as perspectivas futuras da empresa. Ele ampara a tomada de decisão quanto à política de compras, à comercialização de produtos ou serviços, à fixação de preços, à elaboração do fluxo de caixa, à manutenção do quadro de pessoal, à alienação de ativos, à captação de recursos em fundos de investimentos etc.
- Para o acompanhamento do orçamento e a informação à administração, deve ser previsto a periodicidade das informações para controle, utilizando instrumentos denominados relatórios de desempenho.
- O orçamento deve fornecer padrões de desempenho para que as áreas persigam a sua obtenção de qualidade e a

administração disponha de elementos para comparar e poder cobrar desempenho e atribuir responsabilidade.

- É necessário compatibilizar a nomenclatura utilizada nos planos de contas contábeis, tanto da contabilidade legal como da gerencial, com a estrutura analítica do planejamento, dos projetos e dos orçamentos. Esse procedimento permite homogeneizar as informações de todos os documentos de controle, o que facilita e reduz o custo operacional.

2.4 Orçamento produto

Como comentado anteriormente, o orçamento produto ou simplesmente orçamento é um documento emitido pela área técnica de engenharia em que são relacionados atividades, serviços, planos ou programas a serem realizados pela organização.

O orçamento de engenharia é um caso típico de orçamento produto. Ele tem como objetivo principal determinar o valor total de obra ou do serviço singular, produtos da empresa, com o intuito de permitir a organização: promover investimento próprio; se habilitar em processo licitatório; analisar a competitividade de seu preço no mercado; e, também, medir o próprio desempenho.

No orçamento devem estar adequadamente especificadas e individualizadas as atividades a serem executadas, quantificadas as unidades físicas e totais de cada atividade, segundo a unidade que lhe é peculiar, e os respectivos preços unitários e totais.

Nesses termos, recomenda-se evitar agrupar ou mal especificar sob uma mesma denominação atividades passíveis de serem medidas ou pagas individualmente. No quadro a seguir isso é bem caracterizado pelo especificado nos itens de número 1, 2, 5, 6 e 9. No item 1 não estão relacionados e quantificados quais são os serviços preliminares e, no item 6, conjugam-se atividades que, mesmo passíveis de serem pagas sob uma mesma unidade de medida, abrangem tarefas distintas.

Recomenda-se, também, evitar adotar em orçamento, simploriamente, as expressões *global*, *verba* ou *total* para definir quantitativos ou custos unitários associados a cada atividade a ser executada.

ORÇAMENTO				
Item	un	Quantidade	Custo unitário R$/un	Total R$
Serviços preliminares	un	Verba	-	78.888,00
Fundação e terraplenagem	-	Global	-	220.432,00
Alvenaria	M²	1.020,00	36,70	37.434,00
Reboco	M²	3 200,00	19,36	61.952,00
Revestimentos	M²	2.120,00,	28,50	60.420,00
Piso e contrapiso	M²	1.284,00	27,17	34.886,28
Rede elétrica	-	Total	-	56.400,00
Rede hidráulica	Ponto	29	77,90	2.259,10
Desmobilização e limpeza geral	un	Total	-	37.900,00
TOTAL				590.571,38
BDI – 35,18%				207.763,01
PREÇO				798.334,39

Considerando ser o orçamento um documento contratual, ele gera efeitos legais estabelecendo responsabilidades e obrigações entre as partes. Nesse contexto, durante a execução de um contrato, o orçamento adequadamente elaborado permite efetuar medições inequívocas e, mesmo na superveniência de alguma interpelação judicial ou extrajudicial, permite bem caracterizar as responsabilidades das partes. Além disso, facilita o entendimento durante qualquer processo de reivindicação devido à variação nos quantitativos realizados e/ou no desequilíbrio financeiro do contrato.

O orçamento, como não poderia deixar de ser, no campo da engenharia ou na indústria da construção civil, basicamente, é função de quatro peças distintas, complementares, formando um todo indivisível: os desenhos; o memorial descritivo; o plano de construção; e a composição de custos unitários — conforme expõe a Figura 2.2.

Figura 2.2 – Peças componentes do orçamento

Peças Orçamentárias				
Desenhos	Memorial Descritivo	Processo Construtivo	Custos Diretos	Custos Indiretos

Fonte: autores (2021)

Os desenhos — design — mostram a forma do objeto contratado: dimensões, insumos constitutivos, ligações entre partes.

O memorial descritivo tem por objeto qualificar os insumos e mesmo orientar a sua instalação ou a de equipamentos.

O processo construtivo especifica como ocorrerá a execução e a tecnologia a ser adotada na consecução do projeto. É de fundamental importância fazer constar em propostas orçamentárias, pois, especialmente em licitações públicas, a adoção de um processo construtivo não previsto pelo órgão licitante pode reduzir o custo de execução em valores significativos e sua explicitação na proposta de preços justifica qualquer questionamento futuro.

A relevância dessa assertiva é constatada da seguinte maneira: quando no caso de obras públicas, o TCU recomenda fazer constar dos editais as técnicas construtivas a serem adotadas:

> Faça constar, da documentação integrante do edital, memorial descritivo acerca das técnicas construtivas adotadas e dos motivos e limitações que levam a escolha de cada solução, em face das peculiaridades do empreendimento, esclarecendo, inclusive, as razoes para a não utilização de técnicas menos dispendiosas, quando existirem. (BRASIL, 2009a, s/p).

A composição de custos informa, por unidade de produto, a soma dos custos dos insumos a serem computados em cada atividade do projeto. É de capital importância para o processo orçamentário. Porém, não é motivo desta obra, pois é assunto disponível na literatura. Além disso, diversos programas computacionais disponíveis no mercado facilitam a obtenção dos custos unitários.

Para o entendimento dos conceitos desenvolvidos neste trabalho, o leitor tem que entender a distinção entre preço e custo de uma obra ou serviço.

Preço é definido como o valor a ser cobrado dos clientes ou, em outras palavras, a remuneração a ser recebida como contra-prestação pela realização de uma obra ou serviço.

O custo corresponde à expressão monetária do valor a ser pago pela obtenção de seus insumos: material, mão de obra, equipamentos e capital de giro, sem esquecer dos tributos e dos encargos sociais.

2.5 Precificação: empreitadas e serviços

2.5.1 Justificativa

Neste item 2.5 são efetuados alguns comentários quanto à formação do preço, do custo total, diretos e indiretos, da mão de obra e dos custos horários de equipamentos de modo a atender instruções normativas do Tribunal de Contas da União (TCU) e a formatação de propostas orçamentárias. Justificam a realização desses comentários dois fatores:

1. ser o governo, nos seus três níveis, o maior demandante da construção civil no país, especialmente na construção pesada, e o TCU o órgão que normatiza e fiscaliza o objeto das licitações;
2. evitar, caso ocorra alguma demanda judicial ou extrajudicial, questionamento quanto à real definição, abrangência, qualidade ou quantidade de algum item considerado.

2.5.2 Do preço

O processo de precificação tem por objeto a definição do preço de algum produto, seja visando ao processo licitatório ou à avaliação da competitividade da empresa diante do mercado.

O processo básico de composição do preço é mostrado no fluxograma da Figura 2.3.

Figura 2.3 – O processo de precificação: variáveis básicas

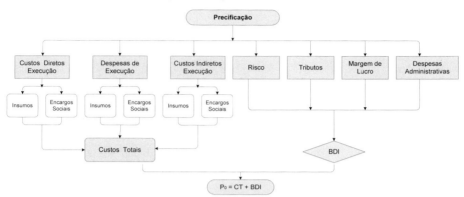

Fonte: os autores

Como já visto, o preço na construção civil é definido, tradicionalmente, conforme o modelo a seguir, em que: CT corresponde aos custos totais incorridos; BDI (Benefícios e Despesas Indiretas) é fator que engloba as demais variáveis que integram os dispêndios a serem incorridos e pode ser expresso como valor monetário ou índice multiplicador. Nesse último caso, corresponde a uma função do custo total em que estão englobadas as despesas com a administração central, risco, tributos e lucro. Matematicamente, isso é expresso na Equação 2.0.

$$\text{Preço} = CT + BDI = CT \times I_{BDI} \qquad \text{Equação 2.0}$$

O primeiro procedimento a ser seguido e que é necessário ao estabelecimento do preço de qualquer bem ou serviço parte da apuração do valor de seus principais grupos de suas variáveis componentes, quais sejam:

i. o custo total (CT);
ii. o custo direto de execução (CDE);
iii. o custo indireto de execução (CIE);
iv. o custo indireto de administração (CIA);
v. as despesas administrativas (DAD);

vi. os encargos sociais (I_{ES});

vii. os tributos incidentes sobre o faturamento;

viii. os tributos incidentes sobre o lucro;

ix. a margem de lucro (μ);

x. a avaliação do risco (RSK);

xi. e o índice dos benefícios e despesas indiretas (BDI).

Pode-se comentar o seguinte sobre esse grupo de variáveis:

I. O custo total, como já definido, corresponde ao somatório dos dispêndios realizados com: custo direto de execução (CDE); custo indireto de execução (CIE); custo indireto administrativo (CIA); e o custo de risco, (RSK). Matematicamente, tem-se:

$$CT = CDE + CIE + CIA + RSK \qquad \text{Equação 2.1}$$

II. O custo direto de execução deve se ater, especificamente, ao orçamento do objeto da obra ou do serviço, sendo o primeiro custo a ser definido.

Na indústria da construção ou de bens sob encomenda, a experiência tem demonstrado que esses custos devam se ater aos quantitativos e aos custos unitários dos serviços efetivamente especificados nos desenhos ou nos termos de referência de projetos e nos fornecimentos de insumos diretos. São eles: os materiais empregados (MAT), a mão de obra (MO), os encargos sociais (ES), e os serviços de terceiros destinados, especificamente, ao cumprimento do objeto do contrato (STR). Matematicamente, tem-se:

$$CDE = MAT + MO + ES + STR$$

III. Quanto aos custos indiretos de execução, por facilidade de gestão, recomenda-se subdividi-los em dois principais grupos:

PRECIFICAÇÃO: PRECIFICAR SERVIÇOS E EMPREITADAS EM ENGENHARIA

1   Os custos indiretos de administração (CIA): aqueles associados à realização do processo de administração local, segurança, medicina e logística;

2   Os custos indiretos de execução (CIE): aqueles dispêndios associados à execução de investimentos com a infraestrutura auxiliar, obras e serviços de apoio e acessos.

O grupo despesas com administração local (CIA) engloba os dispêndios com: pessoal de apoio, manutenção e transporte; alimentação e estadia; mobilização e desmobilização de pessoal e equipamentos; dispêndios incorridos com o pessoal lotado na sede da empresa, porém alocado exclusivamente ao suporte do projeto; remoção de canteiro e acampamento; etc.

O subgrupo infraestrutura auxiliar (CIE) agrupa investimentos temporários realizados com a implantação de canteiro de obras, escritórios, refeitório, alojamentos e casas, oficinas; instalação de serviços públicos e telecomunicação; desapropriações, acessos e vias provisórias; etc.

Recomenda-se adotar a instrução do TCU de especificar no orçamento e, consequentemente, no cronograma físico financeiro itens que contemplem os custos indiretos singulares[4], conforme comentários efetuados no item 2.5.2.

IV   O grupo despesas administrativas (DAD) considera os dispêndios realizados com os processos de vendas e administração geral, destinados à manutenção e operacionalização da administração central da organização, bem como dispêndios associados à risco com seguros ou ressarcimento de prejuízos a terceiros. As despesas administrativas serão alocadas no BDI e o seu valor será definido por alguma forma de rateio, conforme será discutido no item 3.2, já são essas despesas apropriadas em conta contábil específica do DR da organização.

O grupo encargos sociais (I_{ES}) engloba despesas realizadas com tributos e benefícios vinculados à força de trabalho. Deve ser analisado sob duas óticas: a da mão de obra direta e da indireta.

---

[4] De acordo com os preceitos da semântica, diz-se de ou a quantidade que classifica um só sujeito ou uma só coisa. Como exemplo na engenharia: um almoxarifado, a laje do quinto andar, a ponte do km 123 etc.

V   É interessante notar que o índice de encargos sociais pode variar de um serviço para outro, já que o serviço pode sofrer influência das condições locais, tais como: trabalho noturno, da pluviosidade; do fornecimento de alimentação e transporte; da logística; do seguro de acidentes; do gerenciamento do processo de rescisão contratual; da quantidade de funcionários integrantes do corpo permanente da empresa e de contratados locais, o que influencia o gerenciamento do processo de rescisão contratual; etc.

VI   Os tributos (TRB) devem ser considerados segundo a opção tributária adotada pela empresa. Conforme a opção adotada, os tributos incidem sobre o faturamento e o lucro ou somente sobre o faturamento. Assim sendo e por facilidade de cálculo, recomenda-se majorar o BDI líquido quando os tributos incidem sobre o faturamento. E recomenda-se majorar a margem de lucro quando os tributos incidem sobre o lucro. Ressalta-se que ocorre a incidência dos tributos sobre o lucro somente quando há a opção tributária pelo lucro real.

VII   A margem de lucro ou margem de lucro líquida (μ) define a remuneração do contrato estabelecida pela administração superior da organização. Ela é função das condições de mercado, da competitividade, da estratégia de obtenção de contratos e da taxa de mínima atratividade adotada pela empresa para a remuneração dos seus ativos.

VIII   O grupo risco (RSK) pode ser considerado integrante do custo total (CT) ou do BDI. Como variável de custo, contempla dispêndios associados à possibilidade de ocorrência de algum sinistro específico, como desabamentos, desmoronamento, prejuízos causados a terceiros, para ressarcimento de possíveis óbices ambientais e sociais a ocorrerem durante a execução do projeto. Como integrante do BDI, contempla dispêndios associados à gestão da empresa, tais como: seguros contratados para cartas de garantia ou cartas de crédito, exigibilidades contratuais ou de mão de obra etc.

IX   O índice de BDI (Benefícios e Despesas Indiretas), é um fator que permite estabelecer o preço final em função do custo direto total. Pode ser considerado como valor monetário ou índice (número puro). A Figura 2.3 mostra o esquema da composição das variáveis na formação do custo total (CT) e do BDI necessários à formação do preço.

Ao dominar a estrutura dos custos de um projeto e das despesas indiretas, a organização dispõe de condições de conhecer o próprio preço, situação que lhe permite avaliar, com precisão, a sua competitividade diante das condições de mercado.

Devido à complexidade do processo e à quantidade de variáveis envolvidas na determinação dos benefícios e despesas indiretas incidentes sobre os serviços e dos índices de encargos sociais, eles serão tratados em capítulos próprios, respectivamente, 3º e 4º capítulos desta obra.

A seguir, neste capítulo, será considerada apenas a metodologia básica de cálculo do custo dos insumos, abordando os dispêndios com mão de obra, materiais e equipamentos necessários à realização dos serviços.

2.5.3 Dos custos

I   Do custo total

Figura 2.4 – Modelo de cronograma físico-financeiro

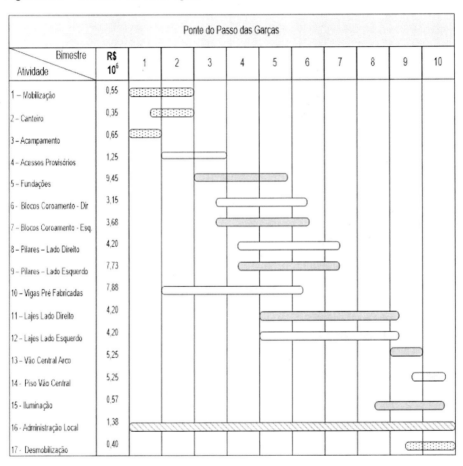

Fonte: os autores

É recomendado, ao participar de licitações públicas, tanto o gestor público como o de empresa privada observar exigibilidades do TCU quando da composição dos seus orçamentos e propostas de preços.

Os acórdãos do TCU, considerados a seguir, determinam:

➢ Acórdão 2397/2008:

> Retirem do percentual de BDI utilizado no orçamento básico as despesas relacionadas à administração local do empreendimento, as quais deverão ser incorporadas a planilha analítica dos serviços, de maneira a possibilitar o pagamento das despesas efetivamente incorridas e evitar possíveis desequilíbrios financeiros no contrato. (BRASIL, 2008b, s/p).

➢ Acórdão 32/2008:

> Exija maior detalhamento dos custos do item de serviço "instalação e manutenção do canteiro de obras", identificando, de forma segregada, os custos de instalação e os de manutenção, de forma a evitar irregularidades como as constatadas nos Contratos [...], em que os pagamentos referentes aos custos de manutenção dos respectivos canteiros de obras foram efetuados de forma antecipada. (BRASIL, 2008a, s/p)

➢ Acórdão 2993/2009: "Abstenha-se de incluir o item administração local como despesa indireta integrando o BDI do contrato, devendo o mesmo constar da planilha de custos diretos da obra" (BRASIL, 2009b, s/p).

Em propostas de preços realizadas no âmbito da iniciativa privada, os interessados agem segundo as circunstâncias dos seus interesses. Porém, recomenda-se adotar o procedimento considerado pelo TCU e, desse modo, evitar interpretações distintas quanto ao que foi a executado e as importâncias devidas.

Nos termos do entendimento do TCU, dispêndios realizados com canteiro, acampamento, administração local e manutenção, mobilização e desmobilização devem ser itens individualizados nas propostas de preços e, consequentemente, mostrados nos cronogramas físico-financeiros.

Assim sendo, como pagamentos são efetuados e amparados em boletins de medição da etapa ou de item executado, a individualização dos citados itens em orçamento, conforme expresso na equação 2.1, resguarda ou reduz eventuais discordâncias, questionamento ou demanda futura sobre a realização ou não desses itens. Além disso, tal procedimento permite o controle da execução e a individualização dos pagamentos devidos na época em que forem incorridos. E, caso ocorra rescisão sem justa causa ou paralização por força maior, segregar o que foi pago do que é devido permite caracterizar o cumprimento da obrigação sem gerar dúvidas.

A Figura 2.4 mostra um modelo de cronograma e orçamento básico de uma ponte em concreto armado, elaborado segundo a orientação do TCU. Nesse exemplo ficam claramente caracterizados os dispêndios com mobilização, canteiro, acampamento, acessos provisórios, administração local e desmobilização, considerados todos como custos indiretos de execução (CIE).

II – Do custo de execução

Como já visto, o modelo de cálculo do montante do custo total de execução (CT) e do preço é dado por:

$$CT = \sum (CDE + CIE + CIA + RSK + STR) \therefore \quad Preço = CT + BDI$$

Recomenda-se estabelecer os custos de execução, sejam eles diretos ou indiretos, por atividade singular e realizada em função da produtividade de homens e máquinas alocados ao trabalho de produção, conforme exposto na Figura 2.5. Justifica-se essa recomendação por ser a duração de qualquer atividade função direta da produtividade, parâmetro que permite estabelecer e controlar o tempo de execução, fator que impacta diretamente sobre a lucratividade esperada.

Definindo como "c_{UNIT}" o custo unitário do insumo; π, a produtividade; e Q_s, a quantidade de serviço a ser realizado, o custo de execução (CE) de uma atividade ou de um serviço é expresso pelo modelo da Equação 2.2.

$$CE(s) = C_{UNIT}(s) \times \dot{A}(s) \times Q(s) \qquad \text{Equação 2.2}$$

Recomenda a boa técnica que o custo de qualquer proposta de preço seja orçado por atividade singular e determinado segundo o respectivo índice de produção da mão de obra e dos equipamentos ou de consumo de materiais.

Tendo como nomenclatura: CMO, o custo associado à mão de obra; C_{MT}, o custo dos materiais aplicados; C_{EQ}, os custos associados a equipamentos; ES, os encargos sociais incidentes sobre a mão de obra; e STR, os serviços de terceiros agregados à atividade, a composição de custos associados a uma atividade singular segue o modelo da Equação 2.3:

$$CE = \sum (C_{MO} + C_{MT} + C_{EQ} + ES + STR)$$ Equação 2.3

Ressalta-se que, para orçar adequadamente o próprio custo unitário de produção, é necessário conhecer a produtividade da mão de obra e dos equipamentos empregados, bem como a composição de insumos que compõem o serviço a ser realizado — assunto a ser discutido no item posterior.

Como exemplo de composição de um custo direto de execução, tem-se o mostrado na Figura 2.5.

Figura 2.5 – Composição do custo direto de execução e do preço do serviço

Atividade (k)	Unidade	Índice de produtividade	Custo unitário R$/un	Quantidade de serviço	CDE (k) R$
Item	un	π	C_{UNIT}	Qs	CDE(k)
Material	m²	-	57,00	432,00	24.624,00
Equipamento	h	0,046	36,00	432,00	715,39
Mão de Obra	h	-	-	-	
Pedreiro	h	0,151	25,00	432,00	1.630,80
Servente	h	0,151	10,80	432,00	704,51
CDE (s)					27.674,70
Encargos sociais	%	78,00%			21.586,26

Atividade (k)	Unida-de	Índice de produtividade	Custo unitário R$/un	Quantidade de serviço	CDE (k) R$
Custo total = CT(k)					49.260,97
BDI = 36,67%					18.064,00
Preço adotado (k)					67.324,97

Fonte: os autores

III   Formação da mão de obra

Recomenda-se calcular o custo unitário da mão de obra (C_{MO}) em função da produtividade do profissional responsável pela produção e do custo horário desse profissional.

Definindo π_{MO} como a produtividade da mão de obra e C_{UNIT} o valor a ser pago pela mão de obra e estabelecido pelo mercado, o custo horário unitário da mão de obra é dado conforme Equação 2.4:

$$C_{MO} = \pi_{MO} \times C_{UNIT} \qquad \text{Equação 2.4}$$

Por sua vez, o custo total da mão de obra é função do custo unitário multiplicado pela quantidade de serviço a realizar. Matematicamente, tem-se:

$$CT_{MO}(s) = C_{MO}(s) \times Q(s) = \pi_{MO} \times C_{UNIT} \times Q(s) \qquad \text{Equação 2.5}$$

Ressalta-se que a quantidade de serviço a executar deve ser expressa em horas, metro, metro quadrado ou cúbico e número de unidades.

2.5.4 Produtividade

A importância em conhecer a produtividade de uma empresa e, em decorrência a de suas equipes de trabalho, tem por objetivo definir tecnicamente o tempo necessário para realizar cada atividade singular envolvida no processo de produção.

Por definição, a produtividade é um parâmetro definido pela razão entre o número de horas necessárias para realizar um serviço e a duração dele. Essa quantidade é expressa em termos de horas por unidade de produção.Assim sendo, o índice de produtividade π_{MO} é estabelecido conforme o modelo da Equação 2.6:

$$\grave{A}_{MO} = \frac{\text{Tempo}}{\text{Unidade de Trabalho}} \qquad \text{Equação 2.6}$$

A demanda de tempo para a produção de uma atividade em função da quantidade de serviço a ser realizado e da produtividade é dada por:

$$D_S = \grave{A}_{MO} \times Q_S$$

Definido o número de horas demandado para a realização da atividade por uma equipe de produção, pode-se estabelecer o tempo estimado para a sua execução ao dividir esse tempo pelo número de equipes disponíveis para o trabalho[5]. Matematicamente, tem-se:

$$t_S = \frac{D_S}{\text{Número de Equipes.}}$$

Considerando dispor a semana de 44 horas de trabalho e o mês de 4,34 semanas, pode-se escrever:

Duração de uma atividade em horas = D_A
$$D_A = \grave{A}_{MO} \times Q_S$$

Tempo de execução em horas, $t_{AH,}$ e a produtividade estabelecida em h/unidade de trabalho:
$$t_{AH} = \frac{D_A}{\text{Número de Equipes}}$$

---

[5]   A produtividade de uma equipe, via de regra, é definida pela produtividade do profissional principal. Como exemplo, no caso de execução de reboco, a produtividade é dada pelo pedreiro, o profissional de acabamento.

Tempo de execução em semanas = t_{AS}

$$t_{AS} = \frac{t_{AH}}{44}$$

Tempo de execução em meses = t_{AM}

$$t_{AM} = \frac{t_{AS}}{4.34} = \frac{t_{AH}}{191}$$

A produtividade, inexoravelmente, é um parâmetro que influenciará a competitividade e/ou a realização do lucro da empresa. Seu desconhecimento decorrerá ou em definição inadequada dos tempos de execução ou em atrasos contratuais que causarão maiores dispêndios em custos de mão de obra e em encargos sociais, consequentemente com redução de lucratividade.

Especialmente no caso da empreitada, quando o preço é definido *a priori*, a execução com produtividade inferior à orçada postergará a conclusão dos serviços, fato que causará acréscimo nos custos totais incorridos.

Recomenda-se, então, que cada empresa estabeleça, por meio de acompanhamento estatístico, a própria produtividade para cada serviço ou atividade produtiva.

Dispondo de índices de produtividade próprios, é possível ter sob seu controle o domínio do processo orçamentário e, como resultado desse fato, conseguir que os desvios ocorridos entre o momento de elaboração de uma proposta de serviços ou obras e aqueles apurados quando da efetiva realização sejam significativamente reduzidos.

Além disso, atuando a empresa em regiões diversas e que apresentem costumes e tradições distintas, recomenda-se utilizar em orçamentos índices de produtividade inerentes a cada região.

O estabelecimento do índice de produtividade da mão de obra π_{MO} a ser utilizado na composição de custos unitários pode ser efetuado sob duas metodologias:

I. de modo determinístico;
II. e de modo probabilístico.

I   Abordagem determinística

Neste caso, depois de efetuado um serviço e apropriado o número de horas gastos em sua realização, obtém-se a produtividade efetivamente realizada pela divisão das duas variáveis, conforme Equação 2.7.

$$\grave{A}_{MO} = \frac{h}{QS(s)} = \frac{Horas\ Trabalhadas}{Quantidade\ de\ Serviço} \qquad \text{Equação 2.7}$$

É interessante notar que a produtividade pode ser estabelecida para um empregado ou para uma equipe. Como exemplo de produtividade por equipe, tem-se o caso em que três pedreiros efetuaram 1.800,00 m² de reboco em 400 horas. A produtividade obtida pela equipe foi de:

$$\pi(Eq)= 400 \div 1.800 = 0{,}2225\ h/m^2.$$

Partindo da produtividade da equipe, pode-se obter a produtividade média do empregado, ao se dividir a produtividade pelo número de homens que participaram do serviço. Então, a produtividade média de um homem corresponde a 0,074 m² por hora.

$$\grave{A}(H) = \frac{0{,}2225}{3} = 0{,}074\ ^h\!/_{m^2}$$

II – Abordagem probabilística: função Beta

A função Beta de probabilidade é uma abordagem que permite, com facilidade, calcular o tempo médio de duração ou a produtividade partindo da utilização de três estimativas.

Dispondo de uma série de amostras de probabilidades relativas a um mesmo serviço, o procedimento recomendado estabelece a definição de três estimativas nomeadas de: otimista, mais provável e pessimista. Essas são definidas da seguinte maneira:

- Estimativa otimista é definida como aquela amostra do conjunto que apresenta a maior produtividade ou o menor tempo de duração para a realização de uma atividade. Nesse caso, o desenvolvimento do esforço de produção ocorre de modo favorável, isto é, o serviço é executado por empregado de grande desempenho e realizado em condições favoráveis, com utilização ótima dos recursos de pessoal, mão de obra, insumos e equipamentos. No método em pauta, essa alternativa é notada por "a".
- Estimativa mais provável é definida como o tempo ou a produtividade mais provável de ocorrer para a execução de um serviço, com base em condições de produção consideradas habituais. No caso da construção civil, trata-se dos serviços executados por profissionais ou equipamentos utilizados em condições normais de produção. Além disso, corresponde à moda da série de amostras disponíveis, estatisticamente falando. No método em pauta, é notada por "m".
- Estimativa pessimista é definida como a estimativa de menor produtividade ou o maior tempo possível para a realização de uma atividade. Isso porque é possível a ocorrência de uma conjugação de acontecimentos desfavoráveis à execução da atividade. Nesse caso, a estimativa de tempo apropriado considera o serviço de empregados considerados medíocres ou a existência de condições adversas serviço. No método em pauta, é notada por "b".

Para passar das três alternativas, a–m–b, para a estimativa de tempo esperado ou de produtividade esperada, duas hipóteses são adotadas:

- 1ª hipótese: o desvio padrão (σ) deve ser igual a um sexto (1/6) do intervalo da variação da variável aleatória. Isso porque, a partir do intervalo de 3σ, a própria distribuição normal apresenta distorções.
- 2ª hipótese: para que a distribuição de probabilidade seja uma distribuição Beta, define-se como: m = o valor da moda, estatisticamente falando; a = limite inferior da

distribuição; b = limite superior da distribuição; t_e = tempo de execução esperado de cada atividade, ou produtividade.

Da teoria da probabilidade, sabe-se que:

- O valor esperado (VE) de uma soma de variáveis aleatórias estatisticamente independentes corresponde à soma dos valores esperados dessas variáveis.

$$VE\ (t_{eA} + t_{eB} + \cdots + t_{ek}) = VE\ (teA) + VE(\ t_{eB}\ ) + \cdots + VE\ (\ t_{ek}\ ) \qquad \text{Equação 2.9}$$

- A variância de uma soma de variáveis aleatórias estatisticamente independentes corresponde à soma das variâncias dessas variáveis. Ver Equação 2.10.

$$\tilde{A}^{2}_{(A+B+\cdots+K)} = \tilde{A}^{2}_{A} + \tilde{A}^{2}_{B} + \cdots + \tilde{A}^{2}_{K} \qquad \text{Equação 2.10}$$

Assim, a função Beta permite definir o tempo médio estimado ou a produtividade média esperada de cada atividade, a variância e o desvio padrão segundo o modelo:

- Tempo médio esperado ou produtividade média esperada:

Grafando como $\pi_e(k)$ a produtividade média esperada, tem-se:

$$\grave{A}_{E}(k) = \frac{a+4m+b}{6} \qquad \text{Equação 2.11}$$

- A variância (S):

$$s(k) = \tilde{A}^{2} = \left\{ \frac{b-a}{6} \right\}^{2} \qquad \text{Equação 2.12}$$

- O desvio padrão (σ):

$$\tilde{A}_k = \sqrt[2]{s(k)} = \left\{ \frac{b-a}{6} \right\}$$

Equação 2.13

d) Índice de produtividade: probabilístico

O índice de produtividade a ser utilizado nos orçamentos pode ser estabelecido adotando o mesmo modelo anteriormente descrito em que: π_a corresponda a uma produtividade realizada sob uma situação otimista; π_m a uma produção efetuada sob condições normais; e π_b corresponda à produção sob situação considerada pessimista, ou de baixa produtividade, nos termos da Equação 2.14.

$$\dot{A}_e(k) = \frac{\dot{A}_a + 4\dot{A}_m + \dot{A}_b}{6}$$

Equação 2.14

Considere que uma empresa deseja estabelecer um índice de produtividade para um determinado serviço, o qual será utilizado em orçamento. Para tanto, acompanhou a produção de nove profissionais, tendo apropriado os seguintes índices: $12m^2/h$, $11m^2/h$, $10m^2/h$, $10\ m^2/h$, $8\ m^2/h$, $8\ m^2/h$, $8\ m^2/h$, $6\ m^2/h$ e $5\ m^2/h$. Calculando o índice de produção, tem-se:

$$\dot{A}_{E(piso)} = \frac{\dot{A}_a + 4 \times \dot{A}_m + \dot{A}_b}{6} = \frac{12 + 4 \times 8 + 5}{6} = 8,1667\ m^2 \Big/ h$$

Nesse caso, o índice de produtividade a ser adotado pela empresa em seus orçamentos corresponde a 8,1667 m² por hora.

É de fácil entendimento que, quanto maior a amostragem, maior precisão será obtida, com expressão direta nos valores a serem orçados. Daí a recomendação de se manter sob constante controle a determinação e atualização dos índices de produtividade de suas empresas.

Figura 2.7 – Modelo de planilha de composição de preço

Discriminação	Índice de produtivi-dade	un	Custo unitário (R$)		Custo materiais	Custo da MO
			Mat.	MO		
Areia	0,62	m³/m³	8,05	-----	4,99	-----
Brita 1	0,26	m³/m³	20,55	-----	5,34	-----
Brita 2	0,62	m³/m³	20,55	-----	12,74	-----
Cimento	6,80	sc/m³	6,10	-----	41,50	-----
Betoneira 320 l	0,71	h/m³	0,04	-----	0,03	-----
Servente	6,00	h/m³	-----	0,72	-----	4,32
Encargos sociais	146,5	%	-----	-----	-----	6,33
Custo direto - CDE					64,60	10,65
Total do serviço = ST						75,25
BDI = 0,48 ST					36,12	111,37
Preço adotado						111,50

Fonte: autores

Como exemplo de cálculo de produtividade, considere-se que, depois de efetuado o acompanhamento da execução de 300 metros quadrados de reboco, foi registrado que um pedreiro demorou 51 horas para realizar o serviço. A produtividade desse pedreiro, então, é de:

$$\pi = \frac{51 \text{ horas}}{300 \text{ m}^2} = 0.17 \text{ horas} \Big/ \text{metro}^2$$

Deseja-se determinar o custo unitário de produção de um metro cúbico de concreto estrutural (15,0 Mpa) produzido em canteiro (exemplo apresentado na Figura 2.7).

Como pode ser constatado, o modelo de procedimento exposto na Figura 2.7 evidencia todos os insumos aplicados e inerentes à produção manual de concreto, o que facilita na justificativa do preço calculador. Além disso, o modelo individualiza os encargos sociais e o valor BDI adotado. Desse modo são evidenciados os custos singulares e totais a serem incorridos, por insumo e total, justificando o preço adotado.

2.5.5 Preço de equipamentos

A composição de preços unitários de equipamentos segue uma metodologia distinta da mão de obra. Recomenda-se separar, ao se compor esses custos, aqueles relativos a:

- pequenos equipamentos ou ferramentas;
- máquinas operatrizes;
- equipamentos de transporte.

2.5.5.1 Pequenos equipamentos e ferramentas

Pequenos equipamentos, como serras circulares manuais e plainas, ou ferramentas, como martelos, chaves de fenda e chaves de grifo, podem ser classificados como de pequeno valor. São utilizados durante todo o período da obra, ficando permanentemente disponíveis para utilização em canteiro.

Esses instrumentos não são sujeitos ao processo de depreciação legal, pois são lançados contabilmente como despesa do exercício. O procedimento recomendado é os considerar como indireto de obra e ser apropriados como despesas de administração do canteiro lançadas no BDI.

Cumprindo o citado procedimento, torna-se dispensável fazê-los integrar qualquer composição de preços unitários de serviços.

2.5.5.2 Máquinas operatrizes

Como exemplos desses tipos de equipamentos, tem-se: tornos, fresas, gruas, máquinas de dobrar aço, de solda topo etc.

A experiência tem mostrado que os procedimentos quanto à alocação dos custos de operação, manutenção e depreciação são, basicamente, de dois tipos:

- rateio entre os serviços onde forem utilizados;
- custo indireto de obra a ser considerado no BDI.

No primeiro caso, seus custos unitários podem ser calculados segundo os procedimentos propostos, no que couber, para os equipamentos de transporte.

No segundo, os custos de manutenção, depreciação, operação e reposição, bem como o custo financeiro sobre o equipamento poderão integrar o custo geral de administração do canteiro e ser considerado dentro do BDI.

2.5.5.3 Equipamentos de transporte

Como exemplo desses equipamentos, tem-se: caminhões, tratores, guindastes, motoniveladoras etc.

O orçamento de seus custos, basicamente, segue o mesmo modelo da mão de obra, em que π_{EQ} corresponde à produtividade do equipamento e pu_{EQ} representa o custo unitário do serviço a ser executado. Ver Equação 2.15.

$$C_0\left(Eq\right) = \dot{A}_{EQ} \times pu_{EQ}$$

Equação 2.15

A produtividade pode ser fornecida pelo catálogo do fabricante ou pela experiência adquirida em cada condição de serviço a que o equipamento é submetido.

Ocorre que o desgaste propiciado pela utilização continuada propicia um incremento no tempo de manutenção e nos custos, com expressão direta na perda de produtividade. Assim sendo, um processo de acompanhamento da vida dos equipamentos deve ser estabelecido contribuindo para adotar em seus orçamentos índices de produtividade que traduzam a realidade da produção no campo.

Dada a importância da determinação de preços para esses equipamentos, no item 2.7 será discutida a composição dos custos unitários desses equipamentos.

2.6 Metodologia de cálculo do preço de equipamentos

Este item discute uma metodologia visando à composição do custo horário e à determinação do preço de equipamentos. Considera duas situações: o custo da disponibilização do equipamento parado e o custo da hora operante.

A composição de custos de equipamentos é complexa e deve considerar, além da mão de obra e os custos de operação, os custos que visam à sua manutenção e reposição, as despesas de administração, bem como a remuneração do capital investido. A metodologia proposta recomenda subdividir os dispêndios em três principais grupos mais o BDI, a saber:

I. Despesas administrativas e financeiras;
II. Custos de manutenção;
III. Custos de operação;
IV. BDI.

O modelo matemático de formação do preço é exposto na Equação 2.16 e adota a seguinte terminologia:

pu_{EQ} = preço unitário do equipamento em R$/hora;
DEP = despesas administrativas e financeiras;
CMA = custos de manutenção;
DOP = despesas de operação;
PPC = depreciação;
DJR = despesas de juros;
SEG = seguros;
Manut = despesas de manutenção;
BDI = Benefícios e Despesas Indiretas.

Assim, tem-se o modelo:

$$pu_{EQ} = f\{\textstyle\sum DEP + CMA + DOP + BDI\}$$

Equação 2.16

2.6.1 Despesas administrativas e financeiras

As despesas administrativas e financeiras correspondem ao somatório dos dispêndios relativos a: depreciação, juros, seguros e juros. Matematicamente, expressam-se por:

$$CAF = f\sum(DEP + DJR + SEG + TRI.)$$

A seguir, comenta-se sobre as variáveis integrantes do CAF.

I. *Depreciação*

A depreciação integra a composição dos preços unitários visando à reposição dos ativos e corresponde à perda do valor durante sua vida útil. A depreciação deve ser observada sob duas lógicas: a legal e a técnica.

A depreciação legal foge ao interesse deste capítulo por ser um benefício fiscal a ser considerado nos balanços, definido nos termos da legislação tributária. Seu objetivo é a redução do imposto de renda a pagar devido à empresa ter adquirido equipamentos.

A depreciação técnica corresponde ao custo associado à perda do valor do ativo devido ao processo de sua utilização. Esse valor é definido pela razão entre o preço de aquisição, descontado o valor de revenda, e a vida útil do equipamento expressa em número de horas de trabalho. O resultado dessa razão corresponde ao valor de reposição a ser adotado na composição dos custos unitários.

A vida útil expressa em número de horas de trabalho, Equação 2.17, corresponde ao tempo previsto para o uso do equipamento como comissionado na empresa. Nesses termos, a unidade da depreciação de equipamentos é R$/hora. Matematicamente o valor da depreciação é dado por:

$$DPC = \frac{\text{Preço de aquisição} \quad \text{Valor de revenda}}{\text{Vida útil}} \qquad \text{Equação 2.17}$$

A vida útil pode ser obtida em consulta ao catálogo do fabricante ou pela experiência com o uso de equipamento similar segundo as condições de trabalho em que é empregado. O recomendado é determinar a vida útil do equipamento em horas.

Assim sendo, cabe à empresa dispor de um sistema contábil que permita acompanhar a evolução dos custos dos equipamentos de forma fidedigna, por ser importante variável na composição dos preços.

ii. *Juros*

Os juros correspondem ao custo de capital em aplicações financeiras ou os juros que seriam pagos pelo capital investido no equipamento caso investido no mercado financeiro.

Não se deve esquecer que equipamentos representam uma inversão de capital que, consequentemente, deva ser remunerada. Essa remuneração é distinta do lucro apropriado no BDI, pois esse remunera a operação, os trabalhos e serviços da empresa.

O juro horário pode ser calculado segundo o modelo a seguir, sendo o denominador, horas de trabalho, expresso em função do número anual de horas de trabalho ou de vida útil do equipamento, conforme o caso, nos termos da Equação 2.18.

$$\text{Juro horário} = \frac{i \times \text{Preço do equipamento}}{\text{Horas de trabalho}}$$

Equação 2.18

Há, também, empresas que denominam os juros de taxa de rateio e somam a eles os tributos incidentes sobre a propriedade do equipamento, conforme o comentado no subitem iv) Tributos.

Como exemplo, considere-se o caso exposto na Figura 2.8, em que o preço do equipamento monta a R$ 79.000,00. A empresa aplica seus capitais a 24% ao ano, a alíquota do IPVA é de 2% e a previsão do uso anual do veículo é de 1.500 horas. O valor do rateio anual é dado por:

$$\text{Juro horário} = \frac{\text{Preço do equipamento} \times k(\%) \text{ Investimento} \times \text{Rateio anual}}{\text{Horas anuais de trabalho}}$$

$$\text{Juro horário} = \frac{79.000 \times 1,00 \times (0,24 + 0,02)}{1.500} = 13,69 \; R\$/\text{hora}$$

É interessante notar que, na expressão do juro horário, foi prevista como variável um percentual de investimento. Esse fator define qual a porcentagem do investimento que participará do rateio. No caso em questão, o fator foi 1,00, o que significa dizer que os juros incidirão sob 100% do valor de aquisição.

Esse fator percentual do investimento pode corresponder ao tempo em que a empresa manterá comissionado o veículo. Assim, no caso em pauta, ocorreu a previsão do comissionamento do bem durante um ano inteiro. Também é possível se considerar o percentual do bem a ser financiado.

iii. *Seguros*

Seguros podem ser contratados visando o cobrimento de custos incorridos em acidentes de trabalho, rodoviários ou contra furtos.

O seguro é uma despesa que varia segundo o tipo ou modelo do equipamento e, também, com o respectivo tempo de utilização. Assim sendo, pode ser interesse da empresa em considerar no cálculo do custo horário de equipamento essa variação.

Recomenda-se, então, efetuar o rateio das despesas com seguros segundo o número de horas anuais de trabalho, estando o equipamento em operação ou à disposição do contratante.

iv. *Tributos*

Os tributos a serem considerados no custo horário de equipamentos são aqueles que dizem respeito à manutenção de sua propriedade, tais como o Imposto sobre Veículos Automotivos (IPVA), o seguro obrigatório, as taxas de expediente junto ao órgão de licenciamento.

Alerta-se que esses tributos são distintos daqueles relativos à operação da empresa, como o ISS, Imposto de Renda, Cofins e outros, que incidem sobre o valor da nota fiscal e que devem integrar o BDI.

No caso de automóveis e caminhões, deve-se considerar o IPVA, cuja alíquota pode variar para cada estado[6].

2.6.2 Custos de manutenção

Os custos de manutenção dividem-se em dois grupos: os custos relativos à manutenção do veículo e os relativos ao equipamento rodante.

a. *Manutenção:*

Os custos de manutenção do veículo consideram aqueles itens periodicamente substituídos por prevenção ou aqueles necessários à sua conservação.

Recomenda-se que se aproprie, para cada equipamento, dos custos incorridos na em sua manutenção durante sua vida útil. E recomenda-se, desse modo, que se disponha de um percentual do preço do bem a ser destinado à sua manutenção, i%. Assim,

$$i\% = \frac{\text{Custo de manutenção do equipamento}}{\text{Preço do bem descontado material rodante}}$$

E o custo horário de reposição é estabelecido em função da vida útil do equipamento, conforme modelo a seguir:

$$MAN = \frac{i\% \times \text{Preço}_{sem\,pneus}}{\text{Vida útil em horas}}$$

b. *Equipamento rodante*

Por equipamento rodante se entende pneus, lagartas ou esteiras, cotas de malha de aço para pneus, eixos e hélices de embarcações etc.

Justifica-se efetuar o cálculo dos custos do material rodante separadamente do equipamento que integra, pois eles dispõem de vidas úteis distintas.

---

[6] Em Santa Catarina o valor da alíquota deste tributo é de 2% sobre o valor do bem já depreciado.

O custo horário do material rodante é função dos custos de reposição e da vida útil em horas, essas definidas segundo suas condições de trabalho.

$$ERT = \frac{\text{Custo de reposição}}{\text{Vida útil em horas}}$$

2.6.3 Custos de operação

Esses custos são incorridos quando o equipamento estiver em operação. No caso das horas inoperantes, somente é considerado o custo do pessoal de operação. Os custos de operação podem ser subdivididos em três grupos:

- os custos unitários de operação, como combustíveis, lubrificantes e peças de desgaste;
- os custos de mão de obra, correspondendo aos operadores de equipamentos e seus auxiliares; e
- os encargos sociais incidentes sobre a mão de obra.

O custo unitário de operação é calculado em função do custo horário e do consumo horário. Matematicamente, expressa-se por:

C.U. Operacional = Custo horário x Consumo horário

Integram o custo horário de produção os custos incorridos na aquisição de combustíveis, óleos, graxas e lubrificantes, no caso de equipamentos movidos a combustível, o consumo horário de energia, no caso de um equipamento elétrico.

O consumo horário, no caso de equipamentos novos, pode ser o fornecido pelo fabricante. Porém, recomenda-se a apropriação de dados de custo, com base no desempenho real, em campo, de cada equipamento. Isso porque o consumo ou o desgaste dos equipamentos é distinto em condições distintas de operação.

2.6.4 Metodologia e aplicação

Neste item, nas Figuras 2.8, 2.9 e 2.10, mostra-se uma metodologia para a composição do custo e do preço horário de equipamentos de terraplenagem. Para tanto, será orçado o preço da hora do equipamento operando e em hora parada.

Sobre essa metodologia, alerta-se que, para ser estabelecido o preço de utilização de equipamentos, além dos custos e tributos a serem incorridos, há que se conhecer o BDI ou markup da empresa.

É interessante ressaltar que a depreciação é efetuada segregando o preço do equipamento o do material rodante, pois o desgaste ou a obsolescência desse ocorre em tempo inferior à vida **útil do** equipamento.

A depreciação a ser considerada é a depreciação técnica, função do tempo de vida do bem ou do tempo em que esse será mantido em operação.

A metodologia proposta é definida em cinco etapas:

1ª	Definição dos Custos Administrativos e Financeiros
2ª	Definição dos Custos Manutenção: Reparos e Pneus
3ª	Definição dos Custos de Operação: Pessoal e Operadores
4ª	Definição do Preço do Aluguel Horario: Custos + BDI
5ª	Definição do Preço Contratual

Como exemplo de aplicação da metodologia, considera-se o cálculo do preço horário de operação dos seguintes equipamentos: caminhão basculante, trator de pneus e betoneira. As informações sobre esses equipamentos encontram-se a seguir:

I – Caminhão basculante

Preço total da compra do caminhão	**R$ 79.000,00**
Preço de reposição dos pneus	R$ 4.200,00
Preço da compra sem pneus	R$ 74.800,00
Valor residual depois de depreciado	R$ 8.000,00
Valor líquido para depreciação	R$ 71.000,00
Vida útil expressa no catálogo do fabricante	10.000 horas
Juros	24% ao ano

II – Trator de pneus

Preço total da compra do equipamento	R$ 26.800,00
Preço de reposição dos pneus	R$ 4.800,00
Preço total da compra sem pneus	R$ 22.000,00
Valor residual depois de depreciado	R$ 3.500,00
Valor líquido para depreciação	R$ 23.300,00

III - Betoneira rotativa elétrica – mil litros

Preço total da compra do equipamento	R$ 13.700,00
Preço de reposição dos pneus	R$ 0,00
Preço total da compra sem pneus	R$ 13.700,00
Valor residual depois de depreciado	R$ 0,00
Valor líquido para depreciação	R$ 13.700,00

Figura 2.8 – Composição unitária – caminhão basculante

I – Caminhão basculante		
Ficha de composição de custos	Hora operando	Hora parada
1 – Custos administrativos e financeiros		20,79
1.1 Depreciação técnica 　Valor a depreciar = 71.000,00 　　Vida útil em horas　10.000 1.2 Rateio anual - Juros de 24% ao ano + Impostos de 2% ao ano = 26 % a. a. 　- Horas de trabalho anual estimadas em 1.500 h. Rateio: Preço equip. x k (%) Invest. x Rateio anual = Horas de Trabalho Anual 79.000,00 x 1,0 x 0,26 = 1.500	7,10 13,69	7,10 13,69
2 – Manutenção		0,00
2.1 Reparos i% x Preço sem pneus = 1,00 x 74.800,00 = Vida útil em horas　10.000 Pneus Custo de reposição = 4.200,00　= Vida útil em horas　1.000	7,48 4,20	0,00 0,00
3 – Operação		2,40
C.U. Operacional = Custo horário x Consumo horário 3.1 Combustível:　　0,36 R$/l x 10 l/h	3,60	0,00
3.2 Lubrificantes etc. - Óleo Motor　120,00 R$ x 0,30 l/h = 3,60 - Graxa　　5,00 R$ x 0,05　= 0,25 - Filtros　　50,00 R$ x 0,01　= 0,50	4,35	0,00
3.3 Mão de obra com encargos sociais 75% • Operador: 2,40 R$/hora x 1,00 = 2,40	2,40	2,40
• Auxiliar:	0,00	0,00
4 – Preços do aluguel horário		
• Somatório dos custos	42,82	23,19
• BDI calculado em 42%	17,98	9,74
• Preço horário calculado	60,80	32,93
5 – Preços a adotar em R$/hora	61,00	33,00

Fonte: os autores

Figura 2.9 – Composição unitária – trator de pneus

II – Trator de pneus		
Ficha de composição de custos	Hora operando	Hora parada
1 – Custos administrativos e financeiros		
1.1 Depreciação: Valor a depreciar = 23.300,00 Vida útil em horas 8.000	2,91	2,91

1.2 Rateio anual:
• Juros de 24% ao ano + Impostos de 2% ao ano = 26 % ao ano
• Horas de trabalho anual estimadas em 1.500 h
Rateio = Preço equip. x % Invest. x Rateio anual
        Horas de trabalho anual
        Rateio = 26.800,00 x 1,0 x 0,26 =
                        1.500
	4,65	4,65

2 – Manutenção		
2.1 Reparos: % x Preço sem pneus = 1,00 x 22.000,00 Vida útil em horas 8.000	2,75	0,00
2.2 Pneus: Custo de reposição = 0,00 Vida útil em horas	0,00	0,00
3 – Operação		
C.U. Operacional = Custo horário x Consumo horário 3.1 Materiais: a) Combustível: 0,36 R$/l x 15 l/h = 3,60 R$/h	3,60	0,00
b) Lubrificantes etc.: • Óleo motor 120,00 R$ x 0,25 l/h = 5,40 • Graxa 5,00 R$ x 0,15 = 0,75 • Filtros 55,00 R$ x 0,01 = 0,55	6,70	0,00
3.2 Mão de obra com encargos sociais de 88,49% • Operador: 5,04 R$/hora x 1,00 = 5,04 • Auxiliar:	5.04 0,00	5,04 0,00
4 – Preço do aluguel horário		
• Somatório dos custos • BDI calculado em 42% • Preço horário final	25,65 10,77 36,42	12,60 5,29 17,89
5 – Preços a adotar em R$/hora	36,00	18,00

Fonte: os autores

Figura 2.10 – Composição unitária – betoneira

III - Betoneira rotativa elétrica – mil litros		
Ficha de composição de custos	Hora operando	Hora parada
1 – Custos administrativos e financeiros		
1.1 Depreciação: Valor a depreciar = 13.700,00 Vida útil em horas 2.000	6,85	6,85
1.2 Rateio anual: Juros de 24% ao ano + Impostos de 2% ao ano = 26 % ao ano Horas de trabalho anual estimadas em 1.500 h Rateio: Preço equip. x % Invest. x Rateio anual = 13.700,00 x 1,0 x 0,26 Horas de trabalho anual 600	5,94	5,94
2 – Manutenção		
2.1 Reparos: % Custo conserto x Preço = 0,40 x 13.700,00 Vida útil em horas 3.000	1,83	0,00
2.2 Pneus: Custo de reposição = Vida útil em horas	0,00	0,00
3 – Operação		
C.U. Operacional = Custo horário x Consumo horário 3.1 Materiais: a) Combustível: 0,00 R$/l x 0,0 l/h	0,00	0,00
b) Lubrificantes etc.: • Óleo motor 0,00 R$ x 0,00 l/h = 0,00 • Graxa 0,00 x 0,00 = 0,00 • Filtros 0,00 x 0,00 = 0,00	0,00	0,00
3.2 Mão de obra com encargos sociais de 88,49% • Operador: 2,15 R$/hora x 1,00 = 2,15 • Auxiliar:	2,15 0,00	2,15 0,00
4 - Preços do aluguel horário		
• Somatório dos custos • BDI calculado em 42% • Preço horário final	16,77 7,04 23,81	14,84 6,23 21,07
5 – Preços a adotar em R$/hora.	22,00	21,00

Fonte: os autores

2.7 Custo de materiais

A composição do custo dos materiais é função direta do respectivo consumo unitário do material por unidade de serviço (φ_{MT}), tais como m/m, metro quadrado/m² ou metro cúbico/m³. Esse consumo unitário também é denominado de índice de consumo.

$$C_O\left(MT\right) = \grave{A}_{MT} \times pu_{MT}$$
Equação 2.19

Como exemplo, considere-se um traço de concreto em que a quantidade de brita n°1 dosada em volume equivale a 0,6540 m³ de brita por metro cúbico de concreto. Assim o consumo unitário dessa brita corresponde a 0,6540 m³/m³ de concreto.

O custo unitário da brita por metro cúbico de concreto, ao custo de R$ 25,00/m³, é de: C_o(brita) = 0,6540 × 25,00 = 16,35 R$/m³.

2.8 Mão de obra de serviços

Este item visa discutir a formação do preço de serviços de engenharia, tais como: estudos técnicos, planejamentos e projetos básicos ou executivos; pareceres, perícias, estudos de viabilidade e avaliações em geral; assessorias ou consultorias técnicas; fiscalização, supervisão ou gerenciamento de obras ou serviços etc. Esses tipos de serviços são geralmente orçados por mês ou por hora trabalhada.

Para a definição do preço da mão de obra, duas abordagens podem ser analisadas, sendo que a eleição de qualquer uma delas como metodologia a ser assumida para a realização de um orçamento é pertinente ao interesse ou conveniência da direção de cada empresa.

A primeira abordagem considera não haver incidência dos benefícios e despesas indiretas (I_{BDI}) sobre o montante de encargos sociais diretamente incidentes sobre a mão de obra considerada. A segunda considera que há as ocorrências dessa incidência.

É interessante ressaltar que o preço obtido pela utilização da segunda abordagem é superior àquele obtido pela utilização da primeira quando se considera a quantidade de mão de obra para a realização de um mesmo serviço.

Os autores desta obra, por sua vez, recomendam utilizar a primeira abordagem, pois entendem não haver sentido em efetuar a realização de lucro sobre encargos sociais incidentes sobre obra ou serviço, visto que além de tudo torna os preços praticados pela empresa mais caros e, em consequência, menos competitivos.

2.8.1 1ª abordagem: BDI não incidente sobre encargos sociais

Neste caso, é efetuado o cálculo do preço sem ocorrer a incidência do I_{BDI} sobre os encargos sociais.

Usa-se como nomenclatura: V_{MO} representando o custo da mão de obra e P_S, o preço a ser cobrado por um serviço. Esse é definido por meio do somatório de três parâmetros:

i. o primeiro considerando o custo da mão de obra diretamente envolvida, isto é, o valor pactuado com os empregados;

ii. o segundo correspondendo ao montante dos encargos sociais;

iii. o último englobando o lucro desejado pela contraprestação do serviço, os custos indiretos e os tributos a serem incorridos.

$$P_S = (V_{MO} + VMO \times I_{ES}) + (V_{MO} \times I_{BDI}) \therefore P_S = (1 + I_{ES} + I_{BDI}) V_{MO}$$

Equação 2.20

2.8.2 2ª abordagem: BDI incidindo sobre encargos sociais

No caso de haver o interesse em fazer com que haja a incidência do I_{BDI} sobre os encargos sociais (I_{ES}), o preço é calculado atendendo ao modelo:

$$P_S = [V_{MO} + (V_{MO} \times I_{ES})] \times I_{BDI} \therefore P_S = V_{MO} (1 + I_{ES}) \times I_{BDI}$$

Equação 2.21

2.8.3 Preço de materiais e equipamentos

A metodologia para a definição do preço de materiais e de equipamentos é semelhante à anterior. Havendo necessidade de orçar o preço da mão de obra de operação, o recomendado é adotar a metodologia discutida no item 2.8.1.

Matematicamente, o preço dos materiais e da utilização de equipamentos é obtido com a utilização da expressão seguinte, em que o valor dos insumos que contribuem para a formação do preço é representado por $V_{insumos}$. Ver equações de números 2.22 a 2.25.

$$P_R = (\Sigma\ V_{insumos}) \times I_{BDI} \qquad \text{Equação 2.22}$$

2.9 Do custo ao preço

Como se sabe, a técnica de definição do preço na construção civil geralmente adotada é de defini-lo após o estabelecimento do custo total acrescido do BDI. Há que se entender que o BDI expressa uma importância destinada a cobrir despesas administrativas associadas a administração central, tributos, eventuais riscos e lucro desejado.

Resumidamente, definindo BDI como a expressão monetária do valor como anteriormente definido e I_{BDI}, índice correspondente ao BDI, o preço é dado por:

$$\text{Preço} = \text{Custo total} + \text{BDI} \qquad \text{Equação 2.23}$$

$$\text{Ou}$$

$$\text{Preço} = I_{BDI} \times \text{Custo total} \qquad \text{Equação 2.24}$$

A Figura 2.11 mostra um documento em que constam as unidades de cada meta ou serviço, a quantidade a ser executada, o preço unitário de cada serviço e o preço total de cada item orçado.

O modelo explicita os custos atribuídos às instalações de apoio, obras complementares, tanto de mobilização como de desmobilização. Recomenda-se esse procedimento visando caracterizar e remunerar esses serviços quando adimplidos contratualmente.

Como procedimento administrativo e visando à realização de um adequado processo de controle e acompanhamento, recomenda-se que a itemização e a nomenclatura adotada na proposta seja seguida no contrato, no cronograma físico-financeiro, no orçamento pactuado, no planejamento da obra/serviços, nos boletins de medição e nas notas fiscais.

Atendendo ao procedimento sugerido, mantém-se uma coerência quanto ao entendimento da nomenclatura utilizada, fato que além de facilitar o processo gerencial, evita possíveis constrangimentos quanto aos procedimentos do processo comercial de pagamento.

Além disso, ao ocorrer a superveniência de trabalhos extraordinários e não previstos contratualmente, recomenda-se que esses sejam especificados nas medições e nas notas fiscais-faturas como item em separado.

Ressalta-se também que, procedendo como então recomendado, ao ser resolvido um contrato sem haver o contratante dado motivo ou justa causa para esse fato, torna-se mais factível uma demanda ou reivindicação de indenização cabível segundo o estipulado nos artigos n.º 603 e n.º 623 da Lei n.º 10.406/2002, o Código Civil Brasileiro.

> Art. 603. Se o prestador de serviço for despedido sem justa causa, a outra parte será obrigada a pagar-lhe por inteiro a retribuição vencida, e por metade a que lhe tocaria de então ao termo legal do contrato. [...]
>
> Art. 623. Mesmo após iniciada a construção, pode o dono da obra suspendê-la, desde que pague ao empreiteiro as despesas e lucros relativos aos serviços já feitos, mais indenização razoável, calculada em função do que ele teria ganho, se concluída a obra. (BRASIL, 2002a, s/p).

Figura 2.11 Modelo de proposta orçamentária

	Costa Norte Construtora Ltda. **Proposta de empreitada**	
Proprietário: P.M. Vale do Ouro. Endereço: Rua dos Cabides 1.666.		CGC/CPF:
Local da Obra/Serviço: Rua Trinta e Três Construção do Conjunto Poliesportivo Mac Teco		Município Vale d'Ouro - SC

Item	Descrição da atividade	Unidade	Quantidade	Preço unitário R$	Preço total R$
1	Mobilização de pessoal	un	40	6.955,00	278.200,00
2	Instalações de Serviços				
	2.1 Escritórios	m²	210,00	980,00	
	2.2 Alojamentos	m²	480,00	980,00	
	2.3 Cozinha/refeitório	um	280,00	1.120,00	
	2.4 Oficinas	m²	400,00	600,00	
	2.5 Acessos provisórios	km	1.300,00		
	2.6 Rede elétrica alta tensão	km	1.900,00		
3	Serviços Topográficos	un	.		
4	Fundações	m³	.		
5	Estruturas	m³	.		
6	Alvenaria	m²	.		
7	Forros	m²	.		
8	Cobertura	m²	.		
9	Revestimento interno	m²	.		

10	Revestimento externo	m²	.			
11	Rodapés	m	.			
12	Pisos externos	m³	.			
14	Rede de água	pt	.			
15	Rede de esgoto interno	pt	.			
16	Rede esgoto externo	un	.			
17	Rede elétrica	pt	.			
18	Portas	m²	.			
19	Janelas	un	.			
22	Pintura interna	m²	.			
24	Sanitários	un	48,00			
25	Equipamentos elétricos	pt	542,00			
26	Limpeza – raspagem	m²	2.450,00			
27	Elevadores	un	3			
28	Guaritas	un	4			
29	Administração local	mês	18	10.315,99	185.687,82	
30	Desmobilização	un	17	194.300,00	324.300,00	
	30.1 Pessoal	mês	2	52.000,00	184.000,00	
	30.2 Estruturas complementares	un	4	22.575,00	140.300,00	
• Total dos custos = TC				14.698.741, 23		
• BDI = 28,25%				4.152.394,40		
• Valor da proposta = TC + BDI				18.851.135,63		
Valor: dezoito milhões, oitocentos cinquenta e hum mil, centro trinta cinco reais e sessenta e três centavos.						
Local e data:..Validade da proposta: 45 dias						
Assinatura do proponente:						

Fonte: os autores

2.9.1 Composição do custo direto

Já comentado na Equação 2.0, o custo total apresenta o seguinte modelo de definição:

$$CT = CDE + CIC + CIA + RSK$$

A seguir, aborda-se as variáveis componentes do custo direto.

I. *CDE: custos diretos de execução*

Correspondem aos custos vinculados especificamente à execução do objeto do contrato, ou seja, a obra em si. Integram esses custos:

- a mão de obra diretamente vinculada à obra ou serviço;
- os encargos sociais incidentes sobre a mão de obra;
- materiais como: concreto, aço, tijolos, telhas, azulejos, esquadrias, estrutura de telhados, asfalto, base de brita, terraplenagem, fundações etc.;
- equipamentos como: grua, trator, betoneira, escoramento; instalações elétricas, hidráulicas, hidrossanitárias; telefonia, comunicação e alarme; elevadores etc.
- serviços de terceiros como: topografia, concretagem, serviços terceirizados de instalações elétricas, hidráulicas, impermeabilizações etc.

Adotando como nomenclatura: p_i, correspondendo ao preço unitário de um serviço ou atividade; Q_i, sendo a quantidade de trabalho vinculado à atividade "i"; $p(MT)_i$, expressando o preço unitário dos materiais; $p(EQ)_i$, sendo o preço de utilização de equipamentos; $p(MO)_i$, o preço da mão de obra vinculada à realização de uma atividade qualquer "i", o custo direto de execução é definido pelo modelo expresso na Equação 2.25 ao se multiplicar as quantidades utilizadas pelos respectivos preços unitários:

$$CDE(i) = Q_i \times p_i$$

$$\therefore$$

Equação 2.25

$$CDE(i)=Q_i\times\sum_{i=1}^{n}\left\{p(MT)_i+p(EQ)_i+p(MO)_i\right\}$$

Ao se definir custos unitários, há que se conhecer a execução de todos os serviços por unidade de tempo, isto é, os índices de produção que podem ser frutos da experiência da empresa, ou então obtidos na publicação da tabela para composição de preços para orçamentos (TCPO) e em outras revistas do gênero.

Mesmo havendo a disponibilidade desses índices, é recomendado à empresa apropriar seus tempos unitários de produção, sua produtividade e estabelecer seus próprios índices — enfim, conhecer o seu próprio desempenho.

Assim procedendo, conseguirá uma maior confiabilidade em seu modo de orçar, bem como dominará o conhecimento sobre a própria capacidade de serviço, pois a literatura, geralmente, apresenta dados médios de produtividade, extraídos de informações obtidas nos principais centros industriais, o que pode se mostrar inadequado para cada empresa em particular, na vastidão do território nacional.

Não se deve esquecer que o índice de produtividade varia de região para região e mesmo de empresa para empresa, conforme a qualidade ou experiência do pessoal disponível, da filosofia de treinamento utilizada, do tipo de gerenciamento que adota etc.

II. *CIA: custos indiretos de administração*

Esses custos correspondem às despesas administrativas realizadas no canteiro de obras ou vinculadas diretamente ao esforço de produção e não integrarão o BDI. Correspondem a:

- custos vinculados ao pessoal administrativo;
- custos vinculados à mobilização da construção;
- custos vinculados à desmobilização da construção;

- custos com transporte, alojamento e estadia vinculados ao pessoal de obras.

Em licitações públicas, o TCU recomenda que esses custos sejam incluídos e devidamente identificados em orçamento.

Caso a proposta seja efetuada para a iniciativa particular, não há regra que vede sua inclusão no BDI ou como item componente do custo direto. Porém, recomenda-se evidenciar esses custos em orçamento visando eliminar qualquer questionamento quanto à sua realização.

III. *CIC: custos de infraestrutura e obras de apoio complementares*

Esse grupo engloba tanto a construção de infraestrutura provisória de obra como também construções e infraestrutura permanentes a serem suportadas pelo contratante. Como exemplo de CIC, tem-se:

- instalações de apoio: escritórios, almoxarifados, oficinas, alojamentos, refeitórios, ambulatórios etc.;
- instalações industriais: centrais de concreto, centrais de britagem, pátios de proteção etc.;
- infraestrutura de serviços: redes de alta e baixa tensão, telefonia etc.;
- construção de obras de acesso: ruas, pontes, desmatamentos etc.

2.9.2 Composição de preço: modelo

Neste item, conforme exposto na Figura 2.12, são apresentados dois exemplos de composição de custos, além da definição de preços: o primeiro considerando a incidência e o segundo a não incidência do BDI sobre os encargos sociais.

Para tanto, é solicitada a determinação do preço do metro cúbico de concreto estrutural (15,0 mpa) produzido em canteiro. No caso, o BDI praticado pela empresa é de 37,46% sobre os custos de produção e os encargos sociais calculados para a região onde atua a interessada montam a 146,5% sobre o valor da mão de obra.

Figura 2.12 – Composição de custo unitário de concreto *in loco*

Serviço: preparo de concreto					Data: 02.03.20xx	
Insumos	Unidade	Quantidade	Preço unitário R$	Custo do insumo R$	Caso 2 Soma R$	Caso 1 Soma R$
Areia	m3	0,62	14,05	8,71	-	-
Brita 1	m3	0,26	20,55	5,34	-	-
Brita 2	m3	0,62	20,55	12,74	-	-
Cimento	sc.	6,00	16,10	96,60	-	-
Betoneira 320 l	h	0,71	5,18	3,68	-	-
Soma dos materiais				127,07	127,07	127,07
Caso 1 – BDI INCIDINDO SOBRE ENCARGOS SOCIAIS						
Insumos	Unidade	Quantidade	Preço unitário R$	Custo do insumo R$	Caso 2 Soma R$	Caso 1 Soma R$
Servente	h	6,0	3,70	22,20	-	
Profissional	h	3,0	7,00	21,00		
Encargos sociais	%	82,40	---	35,60	-	
Soma da mão de obra				78,80	-	78,80
Soma dos materiais						127,07

PRECIFICAÇÃO: PRECIFICAR SERVIÇOS E EMPREITADAS EM ENGENHARIA

Custo do serviço						205,87
BDI	%	37,46	---			77,12
Preço orçado						282,99
Preço adotado						283,00

Caso 2 – BDI NÃO INCIDINDO SOBRE ENCARGOS SOCIAIS

Insumos	Unidade	Quantidade	Preço unitário R$	Custo do insumo R$	Caso 2 Soma R$	Caso 1 Soma R$
Mão de obra			-	43,20	43,20	-
Encargos sociais	%	82,40	-	35,60	35,60	
Materiais			-	127,07	127,07	-
BDI	%	37,46	-	47,60	47,60	-
Preço orçado					253,47	-
Preço adotado					254,00	-

Fonte: os autores

Como se pode constatar, o preço orçado no Caso 2 de R$ 254,00/m³ é inferior ao do Caso 1, R$ 283,00/m³, com uma variação no preço final adotado de 11,4%.

Alerta-se ao leitor que a eleição de qual dos procedimentos será o mais adequado para compor uma proposta de preços dependerá da avaliação do gestor quanto a variáveis como: competitividade das empresas do setor, disponibilidades atuais e do fluxo de caixa da empresa, velocidade do processo de medição e pagamento do licitante e das especificidades do futuro contrato etc.

2.10 Alocação de custos

2.10.1 Recomendações

Como será detalhadamente analisada no Capítulo 3, a metodologia apresentada é muito utilizada na indústria da construção civil, que compõe seus preços partindo do custo direto das obras e serviços, aplicando o modelo da Equação 2.26.

$$\text{Preço} = I_{BDI} \times \text{Custo total} = I_{BDI} \times (CDE + CIC + CIA + RSK) \quad \text{Equação 2.26}$$

Como regra, recomenda-se fazer integrar ao custo total, além daqueles vinculados à execução da obra propriamente dita, aqueles incorridos na execução de obras complementares passíveis de serem vinculadas a trabalhos ou etapas relacionadas nos boletins de medição. Tal assertiva prende-se aos seguintes fatos:

i. Serviços ou etapas, integrando os orçamentos e os boletins de medição, serão pagos sem questionamento quanto à sua necessidade ou legalidade, especialmente no setor público, não cabendo demanda quanto à previsão desse gasto depois de conclusos e pagos.

ii. O BDI será composto, especificamente, por despesas vinculadas a todo o processo de construção e não a custos de etapas, serviços ou instalações complementares passíveis de integrar o orçamento. Essa situação permite diminuir o valor do BDI;

iii. No caso de obras públicas, há orientação do TCU em fazer constar especificamente como item orçamentário os custos efetuados com instalações, mobilização e desmobilização, e em não os fazer integrar o BDI, fato que reduz o valor do BDI, o que evidencia a realização ou o pagamento desses trabalhos após realizados;

iv. Caso ocorra paralização ou dissolução prematura do contrato, ficarão evidentes e inquestionáveis os custos inerentes às instalações de apoio e industriais, de mobilização e de desmobilização. Esses custos deverão ser suportados pelo contratante. Ver art. nº 623 do Código Civil que permite cobrar desmobilização[7].

---

[7] "Art. 623. Mesmo após iniciada a construção, pode o dono da obra suspendê-la, desde que pague ao empreiteiro as despesas e lucros relativos aos serviços já feitos, mais indenização razoável, calculada em função do que ele teria ganho, se concluída a obra" (BRASIL, 2002).

v. Resolvido prematuramente um contrato, ficarão evidentes os itens do custo total não cumpridos, os parcialmente executados e o que deverá ser pago, evitando com esse procedimento demandas extraordinárias.

A literatura considera que, além dos custos fixos e variáveis, existem os custos denominados de semifixos ou semivariáveis. Diante das características da construção civil, é recomendável que todos os dispêndios sejam classificados, apenas, como custos e despesas. Os custos integram o orçamento e as despesas são consideradas no BDI. Assim procedendo, tornar-se-á mais fácil o estabelecimento de um processo de controle orçamentário, cabendo aos gerentes classificá-los segundo as peculiaridades e o sistema contábil de cada empresa.

Na indústria da construção, a alocação dos dispêndios com mão de obra pode causar dúvida quanto à sua apropriação, a exemplo dos salários de engenheiros, mestres de obras e operadores de equipamentos especiais. Nesses casos, um critério de alocação a adotar é verificar se a função integra o corpo funcional permanente ou o corpo provisório da empresa.

A adoção desse princípio deve atender à filosofia de gerenciamento da empresa, com expressão direta na política de pessoal. E, sem dúvida alguma, a filosofia deve se adequar à perspectiva da evolução do mercado e da política de manter inalterada, ou não, a capacidade de produção da empresa.

Como exemplo do comportamento gerencial distinto possível de ocorrer em duas empresas de engenharia, considera-se o caso de uma empresa que atua como empreiteira de edificações e de outra empresa que atua em fundações.

A primeira tem como política apropriar o custo dos salários de engenheiros e de mestres de obras como custo direto, pois utiliza o critério de demiti-los findo o contrato em que estão alocados, na impossibilidade de transferi-los para alguma outra obra já adjudicada.

A segunda, empresa de fundações, costuma apropriar o custo incorrido com salários e encargos sociais dos mestres maquinistas como custo indireto ou fixo, já que os considera integrantes do corpo permanente da empresa, dada a experiência necessária ao desempenho da função, a responsabilidade atribuída a eles na operação dos equipamentos e a dificuldade em arregimentar novos profissionais no mercado.

Pelo exposto, em caso de haver dúvida em definir alguma função como custo direto ou indireto, o critério de decisão recomendado é verificar se ela integra o corpo funcional permanente ou o corpo funcional provisório da empresa. E a adoção desse critério deve estar conexa às características do mercado em que atua e da política de manter inalterada a capacidade de produção da empresa.

2.10.2 Reconhecimento do local

O objetivo deste item é relacionar uma série de informações cujas ocorrências demandarão dispêndios. Essas informações deverão ser verificadas antes da realização da proposta, pois podem afetar diretamente as responsabilidades contratuais das partes envolvidas com reflexo direto no orçamento contratual.

Alerta-se que a relação apresentada não esgota as possíveis limitantes ou óbices locais por ventura existentes. E o gestor, ao avaliar os custos de seu projeto, já na fase de pré-viabilidade, necessita reconhecer o ambiente onde ele será realizado, fato que transcende a uma simples visita ao sítio de construção.

Recomenda-se, então, pesquisar, levantar, registrar e verificar a ocorrência dos itens a seguir relacionados que, possivelmente, se não esgotarem a relação de informações a serem obtidas, servem de roteiro básico para a orientação do profissional. São eles:

i. características do terrapleno;

ii. características do subsolo;

iii. localização de jazidas;

iv. condições das propriedades lindeiras;

v. disponibilidade de mão de obra

vi. disponibilidade e fornecedores de insumos;

vii. existência de serviços públicos;

viii.condições de acessos;

ix. exigibilidades da legislação municipal;

x. condições do licenciamento ambiental;

xi. demolições;

xii. destino dos resíduos da construção;

xiii. pluviosidade da região;

xiv. etc.

I   Reconhecimento do terrapleno

A priori recomenda-se verificar:

a. o panorama do local, visando definir o melhor partido visual de modo a adequar o projeto às características do local;

b. a direção dos ventos predominantes;

c. o sítio onde serão implantadas instalações provisórias de apoio, sejam administrativas ou oficinas, e o acampamento;

d. a veracidade dos documentos de propriedade e o respectivo registro no Cartório de Registro de Imóveis local ou no Incra, em caso de imóvel rural;

e. a existência de levantamento planialtimétricos em que conste a individualização dos imóveis lindeiros e o georreferenciamento;

f. um conjunto de fotografias, devidamente identificadas, que possibilitem a caracterização do local antes do início das obras.

II   Características do subsolo

Para esse elemento, recomenda-se:

a. verificar as características geológicas do solo e, caso não disponível, providenciar a execução de sondagem geológica, o que pode demandar sondagens e levantamentos de jazidas;

b. verificar a possibilidade de óbices à execução das fundações, tais como a ocorrência de taludes, necessidades de escavações ou remoção de rochas etc.;

c. verificar a existência de solos úmidos ou cursos d'água que exijam a execução de obras de drenagem antes de serem iniciados os serviços da obra principal, bem como a exigibilidade de relocação ou afastamentos dos cursos de água.

III   Localização de jazidas

Neste caso há que se verificar a disponibilidade, em local o mais próximo possível, de jazidas de areia, rocha, argila, brita, enfim, materiais necessários à execução de concreto *in loco* ou a serem utilizados em serviços de terraplenagem.

Verificar, também, o custo de exploração e a distância de transporte a ser efetuada com equipamento próprio ou contratado.

IV   Propriedades lindeiras

É necessário efetuar a vistoria das edificações lindeiras, principalmente quando existe a previsão da execução de fundações profundas, cortes, subsolos ou rebaixamento de lençol freático em suas imediações.

Recomenda-se constar do relatório:

a. a condição de estabilidade estrutural de cada imóvel lindeiro. Identificar em desenho e por fotografia a existência de fissuras, trincas ou gretas, registrando as dimensões de cada uma delas quanto a comprimento e largura. Esse acompanhamento deve ser registrado para todas as paredes do imóvel vistoriado;

b. o tipo das fundações das edificações lindeiras, tais como: fundação direta em concreto ou cantaria; sapatas corridas ou sapatas rasas; estacas de concreto ou madeira; tubulões; radies etc., bem como a profundidade onde se encontram assentadas e as características geológicas do solo.

E, se possível, recomenda-se recuperar os respectivos projetos visando definir as cotas de assentamento de modo a justificar a exigibilidade de projeto de obras de reforço ou possível recuperação de cada uma delas, o que reduz o risco de acidentes.

V Disponibilidade de mão de obra

Deve-se verificar a quantidade e a qualidade da mão de obra disponível na região, seja ela especializada ou não.

Tal fato determinará a necessidade de recrutar mão de obra local ou de fora. Conforme a origem da mão de obra, decorrerá a necessidade de prever alojamento para esse pessoal, seja ele em canteiro ou não, implantar refeitório próprio ou terceirizar o fornecimento de refeições.

VI Fornecedores de insumos

No caso de insumos, deve-se constatar a disponibilidade de:

a. fornecedores de matérias-primas, tais como: cimento, aço, madeira, concreto usinado etc., no local ou na região do empreendimento;

b. fornecedores de serviços especializados: serralheiros, marceneiros, latoeiros, instaladores de gás, segurança etc.; concessionárias e oficinas especializadas na manutenção de veículos, verificando a capacidade de fornecimento e a qualidade dos produtos por eles ofertados;

c. fornecedores de equipamentos pesados, tanto para aluguel como para venda;

d. possibilidade de terceirização de tecnologias ou serviços especiais, a exemplo de fundações; pró-tensão; demolição; poços artesianos; estruturas pré-moldadas etc.

VII Serviços públicos

Deve-se verificar a disponibilidade de atendimento junto às respectivas concessionárias de serviços públicos quanto a: água, energia elétrica, gás, telefonia, transporte urbano e interurbano etc.

Também é necessário levantar a disponibilidade e a qualidade dos serviços de hospedagem, tais como hotéis, pousadas, pensões, visando ao alojamento de pessoal de direção, consultores, visitantes ou prestadores de serviços.

VIII   Acessos

Deve-se verificar a necessidade de construção de novos e a avaliação dos acessos existentes, especialmente quanto à capacidade de carga das pontes. É comum, em obras de maior porte, haver necessidade de construção de novos acessos, rodovias, ramais ferroviários, aeroportos de serviços e pontes.

IX   Legislação municipal

É necessário analisar as exigibilidades da legislação municipal já na fase de anteprojeto, pois é atribuição municipal a expedição de Alvará de Licença de Construção.

No âmbito municipal, via de regra, quatro diplomas legais devem ser analisados:

a. Código de Posturas;
b. Plano Diretor Municipal;
c. Legislação Ambiental;
d. Legislação Tributária Municipal.

O código de posturas define características das edificações e o plano diretor é o diploma que especifica as condições de uso do solo, o tipo de aproveitamento permitido, as taxas de ocupação e aproveitamento, os afastamentos tanto das propriedades lindeiras como de cursos d'água, enfim, os óbices ao aproveitamento físico do imóvel.

A legislação ambiental municipal, de modo complementar à federal e estadual, atua sobre aspectos de interesse local, podendo ser mais restritiva que as outras duas.

Além das citadas, deve ser verificada a legislação tributária, principalmente quanto ao recolhimento do Imposto Sobre Serviços (ISS) cujas alíquotas podem variar de um município a outro e, também, ser distinta quanto à execução de serviços ou empreitada de material e mão de obra. Ressalta-se que o ISS incide somente sobre o valor dos serviços de mão de obra e não sobre o valor total da nota fiscal.

X   Licenciamento ambiental

A discussão sobre licenciamento ambiental já ocorreu no item 1.11.3, cujo processo é exposto na Figura 19.

O que se alerta, neste item, é quanto à previsão dos tempos e custos necessários à obtenção das licenças prévia, de construção e de operação, bem como outras exigibilidades dos órgãos de fiscalização.

Essas exigibilidades são estabelecidas como medidas compensatórias visando reduzir o impacto ambiental decorrente da implantação do projeto, o que poderá incorrer na realização de custos extraordinários com a realização de obras ou serviços complementares e alheios ao projeto inicial — investimentos não previstos na fase dos estudos de pré-viabilidade.

No caso de projetos de iniciativa eminentemente particular, é de entendimento que os custos citados devam ser suportados pelos empreendedores. Porém em projetos licitados pela iniciativa pública, incluindo aqueles que necessitem de concessão, é recomendável que os estudos ambientais, especialmente aqueles concernentes à licença prévia, sejam suportados pelo ente licitante.

Desse modo, os estudos ambientais integrarão os termos de referência ou os projetos básicos. Esse procedimento permitirá uma melhor avaliação dos custos a serem incorridos, pois reduzirão as incertezas do projeto, com expressão direta nos preços pagos pelo governo ou pela sociedade e na redução do período de construção.

XI   Destino dos resíduos

O Conama, por meio da Resolução n.º 307, de 5 de julho de 2002, estabeleceu diretrizes, critérios e procedimentos para a gestão dos resíduos da construção civil. Nesse contexto, no preâmbulo da citada resolução, considera que os geradores de resíduos da construção civil devem ser responsáveis pelos resíduos das atividades de construção, reforma, reparos e demolições de estruturas e estradas, bem como por aqueles resultantes da remoção de vegetação e escavação de solos. Para tanto, define:

I - Resíduos da construção civil: são os materiais provenientes de construções, reformas, reparos e demolições de obras de construção civil, e os resultantes da preparação e da escavação de terrenos, tais como: tijolos, blocos cerâmicos, concreto em geral, solos, rochas, metais, resinas, colas, tintas, madeiras e compensados, forros, argamassa, gesso, telhas, pavimento asfáltico, vidros, plásticos, tubulações, fiação elétrica etc., comumente chamados de entulhos de obras, caliça ou metralha;

II - Geradores: são pessoas, físicas ou jurídicas, públicas ou privadas, responsáveis por atividades ou empreendimentos que gerem os resíduos definidos nesta Resolução;

III - Transportadores: são as pessoas, físicas ou jurídicas, encarregadas da coleta e do transporte dos resíduos entre as fontes geradoras e as áreas de destinação. (BRASIL, 2002b, s/p).

No Art. 4º da citada Resolução n.º 307, fica atribuída aos geradores de resíduos da construção, como objetivo prioritário evitar a geração de resíduos e, secundariamente, a responsabilidade quanto à redução, a reutilização, a reciclagem e a destinação final.

As atividades tidas como objetivos secundários do artigo quarto causam impacto principalmente nos custos de operação e desmobilização, situação a ser adequadamente considerada na elaboração dos orçamentos ou propostas de obras.

XII Demolições

Caso ocorra necessidade de demolição, essa poderá ser feita por processo manual ou mecânico. A demolição manual visa ao reaproveitamento de materiais e componentes, como tijolos, esquadrias, louças, revestimentos etc. A demolição mecânica pode ser feita utilizando martelete pneumático, guindastes, tratores e pás carregadeiras.

As demolições são regulamentadas pelas normas NB-19, sob o aspecto de segurança e medicina do trabalho, e pela NBR 5.682/77, *Contratação, execução e supervisão de demolições*, sob o aspecto técnico. Os principais cuidados citados nessas normas são:

PRECIFICAÇÃO: PRECIFICAR SERVIÇOS E EMPREITADAS EM ENGENHARIA

a. edifícios lindeiros à obra de demolição devem ser examinados, prévia e periodicamente, visando registrar eventuais trincas ou rachaduras, bem como efetuar projetos e obras destinados à preservação de sua estabilidade;

b. quando o prédio a ser demolido tiver sido danificado por incêndio ou outras causas, deverá ser efetuada uma análise da estrutura antes de iniciada a demolição;

c. qualquer pavimento somente terá sua demolição iniciada depois de conclusa a do pavimento imediatamente superior e removido o respectivo entulho;

d. na demolição de prédio com mais de dois pavimentos, ou de altura equivalente, distando menos de três metros da divisa do terreno, deve ser construída uma galeria coberta sobre o passeio, com bordas protegidas por tapume com no mínimo um metro de altura;

e. a remoção dos materiais por gravidade deve ser feita em calhas fechadas, de madeira ou metal;

f. é necessário reduzir a formação de poeira;

g. nos edifícios de quatro ou mais pavimentos, ou de 12 metros ou mais de altura, devem ser instaladas plataformas de proteção ao longo das paredes externas.

Todos esses itens considerados influenciam no custo de uma obra nova realizada em terreno já utilizado. Desse modo, iniciado novo empreendimento, os citados itens devem ser avaliados e orçados para que constem do respectivo custo.

XIII   Pluviosidade da região

Especialmente no caso de terraplenagem, escavação ou obras a céu aberto, esse dado é de capital importância para quem atua em obras de terra. O índice de pluviosidade permite avaliar o número de dias operantes e inoperantes de pessoal e equipamentos.

Avaliado o número de dias inoperantes, há condições de determinar a necessidade de cumprir trabalho em horas extras ou em finais de semana, fato que aumenta os encargos sociais.

O cálculo do acréscimo nos encargos sociais devidos a dias inoperantes será discutido no capítulo respectivo.

2.10.3 Custos inflacionários

No Brasil, devido à existência de um processo inflacionário contínuo, a inflação causa um custo substancial para as empresas caso não seja considerada, especialmente nos contratos de engenharia cuja execução é continuada ou diferida, pois são realizados no médio e ou longo prazo.

O preço a ser pago em determinada data é calculado pelo seguinte modelo, em que o primeiro termo corresponde ao preço inicialmente pactuado e o segundo, ao valor da correção monetária medida na data do pagamento. No modelo, **φN** corresponde ao fator de correção monetária relativo ao período em consideração.

$$P_N = P_0 + \varphi N \times P_0$$

Evidenciando P_0, tem-se:

$$P_N = P_0 \cdot (1 + \varphi N) \qquad\qquad \text{Equação 2.28}$$

É importante ressaltar que a correção monetária não corresponde a custo financeiro, pois esse decorre da utilização ou remuneração do capital mobilizado, assunto a ser discutido no item 3.3. Trata-se de um número destinado a manter o valor aquisitivo da moeda ou o equilíbrio financeiro do contrato.

Diversos são os tipos de índices inflacionários utilizados no país. Cada um deles visando atender a um fim específico e, portanto, dispondo de distinta metodologia em sua determinação.

Esses índices podem ser destinados a medir a inflação de um modo geral, tais como o INPC — Índice Nacional de Preços ao Consumidor —, o IPCA — Índice Nacional de Preços ao Consumidor Ampliado —, o IGP — Índice Geral de Preços —, todos destinados a medir a inflação incidente sobre o consumo das famílias brasileiras ou do comércio em atacado. Ou podem medir de modo mais específico, a exemplo de custo materiais elétricos, serviços de transporte, do alumínio e do aço, do custo da construção civil, com o CUB, ou de qualquer outro segmento industrial.

Existem publicações que tratam, especificamente, desse assunto tais como a revista *Conjuntura Econômica*, publicação da Fundação Getúlio Vargas – FGV, e a revista *SUMA Econômica* que mensalmente publicam uma coleção desses índices, facilmente encontráveis na internet.

No Brasil, o organismo responsável por acompanhar e divulgar índices oficiais de inflação é o IBGE — Instituto Brasileiro de Geografia e Estatística —, a exemplo do INPC e do IPCA.

O IBGE produz índices que medem a inflação ocorrida em diversos segmentos sociais do Brasil bem como os preços por atacado, sendo os índices adotados oficialmente pelo governo e pelos tribunais.

No âmbito da construção civil, o mais festejado é o CUB — Custo Unitário Básico da Construção —, elaborado e publicado mensalmente pelo Sinduscon — Sindicato da Indústria da Construção Civil — de cada região, cujo objetivo é medir a inflação ocorrida tanto em edificações residenciais, como em galpões, lojas e andares abertos.

A forma de estabelecer o índice de reajuste de preços pode ser efetuada por meio de modelo matemático simples ou complexo.

I Modelo simples

Exprimindo I_0 como um índice de inflação específico, ou um preço, medido na data da formação de uma proposta, e I_N o mesmo índice medido na data N, a inflação ocorrida entre as duas datas é calculada conforme a Equação 2.28:

$$\varphi_N \; \frac{I_N - I_0}{I_0} \quad \therefore \quad \varphi_N = \frac{I_N}{I_0} - 1 \qquad \text{Equação 2.28}$$

Substituindo a variável da inflação expressa na Equação 2.27 pela sua fórmula conforme Equação 2.28, obtém-se o modelo matemático de correção ou atualização monetária de um valor na Equação 2.29:

$$P_N = P_0 \left[\frac{I_N}{I_0} \right]$$

Equação 2.29

Como exemplo de cálculo, considere-se a correção do preço unitário de venda de um apartamento de três quartos, situado em prédio de quatro pavimentos, com especificação de acabamento normal. Sabe-se o seguinte: o preço de venda contratual por metro quadrado: R$ 6.080,00 m²; CUB na data da proposta: 1.653,68 R$/m²; e o CUB na data do pagamento: 2.466,96 R$/m².

$$\text{Preço Corrigido} = PV_0 \times \frac{I_N}{I_0} = 6.080,00 \times \frac{2.466,96}{1.653,68} = 9.070,14 \text{ R\$ / m}^2$$

A tabela a seguir mostra os valores do CUB habitacional, sendo o preço unitário corrigido para a data do pagamento corresponde a 9.070,14 R$/m².

CUB habitacional – Setembro 2023						
Unidade autônoma com 3 quartos R$/ m²				Comercial andares livres – CAL Comercial salas e lojas – CSL		
Número de pavimentos	Padrão			Projeto	Acabamento	
	Baixo	Normal	Alto	Andar livre	Normal	Alto
R-1	2.384,52	2.842,81	3.440,01	CAL - 8	2.741,60	2.899,43
PP-4	2.212,31	2.676,28	-x-x-	Salas/ Lojas	-	-
R-8	2.110,55	2.370,79	2.792,12	CSL - 8	2.389,01	2.586,52
PIS	1.677,80	-x-x-	-x-x-	CSL - 16	3.196,16	3.450,07
R16	-x-x-	2.288,82	2.974,14	RP1Q	2.541,03	-x-x-
-	-	-	-	GI-Galpão	1.345,64	-x-x-

Fonte: CUB/m² - Sinduscon Grande Florianópolis – SC / https://sinduscon-fpolis.org.br/servico/cub-mensal/

Acesso em: 25 set. 2023

II Modelo complexo de reajuste

Modelos complexos de reajuste, também denominados compostos, são utilizados em obras de grande porte ou fornecimento de bens duráveis cujos insumos sofrem distintas variações de preço durante o seu processo de elaboração, casos que ocorrem em contratos de médio ou longo prazo e de execução diferida.

O procedimento adotado é fazer incidir o fator de atualização monetária sobre o percentual de contribuição de cada insumo singular componente do bem em questão.

O caso geral é exposto na Equação 2.30, em que I_T corresponde ao fator de atualização monetária a ser utilizado na correção dos preços. E os índices I_1 a I_N correspondem, respectivamente, ao índice da inflação de cada insumo que integra a formação de um bem ou serviço. Considerando que k_i corresponde ao percentual de participação de cada insumo específico, na formação do índice total, tem-se:

$$0 < k_i < 1 \quad e \quad k_1 + k_2 + k_3 + \cdots + k_N = 1$$

Consequentemente, $I_T = f(k_1 \varphi_1 + k_2 \varphi_2 + k_3 \varphi_3 + \cdots + k_N \varphi I_N)$

Sendo o preço atualizado de um insumo singular $P_N = P_0 \times \varphi_N$, o modelo de correção monetária de um produto composto por diversos insumos é dado por:

$$P_N = P_0 (k_1 \varphi_1 + k_2 \varphi_2 + k_3 \varphi_3 + \cdots + k_N \varphi_N)$$

Equação 2.30

Partindo da Equação 2.30, ao se substituir o fator de correção pelos índices que lhe dão origem, pode-se escrever, generalizando:

$$P_N = P_0 \left[\left(K_A \frac{A_N}{A_0} + K_B \frac{B_N}{B_0} + K_C \frac{C_N}{C_0} + \ldots + K_X \frac{X_N}{X_0} \right) - 1 \right]$$

Equação 2.31

A seguir são apresentados dois exemplos de cálculo do reajuste composto, o primeiro para concreto em um modelo mais simples e o segundo para reajuste de obras de montagem, em modelo mais complexo.

III   Exemplo de reajuste complexo: obras de concreto

Este é um exemplo de caso de reajuste complexo, adotado em obras da construção civil, visando à atualização do preço do concreto armado em um caso em que 35% desse preço corresponderia à variação do valor da mão de obra e 65% à dos respectivos insumos.

Tem-se como nomenclatura:

MO_I = índice da mão de obra na data de adimplemento dos serviços

MO_0 = índice da mão de obra na data da proposta

CI_N = custo do cimento na data do adimplemento dos serviços

CI_0 = custo do cimento na data da proposta

AR_N = custo da areia na data de adimplemento dos serviços

AR_0 = custo da areia na data da proposta

BR_N = custo da brita na data de adimplemento dos serviços

BR_0 = custo da brita na data da proposta

FO_N = custo das formas (madeira) na data de adimplemento dos serviços

FO_0 = custo das formas (madeira) na data da proposta

O valor do reajuste será dado então por:

PRECIFICAÇÃO: PRECIFICAR SERVIÇOS E EMPREITADAS EM ENGENHARIA

$$P_N = P_0 \left[\left(0,35 \times \frac{MO_N}{MO_0} + 0,65 \times \frac{MAT_N}{MAT_0} \right) -1 \right]$$

Considerando os insumos integrantes na composição do concreto, esse modelo passa a ter a seguinte configuração:

$$P_N = P_0 \left[\left(0,35 \times \frac{MO_N}{MO_0} +0,15 \times \frac{CI_N}{CI_0} +0,10 \times \frac{AR_N}{AR_0} +0,15 \times \frac{BR_N}{BR_0} +0,25 \times \frac{FO_N}{FO_0} \right) -1 \right]$$

IV Modelo para montagem de subestações

Esse modelo é similar ao anterior, porém leva em consideração insumos elétricos, as chapas metálicas e a variação cambial dos insumos.

$$P_N = P_0 \left[\left(0,20 \times \frac{FE_N}{FE_0} +0,15 \times \frac{CE_N}{CE_0} +0,20 \times \frac{ME_N}{ME_0} +0,20 \times \frac{SA_N}{SA_0} + 0,25 \times \frac{US_N}{US_0} \right) -1 \right]$$

Em que:

P_N = valor monetário expresso em reais do reajuste a ser aplicado sobre a parcela considerada

P_0 = valor da parcela adimplida a ser reajustada

FE = preço por tonelada da chapa grossa CSN ou USIMINAS (Fonte ABINEE)

CE = preço por kg do cobre eletrolítico, calculado pelo Sidicel — Sindicato da Indústria de Condutores Elétricos, Trefilação e Laminação de Metais não ferrosos do Estado de São Paulo

ME = índice da Fundação Getúlio Vargas – coluna 41 – Materiais Elétricos – Outros. Publicado pela Revista Conjuntura Econômica;

SA = salários ABDIB – global, com encargos

US = taxa de conversão do dólar americano para reais para a venda, publicado na Gazeta Mercantil, válido para o último dia do mês;

N = referência de índices e indicadores correspondentes ao mês anterior à data de reajuste de preços, normalmente vinculados à data da proposta ou da adjudicação do contrato

o = referência de índices e indicadores correspondentes ao mês anterior à data base de preços, normalmente vinculados à data da proposta ou da adjudicação do contrato.

2.11 Orçamento tributário.

Neste item serão discutidos os tributos federais, estaduais e municipais incidentes sobre serviços e empreitadas na indústria da construção civil.

2.11.1 Dos tributos

Sob o título tributo estão englobados os impostos, as taxas e as contribuições de competência dos fiscos da União Federal, dos estados e dos municípios.

Sendo o objeto desta obra discutir a produção por encomenda inerente à indústria da construção civil, seja ela serviço ou empreitada, e o entendimento fiscal de que ela corresponde a um consumidor final, os tributos a incidir sobre a operação da indústria da construção civil são:

- Tributos federais:	Imposto de Renda (IR)
	Contribuição Social sobre o Lucro Líquido (CSLL)
	PIS-Pasep
	Cofins
- Tributos estaduais	Imposto sobre Circulação de Mercadorias (ICMS)
	Imposto sobre Produtos Industrializados (IPI)
- Tributos municipais	Imposto Sobre Serviços (ISS)
- Competência federal	Encargos sociais incidentes sobre o valor da mão de obra.

No item 2.11.2 serão analisados os tributos federais e municipais. Os encargos sociais serão discutidos em capítulo específico já que, orçamentariamente, são apropriados junto aos custos e às despesas indiretas.

O valor de cada tributo é função do produto e duas variáveis: a base de cálculo e a alíquota legalmente definida. A base de cálculo e a respectiva alíquota são definidas em função de três parâmetros:

1. o ramo em que a empresa atua: industrial, comercial ou de serviços;
2. a base de cálculo do tributo: o faturamento; o lucro; e/ou as receitas auferidas;
3. o regime de tributação adotado: o lucro real; o lucro presumido; o simples nacional; ou o lucro arbitrado.

A seguir conceitua-se, do ponto de vista fiscal, cada base de cálculo, já que o fisco distingue os conceitos de faturamento e de receita.

Faturamento decorre da contraprestação de um serviço ou empreitada, pois é razão do objeto social das empresas do setor da construção civil.

Receita é entendida como todo e qualquer ganho que contribui ao caixa, como a venda de algum bem integrante do ativo imobilizado proveniente de aplicação financeira ou recebimento de alguma demanda judicial.

Por receita auferida entende-se o somatório do faturamento, juros recebidos, aluguéis e venda de bens ou serviços eventualmente prestados pela empresa, enfim, todos os recebimentos havidos em um exercício fiscal.

Lucro tributado corresponde ao lucro bruto antes da provisão para Imposto de Renda e da Contribuição Social para o Lucro Líquido, ou seja, o LAIR.

Como já comentado, o valor do tributo devido é estabelecido ao se multiplicar a alíquota específica, denominada α, pelo valor da respectiva base de cálculo, BC. A alíquota a ser adotada varia segundo a legislação federal, estadual e municipal, sendo função do ramo da empresa e do seu enquadramento tributário. Matematicamente, expressa-se por:

$$TRI = α \times BC \qquad \text{Equação 2.32}$$

Conforme o regime de tributação adotado, os tributos podem incidir sobre o lucro e o faturamento ou somente sobre as receitas auferidas. São eles:

i. lucro real;
ii. lucro presumido;
iii. Simples Nacional;
iv. lucro arbitrado;
v. Regime Especial de Tributação (RET).

Os tributos, sejam eles impostos ou taxas, têm como base de cálculo o faturamento, o lucro, ou ambos, e suas alíquotas variam segundo a opção tributária adotada e o enquadramento fiscal.

Para facilitar o entendimento, na Figura 2.13 é mostrado, por opção tributária, os tributos incidentes e a respectiva base de cálculo dos tributos incidentes sobre serviços e empreitadas realizados na indústria da construção civil e de engenharia.

O sistema do lucro real tem duas bases de cálculo, o faturamento e o lucro. Sobre o faturamento incidem os seguintes tributos de competência federal: o PIS-Pasep, o Cofins – Contribuição para Fins Sociais, o IPI – Imposto Sobre Produtos Industrializados e o ICMS — Imposto sobre Circulação de Mercadorias e Serviços. E, de competência municipal, o ISS — Imposto sobre Serviços. Sobre o lucro, também de competência federal, incidem: o IR — Imposto de Renda —e a CSLL — Contribuição Social sobre o Lucro Líquido.

Nos sistemas do lucro presumido, do Simples Nacional, do Regime Especial de Tributação e do lucro arbitrado, todos os tributos têm como base de cálculo o faturamento.

O sistema do lucro arbitrado não será analisado, pois foge ao escopo deste livro, já que corresponde a procedimentos definidos pela Receita Federal visando estabelecer normas a serem cumpridas por contribuintes por descumprimento de suas obrigações fiscais.

Figura 2.13 – Tipos de opção tributária e respectivas base de cálculo

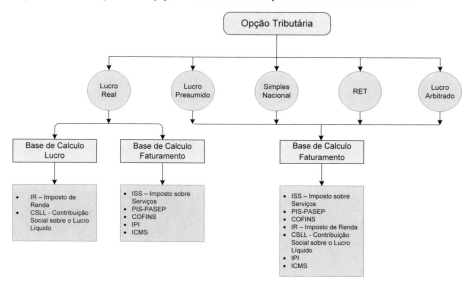

Fonte: os autores

É interessante notar que o regime tributário adotado pela empresa deverá ser informado à Receita Federal antes do início do exercício fiscal, conforme instrução do fisco federal. Assim sendo, ao ser estabelecido o BDI a ser praticado, esse deverá estar compatível com o regime adotado visando obter uma lucratividade igual à margem de lucro desejada. A seguir serão analisados os tributos segundo a opção tributária adotada.

2.11.2 ISS: tributo municipal

O ISS é um imposto de competência municipal tendo por base de cálculo o valor da prestação de serviços expresso na nota fiscal.

A prestação de serviços é conceituada pelo legislador como o produto de esforço humano que se apresenta sob a forma de bem imaterial ou, no caso de implicar a utilização de algum material, que preserva a sua natureza no sentido de expressar uma obrigação de fazer, isto é, ter como objeto da prestação a própria atividade.

No caso de empreitada de material e mão de obra ou de empreitada de lavor ou outros serviços, a base de cálculo ao valor total de nota fiscal, conforme a Lei Complementar n.º 116 de julho de 2003, Art. 7º, é o preço do serviço.

A lista de serviços anexa à Lei Complementar n.º 116, em seu item 7, relaciona os serviços que recebem a incidência do ISS relativo a engenharia, arquitetura, geologia, urbanismo, construção civil, manutenção, limpeza, meio ambiente, saneamento e congêneres. Especificando:

> 7.01 – Engenharia, agronomia, agrimensura, arquitetura, geologia, urbanismo, paisagismo e congêneres.
>
> 7.02 – Execução, por administração, empreitada ou subempreitada, de obras de construção civil, hidráulica ou elétrica e de outras obras semelhantes, inclusive sondagem, perfuração de poços, escavação, drenagem e irrigação, terraplanagem, pavimentação, concretagem e a instalação e montagem de produtos, peças e equipamentos (exceto o fornecimento de mercadorias produzidas pelo prestador de serviços fora do local da prestação dos serviços, que fica sujeito ao ICMS).
>
> 7.03 – Elaboração de planos diretores, estudos de viabilidade, estudos organizacionais e outros, relacionados com obras e serviços de engenharia; elaboração de anteprojetos, projetos básicos e projetos executivos para trabalhos de engenharia.
>
> 7.04 – Demolição.
>
> 7.05 – Reparação, conservação e reforma de edifícios, estradas, pontes, portos e congêneres (exceto o fornecimento de mercadorias produzidas pelo prestador dos serviços, fora do local da prestação dos serviços, que fica sujeito ao ICMS).
>
> 7.06 – Colocação e instalação de tapetes, carpetes, assoalhos, cortinas, revestimentos de parede, vidros,

divisórias, placas de gesso e congêneres, com material fornecido pelo tomador do serviço.

7.07 – Recuperação, raspagem, polimento e lustração de pisos e congêneres.

7.08 – Calafetação.

7.09 – Varrição, coleta, remoção, incineração, tratamento, reciclagem, separação e destinação final de lixo, rejeitos e outros resíduos quaisquer.

7.10 – Limpeza, manutenção e conservação de vias e logradouros públicos, imóveis, chaminés, piscinas, parques, jardins e congêneres.

7.11 – Decoração e jardinagem, inclusive corte e poda de árvores.

7.12 – Controle e tratamento de efluentes de qualquer natureza e de agentes físicos, químicos e biológicos.

7.13 – Dedetização, desinfecção, desinsetização, imunização, higienização, desratização, pulverização e congêneres.

7.14 – (VETADO)

7.15 – (VETADO)

7.16 – Florestamento, reflorestamento, semeadura, adubação e congêneres.

7.17 – Escoramento, contenção de encostas e serviços congêneres.

7.18 – Limpeza e dragagem de rios, portos, canais, baías, lagos, lagoas, represas, açudes e congêneres.

7.19 – Acompanhamento e fiscalização da execução de obras de engenharia, arquitetura e urbanismo.

7.20 – Aerofotogrametria (inclusive interpretação), cartografia, mapeamento, levantamentos topográficos, batimétricos, geográficos, geodésicos, geológicos, geofísicos e congêneres.

7.21 – Pesquisa, perfuração, cimentação, mergulho, perfilagem, concretagem, retirada de testemunhos e outros serviços relacionados com a exploração e explotação de petróleo, gás natural e de outros recursos minerais.

7.22 – Nucleação e bombardeamento de nuvens e congêneres. (BRASIL, 2003a, s/p).

Definindo-se $BC_{SERVIÇO}$ como a base de cálculo do tributo e consistindo no valor da mão de obra mobilizada para sua realização, e considerando-se a_{ISS} como a alíquota do imposto, tem-se matematicamente o valor do imposto devido dado pela seguinte equação:

$$ISS = a_{ISS} \times BC_{SERVIÇO}$$
Equação 2.33

Esse imposto tem competência sobre empresa prestadora de serviços seja ela optante pelo lucro real, lucro presumido, o Simples Nacional ou o lucro arbitrado. Sua competência não atinge empresas comerciais e industriais. A legislação entende que esse imposto deve ser recolhido na municipalidade do local onde o trabalho foi prestado, sendo que cada município dispõe de competência constitucional para estabelecer as alíquotas desse imposto.

Sendo a base de cálculo, especificamente, o valor da nota fiscal, há municípios que instituem alíquotas diferenciadas para serviços de empreitada e de projetos ou similares. As alíquotas podem variar de 1% até 5%, sendo o valor máximo definido na já mencionada Lei Complementar n.º 116. Porém, cabe cuidado quanto à adoção desse valor máximo, recomendando-se ao gestor se inteirar do valor adequado ao realizar serviços fora de sua sede.

No caso de prestação de serviços em que também ocorre o fornecimento de material, recomenda-se especificar, no corpo da nota fiscal, o valor da mão de obra e do valor dos materiais utilizados. Isso porque o valor do INSS incidirá somente sobre o valor da mão de obra.

Quando os serviços de empreitada forem prestados em territórios de mais de um município, o recolhimento do ISS deverá ocorrer em conformidade com os serviços realizados em cada município. Como exemplo, pode-se citar as obras de ferrovias, rodovias, dutos e condutos de qualquer natureza, lançamento de cabos, número de postes etc.

No caso de serviços de projetos, o recolhimento do ISS poderá ser efetuado no município do escritório da empresa onde foi elaborado o projeto.

Recomenda-se, desse modo, verificar o procedimento adotado em cada município antes de se efetuar qualquer orçamento, já que o tributo deverá ser recolhido no local onde o serviço foi prestado, e a alíquota é distinta em cada município.

Um alerta é dado aos profissionais que gerenciam contratos. Devido às seguidas alterações introduzidas na legislação tributária brasileira, e por conta da alta carga tributária em vigor, recomenda-se um permanente acompanhamento da evolução dessa carga.

2.11.3 Tributos federais: opção lucro real

A seguir serão relacionados os tributos federais, a determinação do valor dos mesmos, e um exemplo de cálculo sendo a empresa optante pelo lucro real.

2.11.3.1 Conceituação

Caso a empresa opte pelo regime do lucro real, incidem sobre o faturamento o PIS-Pasep e o Cofins, e sobre o lucro líquido, o Imposto de Renda (IR) e a Contribuição Social sobre o Lucro Líquido (CSLL).

O cálculo do valor dos quatro tributos, no caso da opção pelo lucro real, é estabelecido pelo modelo a seguir, em que α representa a alíquota do tributo e BC a sua base de cálculo:

$$TRI = \alpha \times BC \qquad \text{Equação 2.34}$$

Na tabela da Figura 2.14 são apresentadas as alíquotas desses tributos. No caso do Imposto de Renda, as alíquotas variam conforme a faixa de recebimento expressa na tabela progressiva mensal.

Figura 2.14 – Lucro real: alíquotas dos tributos federais

I - Imposto de Renda 2022–2023 – Tabela progressiva mensal			
Enquadramento	**Base de cálculo**	**Alíquota**	**Excesso**
1 - Empresário ou pessoa física	Desconta o imposto diretamente na fonte pagadora, segundo a tabela progressiva mensal		
Tabela progressiva mensal em R$		Alíquota %	Parcela do IR a deduzir Valores em R$
Até 1.903,98		Isento	0,00
1.903,99 a 2.826,65		7,5	142,80
2.826,66 a 3.751,05		15,0	354,80
3.751,06 a 4.664,68		22,5	636,13
acima de 4.664,68		27,5	869,36
2 - Sociedades civil ou limitada	Lucro real	15,0	Acima de R$ 240.000,00 por ano, sobre o excesso incide mais 10%
Fonte: https://www.gov.br/receitafederal/pt-br/assuntos/ meu-imposto-de-renda/tabelas/2023			
II - Contribuição Social sobe o Lucro Líquido (CSLL)			
Todas as empresas	Lucro real	9,00%	-
Fonte: https://www.gov.br/receitafederal/pt-br/assuntos/ orientacao-tributaria/tributos/CSLL			
III - PIS-Pasep			
Todas as empresas	Faturamento	1,65%	-
Fonte: Leis Complementares nº 7, de 7 de setembro de 1970, nº 8, de 3 de dezembro de 1970, e nº 26, de 11 de setembro de 1975;			
IV - Cofins			
Todas as empresas	Faturamento	7,60%	-

Fonte: https://www.planalto.gov.br/ccivil_03/LEIS/2003/L10.833compilado. htm - Art. 2º

É interessante notar que existe a difusão do entendimento, equivocado, de ser interessante a opção pelo lucro real somente quando a empresa apresentar alto faturamento ou nos casos exigidos em lei.

Esse entendimento é atribuído aos altos custos a serem incorridos com acompanhamento e escrituração contábil. Porém, tal fato pode não ser verdadeiro quando a empresa: i) for iniciante; ii) estiver passando por períodos de baixo lucro; iii) ou haver a previsão da realização de prejuízos em exercícios vindouros.

Constatada a possibilidade de ocorrer alguma dessas três situações, a opção pelo regime do lucro real pode ser vantajosa por reduzir substancialmente ou mesmo eliminar o recolhimento do Imposto de Renda e da Contribuição Social sobre o Lucro Líquido. Isso porque, considerando a incidência do IR e a do CSLL sobre o lucro bruto ou o LAIR (Lucro antes do Impostos de Renda) e da CSLL, poderá ocorrer uma sensível redução no montante dos tributos a serem incorridos já que, tanto no regime do lucro presumido como no do Simples, todos os tributos incidem sobre as receitas auferidas.

Diante do exposto, ao se enquadrar uma empresa nas situações mencionadas, recomenda-se, antes de fazer alguma opção tributária junto à Receita Federal, efetuar a análise financeira, a projeção dos custos associados ao controle contábil e dos tributos a serem incorridos, em conformidade com a projeção dos fluxos de caixa relativos aos exercícios vindouros.

O valor dos tributos é calculado segundo as seguintes regras gerais de apuração:

I CSLL: Contribuição Social sobre o Lucro Líquido

A CSLL será recolhida após a efetiva apuração do resultado do exercício fiscal, podendo ser efetuada, parceladamente, dentro do exercício seguinte ao da apuração.

A base de cálculo da CSLL é o LAIR e a alíquota expressa na tabela da Figura 2.14. E o valor desse tributo é calculado de acordo com o seguinte modelo:

$$CSLL = 0,09 \ LAIR \qquad \text{Equação 2.35}$$

II   Imposto de Renda

O Imposto de Renda, um tributo devido ao fisco federal, considera dois tipos de enquadramento fiscal: i) o empresário e a pessoa física; e ii) a pessoa jurídica. A tabela da Figura 2.14 mostra as alíquotas desses enquadramentos fiscais.

a. Empresário ou pessoa física

Seja no caso do empresário ou no da pessoa física, o imposto incide sobre o valor a receber sendo descontado diretamente pela fonte pagadora segundo a tabela progressiva mensal anteriormente comentada.

No caso do empregado, a base de cálculo é a remuneração mensal deduzida a contribuição ao INSS e o valor atribuído a cada dependente legal. Como dependente legal, tem-se: marido ou mulher, filho, filha ou enteado até 21 anos, todos não declarantes do imposto de renda. No caso do dependente ser universitário, a idade do benefício vai até os 24 anos. Matematicamente, expressa-se da seguinte maneira:

$$IR_{EPS} = \text{Remuneração mensal} - INSS - \text{Valor por dependente}$$

A remuneração mensal corresponde ao valor total a ser recebido pelo empregado.

b. Pessoa jurídica

No caso da pessoa jurídica, o Imposto de Renda é recolhido após a efetiva apuração do resultado do exercício fiscal, podendo ser efetuado parceladamente dentro do exercício seguinte ao da apuração. A base de cálculo do IR também é o LAIR.

Sobre o Imposto de Renda incidem duas alíquotas:

1ª)   sobre o valor total do LAIR incide a alíquota de 15%;

2ª) incide, também, sobre o valor do LAIR que ultrapassar a importância de R$ 240.000,00 anuais uma alíquota de mais 10%.

Nesse contexto, o valor do Imposto de Renda devido será calculado sob o seguinte modelo:

$$IR_{LR} = 0,15 \times LAIR + 0,10 \times (LAIR - 240.000,00) \qquad \text{Equação 2.36}$$

Pelo exposto, há a necessidade de ser efetuada, a cada exercício, uma previsão do faturamento e do LAIR a ser realizado, visando definir qual a alíquota total prevista para o pagamento do Imposto de Renda. Essa alíquota será adotada na definição do índice do BDI, o I_{BDI}.

III Cofins e PIS-Pasep

Cofins, isto é, a Contribuição para o Financiamento da Seguridade Social, é um tributo a nível federal calculado sobre a receita bruta de empresas.

PIS-Pasep são contribuições sociais recolhidas pelas empresas e destinadas a benefícios de trabalhadores, respectivamente, dos setores privado e público. A base de cálculo para a definição do valor dos dois tributos é o total da folha de pagamento, excetuando-se encargos sociais não tributáveis, definidos pelo TST como verbas indenizatórias.

Sob o regime lucro real, as alíquotas da contribuição para o PIS-Pasep e a Cofins são, respectivamente, de 1,65% e de 7,6%, tendo por base de cálculo o faturamento.

A apuração da Cofins e do PIS-Pasep a pagar será efetuada após serem deduzidos os créditos de 7,6% e 1,65%, respectivamente, incidentes sobre os insumos já adquiridos e os serviços de terceiros contratados de outras pessoas jurídicas. Essa permissão legal de abater do valor do PIS-Pasep e da Cofins o valor do tributo pago em operações anteriores é denominado de Regime de Incidência não Cumulativa[8].

---

[8] Segundo a Receita Federal, enquadram-se no conceito de obras de construção civil as obras e os serviços auxiliares e complementares, tais como aqueles exemplificados no Ato Declaratório Normativo Cosit n.º 30, de 14 de outubro de 1999.

Enquadram-se nesse regime as pessoas jurídicas de direito privado e as que lhe são equiparadas pela legislação do Imposto de Renda, as quais apuram o IRPJ com base no lucro real, sendo esse o caso de enquadramento das empresas de serviços e das construtoras. As sociedades cooperativas, porém, não se enquadram nesse regime.

A determinação do valor do tributo a pagar, no caso do Cofins e do PIS-Pasep, é dada pelo modelo da Equação 2.32, utilizando as alíquotas respectivas, conforme expresso na Figura 2.14. Nesses dois tributos, o cálculo do valor a pagar é realizado sobre a diferença do faturamento diminuído dos insumos adquiridos. Matematicamente, tem-se:

$$\text{Tributo} = \alpha \times (\text{Faturamento} - \text{Insumos adquiridos}) \qquad \text{Equação 2.37}$$

2.11.3.2 Exemplo de apuração dos tributos no lucro real

A seguir é discutido como se calcula o desempenho, ou lucratividade, e o montante dos tributos federais a serem recolhidos por uma empresa optante pelo lucro real. A projeção do DRE efetuada para o exercício seguinte apresenta as seguintes previsões:

- ☛ Faturamento= R$ 8.900.000,00, descontado o valor dos insumos.
- ☛ LAIR=R$ 1.780.000,00.

I   Imposto de Renda

$$IR_{LR} = 0,15 \times LAIR + 0,10 \times (LAIR - 240.000,00)$$

LAIR	=	1.780.000,00
0,15 LAIR	=	267.000,00
0,10 (LAIR − 240.000,00)	=	154.000,00
Imposto de Renda a pagar = IR_{LR}	=	1.359.000,00

II   Contribuição Social Sobre o Lucro Líquido (CSLL)

CSLL = 0,09 LAIR
CSLL = 0,09 × 1.780.000,00
CSLL = R$ 160.200,00

III   PIS-Pasep

PIS-Pasep = 0,0165 Faturamento
PIS-Pasep = 0,0165 x 8.900.000,00
PIS-Pasep = R$ 146.850,00

IV   Cofins

Cofins = 0,076 Faturamento
Cofins = 0,076 x 8.900.000,00
Cofins = R$ 676.400,00

V   Apuração dos tributos e análise da lucratividade

Imposto de Renda	421.000,00
Contribuição Social sobre o Lucro Líquido	160.200,00
Pis-Pasep	146.850,00
Cofins	676.400,00
☞ Total Previsto dos Tributos Federais =	1.404.450,00

Análise	R$	%
Faturamento	8.900.000,00	100,00 %
Tributos: PIS-Pasep + Cofins	823.250,00	9,25% Faturamento
Lucro: LAIR	1.780.000,00	20% Faturamento
Tributos: IR + CSLL	581.200,00	32,65% do LAIR
Lucro do exercício/Lucratividade	1.198.800,00	13,47% Faturamento

Desse quadro, observa-se que a lucratividade prevista corresponderá a 13,47% do faturamento previsto.

2.11.4 Tributos federais: opção lucro presumido

Neste item serão discutidos o modo de determinação do imposto de renda, da contribuição social sobre o lucro líquido e um exemplo de aplicação sendo a empresa optante pelo lucro presumido.

2.11.4.1 Conceituação

O lucro presumido é uma forma simplificada de tributação para determinação da base de cálculo do imposto de renda e da CSLL das pessoas jurídicas não obrigadas, no ano-calendário, à apuração do lucro real.

Nesses termos, a base de cálculo do IR e da CSLL correspondem a uma fração, φ_{LP}, da receita bruta auferida, fração essa considerada pelo fisco como percentual de presunção de lucro, cujos valores constam das tabelas das Figuras 2.15 e 2.16, respectivamente. O valor do tributo é calculado sob o modelo da Equação 2.32 em que: α_{LP} expressa a alíquota do tributo; φ_{LP}, o percentual de presunção; e RBA, a receita bruta auferida.

$$\text{Trib.} = \alpha_{LP} \times \varphi_{LP} \times RBA \qquad \text{Equação 2.38}$$

Sendo a atividades imobiliária uma expressiva ação da construção civil, cabe ressaltar a definição dada pela Lei 9.430/1996 quanto ao que seja receita auferida nesse campo:

> No caso das atividades imobiliárias, considera-se receita auferida o montante efetivamente recebido em cada período de apuração, relativo às unidades imobiliárias vendidas. E também, os ganhos de capital, os rendimentos de aplicações financeiras de renda fixa (CDB, FIF, etc.) e ganhos líquidos de aplicações financeiras de renda variável (ações, mercados futuros, etc.), as demais receitas e os resultados positivos decorrentes de receitas não

abrangidas pela receita bruta, integrarão a base de cálculo para efeito de incidência do imposto e do adicional (Lei 9.430/1996, artigo 25, inciso II). (IRPJ..., 2023, s/p).

2.11.4.2 Apuração dos tributos

O valor de cada tributo é definido segundo as regras gerais de apuração apresentadas a seguir. E, caso a empresa disponha de atividades diversificadas, o percentual de presunção será referente à receita proveniente de cada atividade específica.

I   Contribuição Social sobre Lucro Líquido (CSLL)

A CSLL é apurada trimestralmente, paga dentro do mês seguinte ao do período de apuração e tem como base de cálculo um percentual sobre a receita bruta auferida.

As Figuras 2.15, 2.16 e 2.16 mostram, respectivamente, o enquadramento fiscal da empresa, das alíquotas dos tributos federais na opção do lucro presumido e dos percentuais de presunção no caso da construção civil.

Figura 2.15 – Lucro presumido: percentuais de presunção

Contribuição Social sobre o Lucro Líquido - CSLL	
%	Enquadramento fiscal
12%	• Da receita bruta nas atividades comerciais, industriais, serviços hospitalares e de transporte. • Da receita da prestação de serviços de construção civil por empreitada na modalidade total.
32%	• Prestação de serviços em geral, exceto a de serviços hospitalares e transporte; • Intermediação de negócios; • Administração, locação ou cessão de bens imóveis, móveis e direitos de qualquer natureza.

Fonte: https://www.planalto.gov.br/ccivil_03/leis/2003/L10.684.htm; Art. 22.

O valor da Contribuição Social sobre o Lucro Líquido será calculado conforme Equação 2.33:

$$CSLL = 0,09 \times \varphi_{LP} \times RBA \qquad \text{Equação 2.39}$$

No item 2.11.4.4 deste capítulo, é mostrado um exemplo de apuração dos tributos quando houver opção pelo lucro presumido.

II   Imposto de Renda

O Imposto de Renda também é apurado trimestralmente, pago dentro do mês seguinte ao do período de apuração e tem como base de cálculo um percentual sobre a receita bruta auferida. Do mesmo modo que na opção pelo lucro real, o Imposto de Renda sobre o lucro presumido contempla duas alíquotas:

1ª)   uma alíquota de 15% incidente sobre a base de cálculo;

2ª)   uma alíquota adicional de mais 10% incidente sobre o excesso. É uma alíquota incidente quando ocorrer um lucro líquido trimestral superior a R$ 60 mil, o que equivale a R$ 240 mil por ano.

O valor do Imposto de Renda é calculado sob o modelo a seguir, em que φ_{LP} corresponde ao percentual de presunção de lucro sobre a receita bruta auferida (RBA), seja no ano ou no trimestre.

Na tabela da Figura 2.16, são relacionados os percentuais de presunção conforme o enquadramento fiscal de diversas atividades ou serviços.

Considerando um planejamento anual, para o cálculo do valor do tributo, adota-se o modelo expresso na Equação 2.34:

$$IR_{LP} = 0,15 \times (\varphi_{LP} \times RBA) + 0,10 \times (\varphi_{LP} \times RBA - 240.000) \qquad \text{Equação 2.40}$$

Considerando que o tributo é apurado e recolhido aos cofres públicos trimestralmente, o valor do tributo a pagar é calculado conforme Equação 2.35:

$$IR_{LP} = 0,15 \times (\varphi_{LP} \times RBA_{TRI}) + 0,10 \times (\varphi_{LP} \times RBA_{TRI} - 60.000) \quad \text{Equação 2.41}$$

Atenção (!): considerando a tributação de atividades imobiliárias, diz a lei o seguinte:

> A partir de 01.01.2006, a base de cálculo do imposto será determinada mediante a aplicação do percentual de 8% (oito por cento) sobre a receita financeira da pessoa jurídica que explore atividades imobiliárias relativas a loteamento de terrenos, incorporação imobiliária, construção de prédios destinados à venda, bem como a venda de imóveis construídos ou adquiridos para a revenda, quando decorrente de comercialização de imóveis e for apurada por meio de índices ou coeficientes previstos em contrato (artigo 34, da Lei 11.196/2005, que acresceu o § 4°, ao artigo 15, da Lei n° 9.249/1995). (IRPJ..., 2023, s/p).

Figura 2.16 – Lucro presumido: percentuais de presunção

Imposto de Renda – Percentuais de presunção	
%	Enquadramento fiscal
1,6%	Sobre a receita bruta mensal auferida na revenda, para consumo, de combustível derivado de petróleo, álcool etílico carburante e gás natural;
8%	Sobre a receita bruta mensal proveniente: Da venda de produtos de fabricação própria; Da venda de mercadorias adquiridas para revenda; Da industrialização de produtos em que a matéria-prima, ou o produto intermediário ou o material de embalagem tenham sido fornecidos por quem encomendou a industrialização; Da atividade rural; De serviços hospitalares; Do transporte de cargas; b.7 De outras atividades não caracterizadas como prestação de serviços. ☛ Empreitada
16%	Sobre a receita bruta mensal auferida pela prestação de serviços de transporte, exceto o de cargas;

Imposto de Renda – Percentuais de presunção	
	Sobre a receita bruta mensal auferida com as atividades de:
	d1 - Prestação de serviços, pelas sociedades civis, relativos ao exercício de profissão legalmente regulamentada;
	d.2 - Intermediação de negócios;
32%	d.3 - Administração, locação ou cessão de bens imóveis, móveis ou direitos de qualquer natureza;
	d.4 - Construção por administração ou por empreitada unicamente de mão-de-obra (empreitada de Lavor);
	d.5 - Prestação de qualquer outra espécie de serviço não mencionada anteriormente.

Fonte: Lei n° 9.249/1995, artigo 15.

III   Cofins e PIS-Pasep.

Tanto o Cofins como o PIS-Pasep têm como base de cálculo a receita bruta auferida, são apurados mensalmente e pagos no mês seguinte ao da apuração. Equação 2.36.

Neste caso de apuração destes dois tributos pelo lucro presumido, a alíquota do Cofins é de 3% e a do Pis-Pasep de 0,65% da receita bruta auferida. Ver Figura 2.17. Matematicamente:

$$TRIB = a_{LP} \times RBA \qquad \text{Equação 2.41}$$

À pessoa jurídica de direito privado, e as que lhe são equiparadas pela legislação do imposto de renda, que apura o IRPJ com base no lucro presumido ou no lucro arbitrado é vedado abater do valor do PIS-Pasep e do Cofins o valor do tributo pago em operações anteriores. A essas empresas é aplicado o denominado Regime de Incidência Cumulativa.

Figura 2.17 – Lucro presumido: alíquotas dos tributos federais

I – Imposto de Renda			
Enquadramento	Base de Cálculo	Alíquota	Excesso
Sociedades Civil ou Limitada	% de presunção sobre a Receita Bruta Auferida	15%	Ocorrendo um lucro superior a R$ 240.000 por ano, sobre o excesso incide mais 10%.
			Ocorrendo um lucro superior a R$ 60.000 por trimestre, sobre o excesso incide mais 10%.

Fonte: Lei nº 9.430. Art. 3º.

II – Contribuição Social Sobre o Lucro Líquido			
Todas as Empresas	% de presunção Receita Bruta	9,00%	-

Fonte: Lei nº 11.727. Art. 3°.

III – PIS – Pasep			
Todas as Empresas	Receita Bruta	0,65%	-

Fonte: Lei nº 9.715, Artigo 8º.

IV – Cofins			
Todas as Empresas	Receita Bruta	3,00%	-

Fonte: Lei nº 9.249. Artigo 15

Como exemplo de cálculo do PIS-Pasep e do Confins para uma empresa empreiteira que obteve no mês anterior um faturamento de R$ 150 mil e atua sob o regime da incidência cumulativa, tem-se:

1. PIS-Pasep – Cofins = Faturamento bruto x Alíquota (0,65% ou 3%)

Calculando:

- PIS-Pasep = 150.000,00 x 0,0065 = R$ 975,00
- Cofins = 150.000,00 x 0,03 = R$ 4.500,00

A construção civil se enquadra no regime de empresas cumulativas e, nesse caso, não existe a apropriação de créditos em relação a custos, despesas e encargos. Como regra, estão enquadradas nesse regime as organizações que apuram o Imposto de Renda com base no lucro presumido ou lucro arbitrado.

2.11.4.3 Caso da construção civil

A decisão entre qual dos regimes, lucro real ou lucro presumido, será o mais benéfico para a empresa requer a realização de um processo de simulação do resultado do Demonstrativo do Resultados (DR) e a verificação do lucro obtido. Dispondo a empresa de despesas dedutíveis do IRPJ em valores consideráveis, pode ocorrer a possibilidade de o regime do lucro real ser o mais econômico. Logo, nada se pode afirmar *a priori*.

No caso da construção civil ou de empresas que trabalhem sob o regime de empreitada, aumenta a exigibilidade de um criterioso planejamento financeiro visando definir o sistema mais interessante a adotar, dada a sazonalidade do mercado e as possíveis oscilações no volume mensal de faturamento.

Além disso, considerando ser comum as empresas atuantes nesse setor realizarem diversas modalidades de contratos, seja por administração, empreitada de material e mão de obra, ou simplesmente empreitada de "lavor", há que se efetuar um consistente planejamento tributário. Isso porque, sobre cada um deles, pode incidir distintas alíquotas quando se opta pelo lucro presumido, fato que torna complexa a sua utilização.

Na Figura 2.18 são especificados os percentuais de presunção a serem adotados em atividades da construção civil e em projetos.

Figura 2.18 – Percentuais de presunção: construção civil

Caso de construção civil		
Enquadramento	Base de cálculo	Percentual de presunção - φ_{LP}
1 – Empreitada de material + Mão de obra	Receita bruta auferida	8%
2 – Empreitada de lavor		32%
3 – Construções por administração		32%
4 – Projetos		32%
5 - Incorporações		32%

Fonte: os autores

Alerta-se que não poderão optar pelo regime de tributação com base no lucro presumido as pessoas jurídicas que exercerem atividades de compra e venda, loteamento, incorporação e construção de imóveis, enquanto não concluídas as operações imobiliárias para as quais haja registro de custo orçado (Instrução Normativa da SRF n.º 25, de 1999, art. 2°).

Finalmente, esclarece-se também que as atividades de corretagem, como as de seguros, imóveis etc. e as de representação comercial, são consideradas atividades de intermediação de negócios.

2.11.4.4 Exemplo de apuração dos tributos no lucro presumido

Calcula-se a seguir o montante dos tributos federais a serem pagos por uma empresa da construção civil e optante pelo regime do lucro presumido, quando previsto para o próximo exercício o auferimento de uma receita bruta na ordem de R$ 8.900.000,00.

I   Imposto de Renda

$$IR_{LP} = 0,15 \times (\varphi_{LP} \times RBA_{ANO}) + 0,10 \times (\varphi_{LP} \times RBA_{ANO} - 240.000)$$

Considerando ser uma empresa de construção civil, o percentual de presunção é de 8%, pois se enquadra no item b.7 (De outras atividades não caracterizadas como prestação de serviços), conforme mostrado na tabela de enquadramento fiscal, Figura 2.16.

RBA_{ANO}	=	R$ 8.900.000,00
• $0,15 \times (0,08 \times RBA_{ANO})$	=	106.800,00
• $0,10 \times (0,08 \times RBA_{ANO} - 240.000)$	=	47.200,00
☞ Total do Imposto de Renda	=	R$ 154.000,00

II   *Contribuição Social Sobre o Lucro Líquido (CSLL)*

Considerando ser uma empresa que trabalha em licitações e em regime de empreitada global, ou seja, fornece material e mão de obra, o percentual de presunção é de 12%.

$$CSLL = 0,09 \times \varphi_{CSLL} \times RBA_{ANO}$$
$$CSLL = 0,09 \times 0,12 \times 8.900.000,00 = R\$ 96.120,00$$

III   *PIS-Pasep*

PIS-Pasep = 0,0065 Faturamento.
PIS-Pasep = 0,0065 x 8.900.000,00 = R$ 57.850,00

IV   *Cofins*

Cofins = 0,03 Faturamento
Cofins = 0,03 x 8.900.000,00 = 267.000,00

V   *Análise da lucratividade e apuração dos tributos*

• Imposto de Renda	154.000,00
• Contribuição Social sobre o Lucro Líquido	96.120,00
• PIS-Pasep	57.850,00
• Cofins	267.000,00
☞ Total dos tributos federais previstos =	574.970,00

Nesse caso, a carga tributária federal é de 6,46% da receita bruta auferida.

2.11.5 O Simples Nacional

Este item considerará a conceituação e abrangência do Simples nacional, o modelo de apuração do tributo e um exercício de aplicação.

2.11.5.1 Conceituação

O Simples Nacional é uma forma especial de tributação, instituída para simplificar o recolhimento de tributos e beneficiar micro e pequenas empresas quanto ao sistema de escrituração contábil, conforme estabelecido pela respectiva legislação. Nos termos da Lei Complementar n.º 123, de 14 de dezembro de 2006, alterada pela Lei Complementar n.º 147 e pela Lei Complementar n.º 155, de 2016, com vigência em 2018.

A Lei Complementar n.º 123 de 2006, em seu Art. 3º, estabelece:

> Para os efeitos desta Lei Complementar, consideram-se microempresas ou empresas de pequeno porte, a sociedade empresária, a sociedade simples, a empresa individual de responsabilidade limitada e o empresário a que se refere o art. 966 da Lei no 10.406, de 10 de janeiro de 2002 (Código Civil), devidamente registrados no Registro de Empresas Mercantis ou no Registro Civil de Pessoas Jurídicas, conforme o caso, desde que:
>
> I - Caso da microempresa aufira, em cada ano-calendário, receita bruta igual ou inferior a R$ 360.000,00 (trezentos e sessenta mil reais); e
>
> II - Caso de empresa de pequeno porte aufira, em cada ano- calendário, receita bruta superior a R$ 360.000,00 (trezentos e sessenta mil reais) e igual ou inferior a R$ 4.800.000,00 (quatro milhões e oitocentos mil reais). (BRASIL, 2006, s/p).

O Simples Nacional abrange empresas agrupadas no setor do comércio, da indústria e de serviços. As empresas beneficiadas em cada grupo estão relacionadas em cinco anexos, em que os Anexos I e II destinam-se, respectivamente, aos setores do comércio e da indústria. Os Anexos III, IV e V abrangem o setor de serviços.

As alíquotas atribuídas a cada um desses grupos são classificadas em seis faixas de receita bruta — ver Figura 2.19 em que são relacionadas as alíquotas a viger em 2018 nos termos da Lei Complementar n.º 155, de 2016.

As características principais do regime do Simples Nacional[9] são as seguintes:

- Ser facultativo;
- Ser irretratável para todo o ano-calendário;
- Abranger os seguintes tributos: IRPJ, CSLL, PIS-Pasep, Cofins, IPI, ICMS, ISS e a Contribuição para a Seguridade Social destinada à Previdência Social a cargo da pessoa jurídica (CPP);
- Recolher os tributos abrangidos mediante documento único de arrecadação (DAS);
- Disponibilizar às ME/EPP de sistema eletrônico para a realização do cálculo do valor mensal devido, a geração do DAS e, a partir de janeiro de 2012, para a constituição do crédito tributário;
- Apresentar declaração única e simplificada de informações socioeconômicas e fiscais;
- Prazo para recolhimento do DAS até o dia 20 do mês subsequente àquele em que houver sido auferida a receita bruta;
- Possibilitar que os estados adotem sublimites para EPP em função da respectiva participação no PIB. Os estabelecimentos localizados nesses estados cuja receita bruta total extrapolar o respectivo sublimite deverão recolher o ICMS e o ISS diretamente ao Estado ou ao Município.

---

[9] O site do Simples Nacional é o seguinte: http://www8.receita.fazenda.gov.br/SimplesNacional. Acesso em: 23 jul. 2014.

Figura 2.19 – Novas alíquotas do Simples Nacional – 2018

ANEXO IV
Construção de imóveis e obras de engenharia
Participantes constantes na Lei Complementar n.º 123. Art. 18. § 5ºC

Faixa	Receita bruta Em 12 meses (em R$)	Alíquota %	Valor a deduzir (em R$)
1ª	Até 180.000,00	4,50	0,00
2ª	De 180.000,01 a 360.000,00	9,00	8.100,00
3ª	De 360.000,01 a 720.000,00	10,20	12.420,00
4ª	De 720.000,01 a 1.800.000,00	14,00	39.780,00
5ª	De 1.800.000,01 a 3.600.000,00	22,00	183.780,00
6ª	De 3.600.000,01 a 4.800.000,00	33,00	828.000,00

- : -

ANEXO V
Serviços de engenharia, arquitetura e intelectuais
Participantes constantes na Lei Complementar n.º 147. Art. 18. § 5º –
Anexo VI

Faixa	Receita bruta Em 12 meses (em R$)	Alíquota %	Valor a deduzir (em R$)
1ª	Até 180.000,00	15,50	0,00
2ª	De 180.000,01 a 360.000,00	18,00	4.500,00
3ª	De 360.000,01 a 720.000,00	19,50	9.900,00
4ª	De 720.000,01 a 1.800.000,00	20,50	17.100,00
5ª	De 1.800.000,01 a 3.600.000,00	23,00	62.100,00
6ª	De 3.600.000,01 a 4.800.000,00	30,50	540.000,00

A lei enquadra como empresa de pequeno porte ou microempresa[10]: a sociedade empresária; a sociedade simples; e, o empresário[11], devidamente inscritos no Registro de Empresas Mercantis ou no Registro Civil de Pessoas Jurídicas, conforme o caso, sendo qualificadas como:

---

[10] Segundo estabelece o Art. 3º da Lei Complementar n.º 123 e o Anexo IV de 14 de dezembro de 2006. Alterada pela Lei Complementar n.º 139, de 10 de novembro de 2011.

[11] Segundo o art. 966 da Lei n.º 10.406, de 10 de janeiro de 2002.

I. Microempresa (ME): aquela que faturar, em cada ano-calendário, receita bruta igual ou inferior a R$ 360.000,00 (trezentos e sessenta mil reais);

II. Empresa de pequeno porte (EPP): a que aufira em cada ano-calendário receita bruta superior a R$ 360.000,00 (trezentos e sessenta mil reais) e igual ou inferior a R$ 4.800.000,00 (quatro milhões e oitocentos mil reais)[12].

O Simples Nacional implica o recolhimento mensal mediante documento único de arrecadação, segundo alíquotas estabelecidas por faixa de receita bruta, dos seguintes tributos:

- Imposto sobre a Renda da Pessoa Jurídica (IRPJ);
- Imposto sobre Produtos Industrializados (IPI);
- Contribuição Social sobre o Lucro Líquido (CSLL);
- Contribuição para o Financiamento da Seguridade Social (Cofins);
- Contribuição para o PIS-Pasep;
- A Contribuição Patronal Previdenciária (CPP) ao INSS;
- Imposto sobre Operações Relativas à Circulação de Mercadorias e Sobre Prestações de Serviços de Transporte Interestadual e Intermunicipal e de Comunicação (ICMS);
- Imposto sobre Serviços de Qualquer Natureza (ISS).

No caso da construção civil, há que se considerar os casos de empreitada e de serviços pois apresentam faixas de enquadramento e alíquotas distintas, conforme mostrado na Figura 2.19.

Um cuidado a ser observado a partir do exercício de 2018, no caso das empresas de pequeno porte, é quanto ao recolhimento do Simples quando a empresa auferir receita bruta em valor superior a R$ 3.600.000,00 antes de ocorrer o prazo de 12 meses. Havendo essa ocorrência, passa a haver a incidência do ISS e do ICMS sobre a quantia que exceder o limite de R$ 3,6 milhões[13].

---

[12] Redação dada pela Lei Complementar n.º 155, de 2016.
[13] Nos termos da Lei Complementar nº 155 de 27.10.2016 Art. 13-A.

Empresa de Pequeno Porte (EPP) ☛ Exercício 2018		
Limites - RS	De 1 a 3.600.000,00	De 3.600.000,00 a 4.800,00
Substituição Tributária	IRPJ, IPI, CSLL, Cofins, PIS-Pasep, CPP/INSS, ICMS e ISS	Incide sobre o excesso: ICMS e ISS

Considerando ser esta obra voltada para a indústria da construção civil, a seguir serão discutidos dois casos de enquadramento no Simples corriqueiramente ocorridos na vida do profissional, quais sejam:

I. construção de imóveis e obras de engenharia;

II. serviços profissionais e obras intelectuais.

I   Construção de imóveis e obras de engenharia.

Na construção de imóveis, obras de engenharia em geral, inclusive sob a forma de subempreitada, execução de projetos e serviços de paisagismo, decoração de interiores, e nos serviços de vigilância, limpeza ou conservação, as alíquotas a serem adotadas, por faixa de faturamento, são enquadradas nos Anexo IV e V da Lei Complementar n.º 139/2011, alterada pela Lei Complementar n.º 155/2016, que alteram os valores da Lei Complementar n.º 123/2006.

Alerta-se que muitas atividades empresariais ou de serviços não podem adotar o simples. E, conforme o enquadramento tributário, a alíquota também pode variar caso a empresa seja enquadrada no ramo industrial, comercial ou de serviços. Assim sendo, recomenda-se analisar os anexos e o texto integral da Lei Complementar n.º 123 e de suas alterações efetuadas pelas Leis Complementares n.º 139 e 155.

A Figura 2.19 mostra as novas faixas de valores das alíquotas a serem praticadas por faixa de faturamento a viger em 2018[14].

---

[14]   Anexo IV da Lei Complementar n.º 123, de 14 de dezembro de 2006, alterada pela Lei Complementar n.º 139 de 2011.

II   *Serviços de engenharia e intelectuais*

Com o advento da Lei Complementar n.º 147, de 7 de agosto de 2014, passaram a poder optar pelo Simples as empresas enquadradas nos incisos do parágrafo 5º I, Art. nº 18 dessa lei complementar, cujas alíquotas e faixa de enquadramento constam da Figura 2.19.

A seguir são relacionados apenas os profissionais e as firmas de engenharia passíveis de serem enquadrados no parágrafo 5º do Art. 18 da Lei Complementar n.º 147:

> § 5o - I. Sem prejuízo do disposto no § 1º do art. 17 desta Lei Complementar, as seguintes atividades de prestação de serviços serão tributadas na forma do Anexo VI desta Lei Complementar: [...]
>
> VI - Arquitetura, engenharia, medição, cartografia, topografia, geologia, geodesia, testes, suporte e análises técnicas e tecnológicas, pesquisa, design, desenho e agronomia;
>
> VII - Representação comercial e demais atividades de intermediação de negócios e serviços de terceiros;
>
> VIII - Perícia, leilão e avaliação;
>
> IX - Auditoria, economia, consultoria, gestão, organização, controle e administração; [...]
>
> XI - Agenciamento, exceto de mão de obra;
>
> XII - Outras atividades do setor de serviços que tenham por finalidade a prestação de serviços decorrentes do exercício de atividade intelectual, de natureza técnica, científica, desportiva, artística ou cultural, que constitua profissão regulamentada ou não, desde que não sujeitas à tributação na forma dos Anexos III, IV ou V desta Lei Complementar. (BRASIL, 2014, s/p).

2.11.5.2 Apuração do tributo

A partir de 2018, houve alteração no modo de cálculo do tributo pois a alíquota efetiva de cálculo passou a ser função da receita bruta acumulada nos doze meses anteriores ao período de apuração do tributo, da alíquota legal e de uma parcela de dedução, conforme o modelo de cálculo a seguir:

$$\alpha_{EFT} = \frac{RBT_{12} \times \alpha_{LEI} \cdot PD}{RBT_{12}} \qquad e \qquad T_{SN} = \alpha_{EFT} \times PV$$

Equação 2.42

Em que:

- T_{SN} correspondendo ao valor do tributo a ser pago;
- PV expressa o preço de vendas ou faturamento;
- α_{EFT}, a alíquota efetiva para o cálculo do valor do tributo;
- α_{LEI}, a alíquota relativa à faixa de receita em que se enquadra a empresa;
- RBT_{12} corresponde à receita bruta acumulada nos 12 meses anteriores à apuração do tributo;
- PD corresponde à parcela a deduzir conforme o Anexo e a faixa de renda bruta em que a empresa estiver enquadrada.

2.11.5.3 Exemplo de cálculo do Simples

A COTECH LTDA., empresa atuante no setor da construção civil e optante pelo Simples Nacional, obteve no mês de março de 2018 uma receita proveniente de empreitada no montante de R$ 95.680,00. A empresa apresentou nos últimos 12 meses uma receita bruta na ordem de R$ 1.348.000,00. Deve-se calcular o valor do tributo devido.

a. Determinação da alíquota efetiva - α_{EFT}:

Sendo uma empresa do ramo da construção civil, enquadra-se na faixa 4 do Anexo IV.

$$\alpha_{EFT} = \frac{RBT_{12} \times \alpha_{LEI} \quad PD}{RBT_{12}} = \frac{1.348.000 \times 0,14 \quad 39.780}{1.348.000} = 0,11049$$

b. Cálculo do Tributo – T_{SN}:

$$T_{SN} = \alpha_{EFT} \times PV = 0{,}11049 \times 95.680{,}00 \therefore T_{SN} = R\$ 10.571{,}64$$

2.11.6 O Regime Especial de Tributação: incorporações de imóveis

O Regime Especial de Tributação (RET) é aplicável às incorporações imobiliárias, em caráter opcional e irretratável enquanto perdurarem direitos de crédito ou obrigações do incorporador junto aos adquirentes dos imóveis que compõem a incorporação, nos termos da Lei 10.931, de 02 de agosto de 2004, que altera a Lei das Incorporação e Condomínios, a Lei n.º 4.591.

O objetivo da instituição do RET foi reduzir o risco de perda dos adquirentes de unidades imobiliárias e ter como benefícios: i) garantia dos direitos dos adquirentes de imóveis caso ocorra falência da construtora/incorporadora; ii) a unificação e redução das alíquotas dos tributos incidentes sobre as receitas totais auferidas; iii) a aplicação dos recursos financeiros integrantes do patrimônio de afetação aplicados unicamente nos custos e despesas inerentes à incorporação; iv) responsabilizar o incorporador quanto aos prejuízos causados ao patrimônio de afetação.

Alerta-se que, ao ser constituído um condomínio sob a égide do patrimônio de afetação, caso a empresa entre em processo falimentar, os recursos do condomínio não serão arrestados pela falência da construtora ou incorporadora, o que os torna oponível a terceiros. Além disso, o Art. 3º da Lei n.º 10.931 em seu parágrafo único diz:

> O patrimônio da incorporadora responderá pelas dívidas tributárias da incorporação afetada." Consequentemente, ocorre a proteção e o resguardo da responsabilidade do adquirente quanto ao descumprimento das obrigações tributárias do incorporador. (BRASIL, 2004, s/p).

O pagamento mensal unificado de que trata o artigo citado corresponderá aos seguintes tributos: Imposto sobre a Renda das Pessoas Jurídicas; a contribuição para o PIS-Pasep; a Contribuição Social sobre o Lucro Líquido (CSLL); a Contribuição para Financiamento da Seguridade Social (Cofins).

Para fins de determinação do tributo, considera-se receita mensal a totalidade das receitas auferidas pela construtora na venda das unidades imobiliárias que compõem a construção, bem como as receitas financeiras e as variações monetárias decorrentes dessa operação. Esse procedimento será aplicado a cada incorporação singular e ocorrerá até o recebimento integral de cada contrato – como define a Lei n.º 13.970.

A instituição da incorporação sob o regime do Patrimônio de Afetação, cujas etapas principais são mostradas na Figura 2.20, requer os seguintes procedimentos, entre outros definidos pela legislação específica, que resguardarão os direitos dos adquirentes das unidades a serem vendidas:

- Considera-se constituído o patrimônio de afetação mediante averbação, a qualquer tempo, no Registro de Imóveis, de termo firmado pelo incorporador e, quando for o caso, também pelos titulares de direitos reais de aquisição sobre o terreno. Redação dada pela Lei n.º 10.931.

- Cabe à empresa construtora ou incorporadora isolar o numerário do empreendimento em questão do patrimônio próprio, procedendo à abertura de conta corrente e escrituração contábil específica para o empreendimento. Deste modo, os pagamentos dos mutuários serão efetuados diretamente na conta específica do condomínio, ao invés da conta da empresa. Redação dada pela Lei nº 10.931.

- Abrir, junto à Receita Federal, um CNPJ exclusivo para a incorporação. Redação dada pelo Art. nº 31-D da Lei 4.591/64.

- Firmar, junto à Receita Federal, Termo de Opção da incorporação pelo patrimônio de afetação.

Figura 2.20 – Instituição do RET: Regime Especial de Tributação

1º Passo	2º Passo	3º Passo	4º Passo
Firmar Termo de Opção da in corporação pelo Regime do Pat rimôni o de Af etação, junto a Receita Federal.	Abrir um CNPJ exclusivo para a incorporação.	Constituir o patrimônio de afetação mediante averbação no Registro de Imóveis, a qualquer tempo.	Isolar o numerário do empreendimento: • Conta Contábil Especifica; • Conta Bancaria Própria.

Fonte: os autores

As incorporações realizadas sob o Regime Especial de Tributação têm sua carga tributária reduzida quanto aos tributos federais IRPJ, CSLL, PIS-Pasep e Cofins que são substituídos por uma alíquota única de 4%, conforme exposto na Figura 2.21, nos termos da Lei n.º 10.931/2004, Art. 4º; da Lei n.º 11.196/2005; e da Lei n.º 11.977/2009.

Além disso, permite-se a redução da alíquota do INSS de 20% para zero incidente sobre os encargos sociais de responsabilidade do empregador, seja ele incorporador ou construtor. Esses encargos são substituídos por uma alíquota única de 2% incidente sobre o faturamento da incorporação.

Figura 2.21 – Alíquotas para o Regime Especial de Tributação

Incorporações - Tributação do RET	
Tipo	Alíquota única substitutiva dos tributos IRPJ; CSLL; PIS-Pasep e do Cofins.
I - Incorporações correntes	4,0 % sobre as receitas mensais
II - Incorporações de interesse social	da incorporação
Substitutivo da alíquota do INSS do empregador	
INSS Empregador de 20% para zero	Recolhe ← 2,0% do faturamento

Fonte: os autores com base em Brasil (2004, 2005, 2009c)

Considerando que a opção pelo regime é irretratável enquanto perdurarem direitos de crédito ou obrigações do incorporador junto aos adquirentes dos imóveis da incorporação, o RET será adotado em relação às receitas recebidas após a efetivação da opção, que são referentes às unidades vendidas antes da conclusão da obra e que compõem a incorporação afetada, mesmo que essas receitas sejam recebidas após a conclusão da obra ou a entrega do bem.

Alerta-se que não se sujeitam ao RET as receitas decorrentes das vendas de unidades imobiliárias realizadas após a conclusão da respectiva edificação — Consulta n.º 2009 de 2018. SRF/DISIT – Receita Federal/ Divisão de Tributação.

2.12 Tributos e obras em pré-moldados

Considerando a crescente execução de obras realizadas com estruturas pré-moldadas e podendo serem elas executadas *in loco* ou em instalação industrial situada fora do canteiro de obras, a incidência dos tributos ocorre segundo o local de sua execução o do local de montagem. Nesse contexto, são discutidos quatro casos de possíveis execução e montagem de estruturas comumente realizadas e a respectiva incidência dos tributos sobre cada uma delas:

1º caso – A empresa construtora funde as peças de pré-moldados no canteiro de obras e as monta no mesmo local.

Esse é um caso de empreitada global em que a produção, o transporte e a montagem ocorrem sob responsabilidade da mesma empresa, situação considerada como serviço. Assim, essas obras são regidas pela Lei Complementar n.º 116/2003.

Os tributos incidentes nesse caso correspondem aos da empreitada: PIS, Cofins, Imposto de Renda, CSLL, ISS e dos encargos sociais sobre a mão de obra alocada na construção.

Não há a incidência do ICMS e esse fato já foi pacificado pelo STJ:

> Na construção civil, sob o regime de empreitada global, a utilização de peças pré-moldadas fabricadas pela empresa construtora, para serem montadas em edificação específica, sem comercializá-las individualmente, inexiste base de cálculo para incidência do ICMS[15].

2º caso – A fundição dos pré-fabricados ocorre em ambiente fabril fora do local de montagem, sendo a própria empresa fabricante a responsável pela montagem da estrutura. Ou seja, a própria construtora funde e monta as peças e as transporta à obra específica.

Este caso se assemelha à modalidade de empreitada global e os tributos são os mesmos do 1º caso.

O entendimento já se encontra pacificado no STJ[16], que diz: "[...] ainda que produzidos fora do local de prestação do serviço, os pré-moldados de concreto armado não constituem mercadorias se produzidos sob regime de empreitada global e pela própria empreiteira de construção civil". Além disso, ao haver o mero deslocamento de mercadoria de um para outro estabelecimento do mesmo contribuinte não ocorre a incidência do ICMS. E mais, uma empresa que atua nessa situação é caracterizada como de construção civil, fato que não a torna contribuinte obrigatória do ICMS.

3º caso – A fabricação das peças pré-moldadas ocorre em instalação industrial e, depois de prontas, são transportadas ao canteiro de obras. A fabricação das peças é efetuada por empresa industrial especializada e os trabalhos de montagem são reali-

---

[15] STJ, Recurso Especial 124.646/RS. Relator Ministro Francisco Peçanha Martins. Publicado no DJU de 3 de abril de 2000/Fonte:https://processo.stj.jus.br/processo/pesquisa/?termo=124646&aplicacao=processos.ea&tipoPesquisa=tipoPesquisaGenerica&chkordem=DESC&chkMorto=MORTO.

[16] STJ, 2006: Recurso Especial n.º 247.595-MG/Fonte: https://processo.stj.jus.br/processo/pesquisa/?tipoPesquisa=tipoPesquisaNumeroRegistro&termo=200000106852&totalRegistrosPorPagina=40&aplicacao=processos.ea. E, Recurso Especial n.º 124.642-RS / https://processo.stj.jus.br/processo/pesquisa/?termo=124642&aplicacao=processos.ea&tipoPesquisa=tipoPesquisaGenerica&chkordem=DESC&chkMorto=MORTO.

zados por empresa construtora, cuja razão social é distinta da fabricante das peças.

Nesse caso o fabricante, fornecedor, incorrerá na incidência do ICMS pois seu produto se caracteriza mercadoria. A alíquota desse tributo pode variar de um estado para outro.

A empresa construtora/montadora, considerada como consumidor final, responderá pelos tributos incidentes sobre a empreitada, quais sejam: PIS, Cofins, Imposto de Renda, CSLL, ISS e dos encargos sociais sobre a mão de obra de construção.

4º caso – A fabricação dos pré-moldados é realizada em canteiro de obras de uma empresa por outra contratada como subempreiteira. A montagem da estrutura é realizada por outra empresa, a construtora, cuja razão social é distinta da primeira. Porém todos esses trabalhos ocorrem em um mesmo canteiro.

Esse caso se caracteriza como subempreitada, conforme item 7.02 da Lei Complementar n.º 116, e também o fornecimento de material específico destinado a um determinado projeto. Assim sendo, esse 4º caso é similar ao 1º caso. Logo, o tributo a incidir sobre o valor das notas fiscais, tanto o da empreiteira como o da subempreiteira, é o ISS, de competência municipal.

2.13 Deságio para preço-alvo

Já comentado no item 1.1, um procedimento atualmente adotado em licitações de serviços públicos concedidos à exploração de terceiros diz respeito à proposta do percentual de deságio a incidir sobre um preço-alvo, o preço de referência, cujo valor é estabelecido pelo ente licitante. Como exemplo desses serviços, há: linhas de transmissão de energia elétrica; coleta de lixo; água e esgoto; manutenção de rodovias e sistemas de transporte; telecomunicações etc.

O preço-alvo é o máximo valor que o licitante está disposto a aceitar pela contraprestação dos serviços a ser cobrado do consumidor. Consequentemente, os interessados na licitação propõem uma taxa de desconto (k) a incidir sobre o valor preço-alvo (PA) definidora do preço proposto (PP) ou preço contratual.

O proponente que oferecer o maior desconto ou deságio será o vencedor do certame licitatório. Matematicamente, tem-se:

$$PP = PA - k \cdot PA \quad \therefore \quad PP = (1 - k) \cdot PA$$

No intuito de manter a rentabilidade desejada durante a vigência do prazo de concessão, recomenda-se que o preço a ser proposto e, consequentemente, o deságio a ser oferecido, sejam definidos segundo os princípios adotados pela matemática financeira e da engenharia econômica, por ser esse um processo de decisão financeira.

Como instrumento de decisão, há que se elaborar o fluxo de caixa para o horizonte da concessão e adotar o método do valor presente líquido, método recomendado para decisões na superveniência de projetos produtivos. Nesse contexto, o objetivo é obter um preço unitário que decorra em um VPL = 0 ou seja, realiza-se a remuneração desejada, porém sem acréscimo de riqueza.

Na Figura 2.24, são mostrados dois diagramas limites. O primeiro tem como variável de receita o preço-alvo (PA) e o segundo, o preço proposto (PP).

O processo de decisão se inicia com a definição do fluxo de caixa tendo o preço-alvo como preço unitário definidor das futuras receitas. Em decorrência disso, será possível a projeção dos fluxos de caixa futuros, F_n. E, assim, será possível efetuar a elaboração do respectivo diagrama de fluxo de caixa, função do valor presente líquido descontado a diversas taxas, "i". A função valor presente líquido e os fluxos de caixa são definidos como:

$$VPL = F_0 + \frac{F_1}{(1+i)^1} + \frac{F_2}{(1+i)^2} + \frac{F_3}{(1+i)^3} + \cdots + \frac{F_n}{(1+i)^n}$$

$$F_n = (1 - \infty) \cdot (\pounds REC_n - \pounds DEP_n) - INV_n + \infty \cdot DPC + VR$$

O objetivo final do processo é definir um preço que propicie uma TMA equivalente à TIR da proposta a constar da licitação. Nessa situação, a empresa não disporá de lucro extraordinário, já que o VPL da proposta será igual a zero. Porém, será remunerado segundo a TMA arbitrada.

Figura 2.22 – Diagrama de valor presente líquido: PA x PP

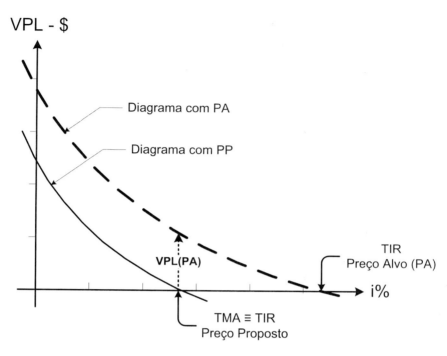

Fonte: os autores

Matematicamente, a proposta apresentará um VPL = 0 e a equivalência entre a taxa de mínima atratividade e a taxa interna de retorno: $i \equiv TMA \equiv TIR$.

Para que ocorra VPL = 0, as receitas associadas ao fluxo de caixa são determinadas pelo modelo $REC_n = (q_n \times p_{UNIT})$ em que o preço unitário (p_{UNIT}) corresponderá ao preço proposto.

$$REC_n = q_n \times p_{UNIT} \rightarrow p_{UNIT} = \text{Preço proposto}$$

O valor do preço proposto é obtido ao se efetuar, iterativamente e partindo do valor do preço-alvo, uma redução paulatina de preço e ao se estabelecer o VPL associado a esse preço. Ao se chegar a um VPL igual a zero, fica definido o menor preço de modo a manter a lucratividade desejada. Nessa condição, o valor do desconto ou deságio é dado por:

$$PP = (1 - k) \cdot PA \quad \therefore \quad k = 1 - \left[\frac{PP}{PA} \right]$$

Comentando a Figura 2.24, tem-se em linha pontilhada, o diagrama de VPL associado às receitas cujo preço unitário é o preço-alvo. E, em linha cheia, o diagrama de VPL associado às receitas cujo preço unitário é considerado como preço limite, o qual será adotado como preço proposto.

No caso do diagrama pontilhado, a TMA adotada pela empresa permite um VPL>0, caso em que o projeto além de remunerar o investimento no valor dessa TMA, possibilita um ganho de capital extraordinário igual a VPL(PA).

No caso do diagrama em linha contínua, a TMA adotada pela empresa coincide com a TIR, situação em que o VPL= 0. Nessa situação, não haverá ganho extra de capital, mas apenas uma remuneração dos investimentos igual à TMA $\equiv$ TIR. Logo, é uma situação financeira limite que requer redobrados cuidados durante a execução e a operação do empreendimento.

Alerta-se ao leitor que, do ponto de vista da engenharia e das finanças, caso ocorra projetos insuficientemente elaborados, demora na obtenção de licenças ambientais, atraso nas desapropriações, aumento dos custos previstos, planejamento executivo não cumprido, enfim, ocorrendo qualquer óbice ao comissionamento do empreendimento na data prevista com o consequente aumento dos custos de implantação e com a não ocorrência do reconhecimento desses fatos após reivindicação do reconhecimento e aceitação desses fatos pelo órgão licitante, possivelmente haverá frustração para atingir a TMA e a rentabilidade desejadas.

2.14 Exemplos e exercícios

2.14.1 Empresa optante pelo regime do lucro real apresentou lucro líquido antes do imposto de renda, LAIR, no montante de R$ 365.780,00. Ela deseja saber: qual o percentual do faturamento comprometido com a provisão para o imposto de renda e com a CSLL; qual o percentual total da tributação incidente sobre o lucro.

Provisão para o Imposto de Renda

Nesta situação, o imposto de renda a se pagar é de R$ 67.445,00, conforme calculado a seguir.

Item	R$	
LAIR: =	365.780,00	
Imposto de Renda =	365.780,00 × 0,15 =	54.867,00
Excesso de Imp. Renda =	125.780,00 × 0,10 =	12.578,00
Imposto de Renda a pagar =	54.867,00 + 12.578,00 =	67.445,00

A alíquota final do Imposto de Renda, então, corresponde a 18,44% do lucro real ou LAIR.

$$\alpha_{TOTAL} = \frac{R}{FAT} = \frac{6.445}{365.780} \Rightarrow 8,4\ \%$$

Provisão para a CSLL

$$CSLL = \alpha_{CSLL} \times LAIR = 0,09 \times 365.780 = R\$\ 32.920,20$$

Percentual total

Considerando que o Imposto de Renda e a Contribuição Social dispõem da mesma base de cálculo, a tributação total realizada sobre o lucro líquido antes do imposto de renda, LAIR, correspondem, no caso, a 27,44% desse:

$$\alpha_{TOTAL} = \frac{R + CSLL}{LAIR} = \frac{6.445,0 + 3.920,0}{365.780} = \frac{100.365,0}{365.780} \Rightarrow 2,4\ \%$$

2.14.2 Calcula-se o imposto de renda devido por uma empresa optante pelo regime do lucro presumido cujo faturamento bruto anual foi previsto em R$ 520.000,00.

A base de cálculo do tributo, segundo o seu enquadramento, é calculada considerando um percentual de presunção de 8% do faturamento.

Sendo a alíquota do Imposto de Renda no caso do lucro presumido de 15%, tem-se:

Base de cálculo = Faturamento bruto x percentual de presunção
Imposto de Renda = base de cálculo x alíquota

$$IR = 520.000,00 \times 0,08 \times 0,15 = R\$ 6.240,00$$

Considerando ter sido o Imposto de Renda calculado em base anual, a empresa deverá recolher, a cada trimestre, ¼ do valor devido, qual seja:

$$IR_{TRIMESTRE} = 6.240 \div 4 = R\$ 1.560,00$$

2.14.3 Disponível a previsão do DRE de uma empresa, verifique o lucro para o exercício seguinte considerando a opção pelo lucro real, lucro presumido e o simples conforme Figuras 2.23 e 2.24. Solicita-se:

- o valor de cada um dos tributos lançados no DRE;
- a alíquota total dos tributos incidentes sobre o lucro.
- a relação: tributo total/faturamento.
- a relação: tributo total/custos de produção.
- explicar por que a depreciação é somada ao lucro para a obtenção do valor da geração anual de recursos.

- Cálculo do PIS-Pasep: $Trib_{P-P} = \alpha_{P-P} \times$ (Faturamento − Insumos adquiridos)

$Trib_{P-P} = 0,0165 \times (3.123.459,00 − 1.093.210,65) =$

- Cálculo do Cofins: $Trib_{co} = a_{co}$ x (Faturamento – Insumos adquiridos)

$Trib_{co}$ = 0,0760 x (3.123.459,00 – 1.093.210,65) =

Observação: neste exercício foi considerado que os insumos adquiridos correspondem ao total dos custos diretos de construção.

Figura 2.23 – DR projetado: lucro real

	Demonstrativo do Resultado		
	Item	%	Valores em R$
1	Faturamento		3.123.459,00
2	Deduções à Receita		
	2.1 ISS	3,00	
	2.2 Pis-Pasep	1,65	
	2.3 Cofins	7,60	
3	Custos diretos		1.093.210,65
	3.1 Materiais	501.265,86	
	3.2 Mão de obra	491.944,79	
	3.3 Serviços terceiros	100.000,00	
4	Lucro operacional bruto		1.686.277,43
5	Despesas administrativas		827.276,55
	5.1 Despesas gerais	589.423,00	
	5.2 Desp. de vendas	237.853,55	
6	Lucro operacional líquido		859.000,88
7	Depreciação		40.600,00
	7.1 Imóveis	24.360,00	
	7.2 Veículos	16.240,00	
8	Resultado financeiro		2.906,00
	8.1 Juros recebidos	18.394,00	
	8.2 Juros pagos	21.300,00	
9	Lucro Operacional - LAIR		815.494,88
10	Provisões		253.268,26

Demonstrativo do Resultado

10.1 Imposto de Renda	BC (15%+10%-240000			
10.2 CSLL	0,09			
11	Lucro do exercício			562.226,62
12	Depreciação (+)			40.600,00
13	Geração anual de recursos			602.226,62

Fonte: os autores

Figura 2.24 – DR projetado: lucro presumido ou simples

Demonstrativo do Resultado

Nº	Item	Lucro presumido %	Valores em R$		
			Previsões	L. Presumido	Simples 15,95%
1.0	Receita bruta auferida		-	3.141.853,00	3.141.853,00
	1.1 Faturamento		3.123.459,00		
	1.2 Juros recebidos		18.394,00		
2.0	Deduções à Receita				
	2.1 ISS	3,00			
	2.2 PIS-Pasep	0,65			
	2.3 Cofins	3,00			
	2.4 Imposto de Renda	BC x 0,08 (0,15+ 0,10 – 240.000)			
	2.5 CSLL	0,08 x 9,00			
3.0	Custos diretos			- 1.093.210,65	- 1.093.210,65
	3.1 Materiais		501.265,86		
	3.2 Mão de obra		491.944,79		

Demonstrativo do Resultado					
	3.3 Serviços terceiros		100.000,00		
4.0	Lucro operacional bruto				
5.0	Despesas administrativas			- 827.276,55	- 827.276,55
	5.1 Despesas gerais		589.423,00		
	5.2 Desp. de vendas		237.853,55		
6.0	Lucro operacional líquido				
7.0	Resultado financeiro			- 21.300,00	- 21.300,00
	7.1 Juros recebidos		18.394,00	-	-
	7.2 Juros pagos		21.300,00		
8.0	Lucro do exercício				

Fonte: os autores

2.15.4 Efetuada a previsão do faturamento, custos e despesas de uma empresa de construção civil para o próximo exercício, conforme Figura 2.23, solicita-se: a) verificar qual a opção tributária mais recomendável: lucro presumido ou o simples; b) a relação: tributo total/faturamento, em porcentagem; c) a relação: tributo total/custos de produção, em porcentagem.

2.15.5 Calcule o montante do IR e da CSLL referentes ao 1º e 2º trimestre por uma empresa da construção civil que opera sob o sistema de empreitada.

A empresa é optante pelo regime do lucro presumido e projetou os seguintes níveis de faturamentos para os dois primeiros semestres do exercício seguinte:

Faturamento projetado para o exercício seguinte - R$ mil

Mês	Janeiro	Fevereiro	Março	Abril	Maio	Junho
Faturamento	987	1.250	1.400	1.420	1.420	1.450

- Base de cálculo: $BC = \varphi_{LP} \times RB$
- Valor do tributo: $IR_{LP} = 0,15 \times BC + 0,10 \times (BC - 60.000)$

No caso de empreitadas, quando a opção da empresa é de lucro presumido, o percentual de presunção do IR é de 8% e da CSLL, 12%.

Cálculo Imposto de Renda	Operação	R$
Receita bruta no trimestre:	(987+1250+1400) x 1.000 =	3.637.000,00
Base de cálculo: 8% RB	0,08 × 3.637.000,00 =	290.960,00
Imposto de Renda	0,15 × 290.960,00 =	43.644,00
Excesso do imposto = 290.960 – 60.000	0,10 × 230.960,000 =	23.096,00
Total do Imposto de Renda	43.644,00 + 23.096,00 =	66.740,00
Cálculo da CSLL		
Receita bruta		3.637.000,00
Base de cálculo: 12 % da receita bruta	0,12 × 3.637.000,00 =	436.440,00
CSLL: 9% base de cálculo	0,09 × 436.440,00 =	39.279,60
Total previsto = IR + CSLL		106.019,60

A previsão do valor total do IR e da CSLL devidos no 1º trimestre monta a 66.740,00 + 39.279,60 = R$ 106.019,60.

2.14.6 Uma empresa elabora e vende seus produtos e é optante pelo regime do lucro presumido. Ela deseja conhecer a alíquota final ou real a incidir sobre o preço de seus produtos. A empresa presume faturar, no próximo exercício, R$ 4.600.000,00.

Assim sendo, solicita-se: o montante do imposto de renda a pagar no próximo exercício e o percentual desse sobre o faturamento previsto.

- Base de cálculo: $BC = \varphi_{LP} \times RB = 0,08 \times 4.600.000,00 = $ R$ 368.000,00

- Imposto de Renda a pagar:como a análise se dá em base anual, o valor a deduzir do excesso é de R$ 240.000,00.

$IR_{LP} = 0,15 \times BC + 0,10 \times (BC - 240.000)$

$IR_{LP} = 0,15 \times 368.000 + 0,10 \times (368.000 - 240.000) = R\$ 68.000,00$

- Percentual de tributação:

$$\alpha_{LP}^* = \frac{IR_{LP}}{Faturamento} = \frac{68.000,00}{4.600.000,00} = 0,0148 \ 1,48$$

2.14.7 Considere-se o caso de uma empresa construtora que faturou R$ 4,5 milhões no trimestre, exercício nº 2.14.6, e teve rendimentos provenientes de aplicações financeiras no montante de R$ 100 mil. Ela deseja saber o montante dos tributos a recolher. A empresa se enquadra na faixa de 8% quanto ao lucro presumido[17].

Figura 2.25 – Lucro presumido: cálculos dos tributos

I - Lucro presumido: tributos			
Tributo/Receita	Receita bruta	Receita financeira	Receita total - R$ 10^3
Valor	4.500.000,00	100.000,00	4.600.000,00
Luc. Presumido 8%	360.000,00	100.000,00	460.000,00
Parcela excedente	300.000,00	100.000,00	400.000,00
II - Memória de Cálculo			
PIS = 0,65%	29.250,00	650,00	29.900,00
Cofins = 3,00%	135.000,00	3.000,00	138.000,00
CSLL = 1,08% CSLL = 12%	48.600,00 -	- 12.000,00	60.600,00
IRPJ = 15%	54.000,00	15.000,00	69.000,00
Adicional IRPJ = 10%	30.000,00	10.000,00	40.000,00
Valor a pagar em R$			**337.500,00**

Fonte: os autores

---

[17] Exemplo extraído do portal: http://www.consultorfiscal.com.br/frames/assuntos/federais/federais13.htm.
Vide Lei n.º 11.196 de 2005.

Quando houver receitas financeiras e outros ganhos de capital, deve-se aplicar a alíquota de 15% para o cálculo do Imposto de Renda (IRPJ) e de 12% para a Contribuição Social sobre o Lucro Líquido (CSLL) sobre o valor bruto dessas receitas.

Como a empresa apurou lucro presumido superior a R$ 60.000,00, no trimestre, deve ainda calcular o valor do adicional de Imposto de Renda. Aplica-se então a alíquota complementar de 10% sobre o valor que exceder a R$ 60 mil. Assim sendo, haverá um acréscimo adicional no IRPJ de R$ 30 mil e R$ 10 mil, respectivamente, referentes à receita bruta e à receita financeira.

É interessante notar que, tanto a CSLL como o IRPJ, e eventual adicional, devem ser pagos trimestralmente, enquanto o PIS e o Cofins têm vencimento mensal.

Por norma da legislação tributária federal, eventuais receitas financeiras não integram a base de cálculo da receita bruta sobre a qual incidem os tributos devidos. Assim os tributos incidentes sobre os dois tipos de receitas são calculados separadamente, e os tributos oriundos das duas receitas, somados.

Os tributos a serem recolhidos, então, são: PIS; Cofins; CSLL sobre o faturamento (1,08%) e sobre os juros auferidos (12%); o IRPJ; e o adicional do IRPJ.

A tabela da Figura 2.27 demonstra o cálculo dos tributos citados e que geram a importância de R$ 337.500,00, o que corresponde ao valor a pagar.

2.14.8 Calcule os tributos incidentes sobre uma empreitada cujo faturamento previsto é de R$ 3.780.000,00. Sabe-se que: a) a mão de obra equivale a 35% do valor do contrato; b) a empresa é optante pelo lucro presumido; c) a alíquota do ISS local é de 3%.

🖎 Faturamento		3.780.000,00	
☛ Tributos a recolher	Alíquota - α	Base de cálculo	Valor − R$
ISS			
Imposto de Renda			
CSLL			
PIS-Pasep			
Cofins			
Total a recolher		☛	

2.14.9 Com os dados relativos a um equipamento de terraplenagem relacionados a seguir, pergunta-se: i) qual é o preço unitário que você praticaria? ii) qual a taxa de depreciação legal?

Item	Dados
Preço de compra	R$ 50.000,00
Depreciação legal	5 anos
Valor residual	R$ 7.900,00
Horas anuais trabalhadas: previsão	2.000,00 horas
Vida útil	17.800,00 horas
Consumo dos pneus	5,05 R$/hora
Combustíveis	6,88 R$/hora
Lubrificantes	3,33 R$/hora
Mão de Obra c/ Encargos Sociais	26,26 R$/hora
BDI	55%

2.14.10 Considere-se orçar o preço horário, parado e operando, relativo a um equipamento de terraplenagem a ser alugado por uma empresa, dispondo das seguintes informações.

A empresa adquirirá o equipamento em questão por meio de um contrato de *leasing*, efetuado diretamente com o fabricante, ao custo de 2,5% ao mês.

Por política, a empresa costuma manter comissionados os seus ativos móveis pelo prazo de cinco anos, pois, a partir desse tempo de operação, os custos com manutenção crescem sensivelmente.

A empresa pratica uma taxa de oportunidade sobre a aplicação de seus ativos de 15% ao ano e adota um BDI de 38% para a região onde os serviços serão prestados. Sabe-se também o seguinte:

Preço do veículo novo	R$ 185.000,00
Desvalorização anual – linear	12% ao ano
Custo do equipamento rodante	10% do preço
Vida útil do bem	15.000 horas
Vida útil do equipamento rodante	5.000 horas
Custo financeiro	2,5% ao mês
Produção anual	1.800 horas
Manutenção de equipamentos similares	17% ao ano
Operador	R$ 9,30/hora
Auxiliar	R$ 2,70/hora
Encargos sociais	132%
Óleo diesel: consumo = 0,37 l/h	R$ 1,90 l
Graxa: consumo = 0,085 l/hora	R$ 8,60 l
Filtros: consumo = 0,12 un/h	R$107 un.

2.14.11 A CKI – Projetos & Terraplenagem Ltda., empresa optante pelo sistema do lucro real, está orçando uma nova obra. Para tanto, necessita saber qual a alíquota do Imposto de Renda que vai adotar na definição do preço final da sua proposta, de modo a manter inalterada a margem de lucro desejada.

Considerando o risco envolvido no novo empreendimento, o objetivo gerencial é estabelecer uma margem de lucro 5% (cinco por cento) superior à lucratividade obtida no exercício anterior.

Para definir a lucratividade do exercício anterior, você, diretor de Engenharia da CKI, retirou do Demonstrativo de Resultados do exercício anterior as seguintes informações necessárias para definir a lucratividade almejada:

	Item	R$	R$	%
	DR do exercício anterior			
1	Faturamento		79.564.357,50	100
2	Deduções à Receita	-	-	
3	Custos diretos	-	-	
4	Lucro operacional bruto	-	-	
5	Despesas administrativas	-	-	
6	Lucro operacional líquido	-	-	
7	Depreciação	-	-	
8	Resultado financeiro	-	-	
9	Lucro operacional - LAIR			
10	Provisões:			
	10.1 Imposto de Renda			
	10.2 CSLL			
11	Lucro do exercício		9.675937,91	12
12	Depreciação			
13	Geração anual de caixa			

Como informações complementares, recebeu os seguintes dados do setor de contabilidade da empresa: a) Depreciação, 6% do faturamento; b) Resultado financeiro (+) 9% do faturamento.

3

O BENEFÍCIO E AS DESPESAS INDIRETAS

3.1 Formação do BDI

3.1.1 Importância do BDI

O BDI — Benefícios e Despesas Indiretas —, como o próprio nome diz, é um fator que engloba as despesas indiretas, os tributos, os custos necessários para cobrir eventuais riscos e a margem de lucro bruto desejado, e acrescido ao custo direto de uma empreitada ou serviço, define o preço a ser cobrado.

$$BDI = f \text{ (Despesas indiretas + Tributos + Risco + Margem de lucro)}$$

A adoção do BDI como fator determinante do preço é procedimento amplamente adotado e aceito no âmbito da engenharia e da construção civil, isto é, trata-se da produção de bem por encomenda. Assim sendo, ele permite determinar o preço de qualquer serviço ou etapa de um contrato de forma expedita, em função, apenas, de duas variáveis: os custos diretos totais e o BDI. Matematicamente:

$$\text{Preço} = f \text{ (Custos totais x } I_{BDI})$$

O BDI pode ser considerado sob duas óticas: como valor monetário e como índice.

Efetivamente, o BDI é um valor monetário que corresponde ao somatório do conjunto de gastos a serem incorridos em um projeto e do lucro desejado, não inclusos nesse os custos diretos do produto. Sob a forma de índice, é o que se denomina, comumente, de I_{BDI} já que esse é o coeficiente adotado na formação de propostas de preços.

Ao ser definido o preço por qualquer das duas óticas, como não poderia deixar de ser, o resultado final será o mesmo.

Retomando, o preço pode ser calculado em função do BDI e do custo total sob dois modos distintos, segundo apresentado nos modelos a seguir, em que o primeiro expressa o BDI como valor monetário e o segundo, como índice:

$$Preço = CT + BDI \qquad \text{Equação 3.1}$$

ou

$$Preço = I_{BDI} \times CT \qquad \text{Equação 3.2}$$

Dada a particularidade de cada empresa, o recomendado é dispor de índice próprio. Além disso, ressalta-se que esse índice pode ser distinto de obra para obra, variando segundo a composição das características dos contratos em carteira e, também, segundo o número de obras ou do valor dos contratos disponíveis e do custo financeiro previsto no momento da formação de uma proposta.

É importante notar que quanto maior for o número de obras e/ou serviços em carteira, menor pode ser o valor do BDI, já que há um maior número de contratos a suportar as despesas de administração da empresa, o que beneficia a competitividade da empresa. Por outro lado, ocorrendo o crescimento da carteira de contratos e havendo a possibilidade de ser mantido o BDI, sem ocorrer perda de competitividade, tal procedimento propiciará um aumento significativo no lucro.

Entretanto, esse lucro deve ser cuidadosamente acompanhado, pois pode ser atribuído a uma sazonalidade favorável do mercado. Tal fato pode ser interrompido devido a possíveis mutações nas condições do ambiente externo à empresa e, mantido inalterado o BDI anteriormente praticado, decorrerá em perda de competitividade.

O aumento de lucro nas condições mencionadas ocorre quando, mantido constante o nível de recursos a ser despendido no custo indireto e em despesas, a contribuição a esses dispêndios realizada pelos diversos empreendimentos forem superiores às reais necessidades da empresa.

Exemplificando: em dado período, o montante das despesas incorridas por uma construtora foi apurado em R$ 110.000,00, montante esse rateado igualmente entre cinco contratos. Então, a cada um deles caberá o encargo de contribuir com a importância R$ 22.000,00 para o cobrimento das despesas.

Em período seguinte, conseguindo a empresa manter o nível das despesas, porém dispondo de uma carteira formada por oito contratos e todos contribuindo com a mesma importância de quando a carteira era menor, tal procedimento permitirá obter um reforço de caixa no valor de R$ 66.000,00.

Estando coberta a despesa por um grupo de obras já contratadas e sendo mantido o nível de produção, é possível a empresa elaborar propostas reduzindo esse tipo de custo na composição do BDI, situação que permite aumentar a sua vantagem competitiva. Essa, sem dúvida, é uma situação excepcional, porém deverá ser efetuada e acompanhada com cuidado, após uma boa avaliação do comportamento do mercado.

O entendimento do fato anteriormente descrito, paralelamente a um permanente comportamento da evolução do mercado, é de capital importância para o executivo, pois poderá haver impossibilidade de manter a mesma política comercial em épocas distintas.

A todo aquele que participa de processo licitatório, é recomendado conhecer a formação do seu próprio BDI e da evolução do custo direto de cada obra ou serviço. Justifica-se essa recomendação pois, mantida a mesma tecnologia e considerando empresas que atuem em uma mesma região, via de regra, não há grande variação no custo direto das empresas concorrentes. Havendo clareza no conhecimento de seu próprio BDI, torna-se possível avaliar com razoável aproximação o valor do BDI das empresas concorrentes e prever o preço dos demais em licitações futuras.

Além dos custos comentados, a adequada apropriação contábil dos custos administrativos, fixos, favorece a realização do processo de acompanhamento e controle de evolução do próprio BDI. Nessas condições, a empresa dispõe de forte instrumento para acompanhar com efetividade o seu desempenho financeiro e consequentemente dispor de informações e dados necessários para elaborar um bom plano orçamentário.

Do ponto de vista operacional, o que interessa é uma rápida informação quanto aos custos e despesas praticados. Assim, quanto mais rapidamente as áreas orçamentárias e gerenciais dispuserem de informação confiável sobre custos, mais efetivo será o processo decisório.

Em épocas inflacionárias, como o Brasil experimentou ou tem convivido, recomenda-se efetuar a contabilidade de custos em moeda de poder aquisitivo constante e em tempo hábil. Esses procedimentos propiciam a implementação de um eficiente processo de avaliação de desempenho, o que pode refletir nas condições de sobrevivência da empresa.

Do comentado, é possível depreender ser o BDI um fator que pode variar segundo o tipo de obra, do local do projeto, das condições impostas pelo cliente etc., e pode-se enumerar situações ou fatos que o influenciam:

a. o prazo dos contratos, pois, em obras de longa duração e mesmo sendo aumentado o prazo de serviços adjudicados, as despesas administrativas tendem a crescer;

b. conforme o tamanho da obra, os custos indiretos de obra, principalmente aqueles incorridos em manutenção de canteiro;

c. obras de maior porte tendem a apresentar BDI inferior as de menor porte;

d. quanto ao tipo de contrato. A exemplo de empreitada ou contrato de serviços. A experiência tem demonstrado que, em contratos em que ocorre fornecimento de material, os BDI's são menores;

e. quanto à capacidade de orçamentação. Orçamentos dos custos diretos de obra bem elaborados e precisos permitem reduzir taxas de incerteza, o que decorre em menores taxas de BDI.

f. caso haja serviços terceirizados. Nesse caso deve-se ter cuidado em verificar como a terceirização influencia o preço final. Se, por um lado, a terceirização permite reduzir o BDI do proponente, por outro pode elevar os custos diretos de obra com impacto na lucratividade.

g. interesses comerciais específicos que possibilitem aumentar ou reduzir o BDI segundo o interesse estratégico da alta administração da empresa.

h. normas contratuais técnicas ou administrativas, que estabelecem tecnologias a serem adotadas, padrão de qualidade a ser obedecido, nível de fiscalização e acompanhamento dos serviços a ser observado etc.

i. custos financeiros decorrentes de exigências de seguros, cauções, retenções contratuais para garantia dos serviços realizados ou prazos de pagamento que exijam a manutenção de elevado capital de giro.

j. riscos decorrentes da solução de continuidade dos serviços devido à indisponibilidade de projetos;

k. embargos decorrentes do vencimento de licenças e exigibilidades efetuadas por órgãos ambientais; condições climáticas adversas; eventuais danificações em prédios lindeiros provocadas por movimentos de terra, escavações ou serviços de fundação profundos etc.

l. entre outros.

O BDI expresso em termos de valor monetário é instrumento gerencial de domínio interno da empresa. Expresso como índice, serve como parâmetro na definição de preços e poderá ser o especificado em contratos.

Para o gerenciador de projetos, é importante o reconhecimento de que a contabilidade e a área jurídica podem contribuir para o seu trabalho como fontes fornecedoras de informações. A primeira, como detentora da apropriação final e fonte fidedigna de informação dos custos praticados pela empresa, principalmente aqueles relativos às despesas indiretas. A segunda, como conhecedora e intérprete da legislação tributária que especifica as obrigações legais a serem recolhidas pelos tesouros dos municípios, estados e da União.

Além disso, essas informações e obrigações legais, no Brasil, costumam ser alteradas de um exercício fiscal para outro e o gerenciador de projetos deve estar atento quanto ao impacto que alterações causam no valor dos contratos e, consequentemente, na mutação dos valores dos BDI's praticados.

Finalizando, não se deve esquecer a máxima, atualmente muito festejada, que diz: **"informação é poder"**. Assim sendo, o profissional que esteja informado sobre sua real condição de competitividade e desempenho, que saiba avaliar qual o ganho real esperado, que conheça o limite de suas propostas de preço, dispõe de real possibilidade de sucesso em seus contratos!

3.1.2 O markup e o I_{BDI}

Os benefícios e despesas indiretas, expressos sob forma de índice (I_{BDI}), são obtidos a partir do conhecimento do valor monetário dos benefícios e das despesas indiretas e do custo direto orçado, conforme Equação 3.1, item 3.1.1. Considerando em valor monetário, pode-se escrever:

$$\text{Preço} = \text{Custo total} + \text{BDI} \qquad \text{Equação 3.3}$$

Efetuando a expressão do BDI em função do custo total, define-se o fator "k", conhecido comercialmente como markup, parâmetro utilizado comercialmente para estabelecer o preço de um produto, conhecido o seu custo de aquisição. Assim:

$$BDI = k \times CT \ \therefore \ k = BDI \ CT \qquad \text{Equação 3.4}$$

A definição do BDI em forma de índice (I_{BDI}) é efetuada ao se substituir o BDI, expresso em valor monetário, pela sua expressão em função do markup e do custo direto. Então: Preço = CT + BDI $\therefore$ Preço = CT + k CT. Logo:

$$Preço = (1 + k) \times CT \qquad \text{Equação 3.5}$$

Denominando $(1 + k)$ de I_{BDI}, fica demonstrada a origem do BDI como índice.

$$I_{BDI} = (1 + k) \qquad \text{Equação 3.6}$$

Ao incluir na Equação 3.5 a expressão $(1 + k)$, Equação 3.6, obtém-se a expressão do cálculo do preço, como normalmente conhecida e utilizada no campo da engenharia:

$$Preço = CT \times I_{BDI} \qquad \text{Equação 3.7}$$

Dessa forma, o BDI é definido como índice e expresso em porcentagem do custo total, o que facilita a definição de um preço engenharia seja ele uma empreitada ou um serviço.

3.1.3 Lei de formação do BDI

Conhecida a relação existente entre os dois modos de expressar o BDI, Equações 3.1 e 3.2, a etapa seguinte é a demonstração da metodologia que permite a sua composição.

Para a demonstração dessa metodologia é importante o reconhecimento, passo a passo, da forma de como se pode chegar a obter o índice (I_{BDI}). Primeiro, deve-se calcular o valor monetário, BDI, e posteriormente obter o valor do índice, I_{BDI}, segundo o demonstrado no item 3.1.2.

O valor monetário do BDI pode ser considerado função do somatório de quatro principais variáveis (LIMA JR., 1990), a saber: o custo indireto da obra ou serviço (CI); o valor do risco calculado para o empreendimento (VR); o montante do lucro desejado (ML); os tributos a serem recolhidos aos cofres públicos (TRI). Matematicamente:

$$BDI = f(\Sigma CI + VR + ML + TRI) \qquad \text{Equação 3.8}$$

Cada variável considerada na expressão, por sua vez, será composta por diversas outras cujo tratamento é distinto quanto à metodologia de obtenção do valor inerente a cada uma delas. Algumas delas são calculadas diretamente a partir de dados disponíveis em orçamento; outras, por meio de algum método de rateio, especificamente no caso de despesas indiretas.

Especial cuidado deve ser atribuído à definição dos tributos. Uma inadequada avaliação da metodologia do seu cálculo pode influir na redução de lucros esperados ou na competitividade da empresa. Primeiro por subestimar os impostos inclusos no BDI, acarretando uma redução do lucro ao ter de recolher, futuramente, impostos em valor superior ao previsto. Segundo, por superestimá-los e resultar na prática de preços acima da realidade de mercado.

Nos itens seguintes, serão analisadas cada uma das variáveis enunciadas e a forma como elas podem ser expressas em função de suas variáveis componentes, bem como são definidos os respectivos valores.

3.1.3.1 O custo indireto (CI)

O custo indireto pode ser subdividido no grupo de custos relacionados a seguir, de modo a facilitar o entendimento de sua formação e a respectiva evolução durante a consecução do contrato (LIMA JR., 1990):

- custos gerais de administração do processo (CGP);
- custos gerais de administração da empresa (CGA);
- custos financeiros vinculados ao capital de giro e a utilização de equipamentos (CFI);
- custos de manutenção, depreciação, operação e reposição (CMR);
- custos de comercialização, propaganda e promoção de vendas (CMV).

Matematicamente, expressa-se por:

$$CI = \Sigma(CGP + CGA + CFI + CMR + CMV) \qquad \text{Equação 3.9}$$

A seguir, analisa-se as variáveis expressas na Equação 3.9.

CGP = Custos gerais de administração do processo

O CGP corresponde a custos incorridos no projeto como um todo e não são associados a alguma atividade específica, a exemplo de: custos de cartas de garantia ou caução dada por bancos em garantia do cumprimento do contrato efetuada no momento da adjudicação; despesas relativas ao processo de medição e acompanhamento de documentos fiscais; despesas com viagens e estadia; despesas com manutenção periódica de equipamentos; despesas vinculadas à estrutura de pessoal de apoio, como engenheiros de suporte à obra; integrantes da estrutura de compras lotados na sede da empresa; e escritórios de apoio, quando diretamente vinculados e com atribuição de atender, exclusivamente, a um determinado contrato.

Pelo exposto, fica visível que esses dispêndios são de cunho indireto, mas estão especificamente vinculados a determinado contrato ou obra. Porém, diferem do CDA, dispêndios que, inequivocamente, são incorridos no canteiro.

CGA = Custos gerais de administração da empresa

Os custos apropriados nesse grupo dizem respeito à administração central ou superior da empresa. São, clássica e contabilmente, denominados de despesas ou custos fixos. Eles ocorrerão independentemente do volume da carteira de contratos, mantida a mesma capacidade de produção.

Nesses custos são apropriados, por exemplo: o salário de diretores e de pessoal técnico e burocrático vinculados ao quadro permanente da empresa; os encargos sociais conexos a esse pessoal; aluguéis de imóveis e veículos comissionados à administração central; despesas administrativas e de representação; despesas com vendas e com serviços públicos etc.

Cada contrato, então, deverá contribuir para a amortização desses custos, que deverão ser rateados atendendo a algum critério objetivo. No item 3.3 será discutida a questão desse rateio.

No caso de a empresa dispor de apenas um contrato, esse deverá suprir a totalidade dos fundos necessários à cobertura das despesas apropriadas sob a rubrica CGA. Sendo insuficientes, deverão ser cobertas por numerário externo ou reservas de capital disponível.

Porém, quando a empresa dispõe de uma carteira de contratos, o recomendado é que os custos gerais de administração da empresa sejam rateados pelos diversos contratos.

Na indústria da construção civil, como todo contrato tem um tempo determinado para a contribuição à conta CGA, é recomendável que a cada nova proposta seja revista as condições de rateio e a reavaliação da proporcionalidade da contribuição a cada contrato futuro.

No item 3.3, o assunto será analisado em maior detalhe, explorando a situação de produção no curto prazo, isto é, partindo da premissa que a empresa deseja manter intacta a sua capacidade de produção e, em consequência, o nível dos custos gerais de administração que vêm incorrendo.

CFI = Custos financeiros

Custo financeiro é caracterizado como todo custo incorrido na remuneração do capital de giro e do capital mobilizado, necessários à realização do empreendimento.

Esse capital de giro pode abranger uma parte ou o total do custo direto indireto vinculado ao empreendimento, segundo o interesse da empresa.

Uma abordagem para a definição do valor do custo financeiro, isto é, sua taxa de remuneração, é considerá-lo como o montante do valor monetário a ser efetivamente pago a instituições financeiras pelo capital delas tomado. Nesse caso, pode ser considerado tanto o financiamento de capital de giro necessário como também o custo de desconto de duplicatas aceitas pelo contratante.

Outra abordagem é adotar como taxa de remuneração a mesma estabelecida para a remuneração do capital dos acionistas. Em outras palavras, o custo de oportunidade da empresa.

As duas abordagens comentadas são situações-limite, sendo muito provável que o capital de giro a ser disponibilizado para a execução de um empreendimento seja oriundo das duas fontes citadas. Nessa situação, a recomendação é efetuar o cálculo dos custos financeiros utilizando a média ponderada dos custos inerentes a cada fonte de capital utilizada pela empresa.

Além da taxa de remuneração, é importante levar em consideração o tempo em que a empresa deverá utilizar o capital de giro de terceiros enquanto o contrato não gerar fundos que permitam sustentar a operação do processo de execução. Esse tempo determinará o montante dos custos financeiros a serem previstos para serem cobertos pelo contrato.

Assim, entende-se por custo financeiro o custo decorrente da utilização do capital de giro necessário à consecução de cada empreendimento, seja capital próprio e/ou de terceiros. Devido à complexidade do assunto, a formação do custo financeiro será discutida no item 3.3.

Outrossim, mesmo sem efetuar uma análise mais profunda quanto ao assunto, os autores desta obra alertam que, em havendo a necessidade da empresa em incorrer, seguidamente, em custo financeiro expressivo dada a exigibilidade em cobrir as despesas gerais de administração, há que se analisar a viabilidade da sua existência como entidade produtiva. Isso porque a geração de caixa propiciada pelo esforço produtivo pode ser insuficiente para cobrir os custos fixos praticados pela empresa.

CMR = Custos de manutenção, depreciação, operação e reposição

Esse grupo de custos refere-se à manutenção, recuperação, operação de equipamentos e reposição de estruturas físicas de apoio, não considerados na composição de custos unitários e de equipamentos de uso transitório. Esses custos podem representar um valor expressivo e é recomendável sua consideração na composição do BDI.

No caso de equipamento pesado, os custos incorridos com sua operação ou disponibilidade podem ser definidos em função da quantidade de horas que estiverem comissionados em função do projeto, e integram a composição do custo unitário de cada equipamento, nos termos dos exemplos apresentados no item 2.10 do Capítulo II.

CMV = Custos de comercialização, propaganda e promoção de vendas

Esse grupo de custos abrange as despesas com o processo de comercialização, de propaganda e de promoção de vendas inerentes ao empreendimento.

Dois aspectos devem ser observados de forma específica nas despesas com propaganda, os quais dizem respeito às destinadas à promoção institucional da empresa e os referentes a um determinado empreendimento.

Quando se tratar de despesas com propaganda institucional, o procedimento recomendado é distribuir esses custos, proporcionalmente, entre os contratos em carteira. Além disso, esse valor, usualmente, é provisionado como um percentual do faturamento ou do lucro da empresa.

A despesa necessária à comercialização, propaganda ou promoção de vendas inerentes a empreendimento específico deve ser lançada no custo desse empreendimento, integralmente.

Quando o empreendimento se refere à realização de incorporação e condomínio com as vendas efetuadas por meio de corretores de imóveis, os custos de corretagem são calculados como porcentagem do valor global do bem.

O tratamento matemático a ser dado à taxa de corretagem para evitar a redução de lucro é semelhante ao caso dos tributos incidentes sobre o faturamento, situação essa discutida no item 3.1.3.4 – II, que trata da majoração do I_{BDI}. O percentual da comissão de corretagem é somado às alíquotas dos tributos incidentes sobre o faturamento. Ver Equação 3.12.

3.1.3.2 Valor de risco (VR)

O risco de um projeto é definido como um evento incerto que, se ocorrer, terá um efeito negativo em, no mínimo, um dos objetivos do projeto (PMBOK, 2018).

O objetivo maior da gestão de um projeto é obter a lucratividade igual à margem de lucro definida na formação do preço.

Então, cabe a ação técnica gerencial de prever, avaliar e orçar os riscos negativos e definir os procedimentos necessários para evitar ocorrências causadoras da redução da lucratividade.

Na construção, pode-se citar como possíveis riscos: recalques de fundações e desmoronamento de prédios lindeiros; desleixo na compatibilização de projetos; equipe de logística inexperiente; processo de planejamento inexistente; falta de conhecimento da própria margem de lucro; processo orçamentário inconsistente; desleixo na engenharia de segurança etc.

O objetivo, então, é reconhecer e mensurar as possíveis vulnerabilidades cuja ocorrência possa decorrer em custos. No capítulo final desta obra será discutida a análise de riscos.

Assim sendo, o risco pode ser expresso por uma taxa a ser aplica na formação do BDI visando cobrir custos decorrentes de eventuais incertezas devido à omissão de serviços, quantitativos irrealistas ou insuficientes, projetos malfeitos ou indefinidos, especificações deficientes, inexistência de sondagem do terreno, contingências etc.

O valor do risco pode ser analisado sob dois aspectos:

i. o custo a ser incorrido pela empresa visando evitar a ocorrência de possíveis eventos negativos;

ii. ou, também, o custo do prêmio de seguro necessário à cobertura de perdas devido a eventos que obstem a realização dos objetivos do projeto.

3.1.3.3 Montante de lucro (ML)

O montante de lucro consiste no valor do benefício a ser auferido pela empresa proveniente da realização de um contrato ou empreendimento e expresso em valor monetário.

O valor em causa normalmente é calculado sobre o somatório dos custos diretos, dos custos indiretos e da margem de risco, pois são esses os valores movimentados e trabalhados pela empresa para o cumprimento de seus fins.

O montante do lucro, o benefício a ser auferido, é obtido após definida margem de lucro (μ), multiplicada pelo somatório dos recursos mencionados.

Matematicamente, o cálculo do montante lucro (ML) é dado por:

$$ML = \mu \ (\Sigma CI + \Sigma CD + VR) \qquad \text{Equação 3.10}$$

O modelo expresso pela Equação 3.10 parte do princípio de que a margem de lucro incide apenas sobre os capitais que gerarão o produto, e não incide sobre os tributos. Caso incidisse, entendem os autores que o preço final poderia perder competitividade.

Considerando que μ define a margem de lucro desejada, após a dedução dos custos de produção, administrativos e tributos do faturamento esperado, ela é compatível com a taxa de mínima atratividade da empresa e tomada como meta de desempenho a ser cumprida.

3.1.3.4 Tributos

A lei de formação do BDI, ver Equação 3.8, mostra que ele é função de quatro variáveis principais, e os tributos correspondem à quarta variável dessa expressão:

$$BDI = CI + VR + ML + TRI \qquad \therefore$$

$$BDI = CI + VR + \mu_B \ (\Sigma CI + \Sigma CD + VR) + TRI$$

E o preço, seja do projeto global ou de cada atividade, é dado por: $P = I_{BDI} \times CD$.

Considerando que os tributos têm como base de cálculo o faturamento e/ou o lucro (LAIR), o procedimento proposto para o cálculo do BDI visa manter a margem de lucro desejada (μ_L) depois de descontados todos os custos, despesas e, especialmente, os tributos incorridos, de modo a garantir a lucratividade desejada.

Em outras palavras, visa-se que a lucratividade seja igual à margem de lucro estabelecida *a priori*: £=µ.

Para tanto se propõe a majoração de dois fatores, ao se efetuar uma operação comercialmente denominada por fora, que consiste em majorar:

a. a taxa de lucro desejada: procedimento que permite considerar a influência dos impostos incidentes sobre o lucro da empresa;

b. e o I^*_{BDI} a ser utilizado no cálculo final dos preços: procedimento que permite considerar todos os tributos que incidem apenas sobre o faturamento.

O perfeito entendimento da opção tributária e da mecânica contábil na formação do lucro, seja da empresa ou do empreendimento singular, é de capital importância para a avaliação gerencial a definição do preço. Isso porque é comum ocorrer a frustração do lucro desejado dado o desconhecimento da mecânica de cálculo dos impostos e da forma de definir, claramente, o valor monetário da base de cálculo sobre a qual ocorrerá o estabelecimento do imposto devido.

Havendo inabilidade gerencial na avaliação da incidência dos tributos sobre o faturamento e/ou sobre o lucro, poderá ocorrer o pagamento de tributos em valor superior ao efetivamente devido ou previsto, bem como o recebimento de importâncias inferiores às esperadas, dada a ocorrência do recolhimento de imposto na fonte.

I Majoração da margem líquida

A metodologia proposta, no caso, reconhece a existência de duas margens de lucro: a líquida e a bruta.

A margem de lucro líquido (μ_L) é definida pela empresa como meta a remunerar a contraprestação de seus trabalhos e é expressa em termos percentuais.

A margem de lucro bruto (μ_B) é estabelecida a partir da fixação da primeira, porém é majorada, considerando a ocorrência dos tributos incidentes sobre o lucro. Essa majoração, comercialmente falando, é denominada *operação por fora*.

Matematicamente, obtém-se a margem líquida ao diminuir da margem bruta o valor das alíquotas incidentes sobre essa, ou seja, sobre o lucro. Demonstrando o processo de majoração, sabe-se que a margem líquida corresponde à margem bruta deduzida do tributo. Matematicamente, tem-se:

$$\mu_L = \mu_B - \mu_B \times \alpha_L \therefore \mu_L = \mu_B \times (1 - \alpha_L) \therefore$$

$$\mu_B = \frac{\mu_L}{1 - \alpha_L}$$

Equação 3.11

O denominador da expressão da margem bruta $(1 - \alpha_L)$ é definido como o fator de majoração da margem líquida (μ_L), estando nele considerado as alíquotas dos tributos incidentes sobre o lucro, o Imposto de Renda e a Contribuição Social Sobre o Lucro Líquido, ambos incidentes sobre o LAIR. Consequentemente, essa majoração ocorre no caso de a empresa optar pelo regime do lucro real.

Do exposto, conclui-se que o fator de majoração da margem líquida é função da soma das alíquotas estabelecidas para os dois tributos.

Adotando como nomenclatura α_{IR} para a alíquota do Imposto de Renda e α_{CS} para a Contribuição Social, tem-se:

$$\mu_B = \frac{\mu_L}{1 - \alpha_L} = \frac{\mu_L}{1 - (\alpha_{IR} + \alpha_{CS})}$$

Equação 3.12

Dado o exposto, o montante do lucro a ser obtido é calculado utilizando o modelo a seguir:

$$ML = \mu_B (CI + CD + VR) \therefore ML = \frac{\mu_L}{1 - (\alpha_{IR} + \alpha_{CS})} (CI + CD + VR)$$

Analisando a expressão da margem bruta (µB) é fácil concluir ser µB > µL, pois a expressão em denominador é, necessariamente, menor que 1. Por isso o procedimento em questão é denominado de majoração da margem de lucro.

II   Majoração do I_{BDI}

O procedimento proposto para a consideração da influência dos tributos incidentes sobre o faturamento é similar àquele adotado para o tratamento da margem de lucro.

Nesse caso, inicialmente se determina o I^*_{BDI} conforme proposto no item 3.1.2, e denomina-se esse de índice líquido que, depois de majorado, estabelece o I_{BDI} bruto. Esse é o índice a ser utilizado na formação do preço.

Como anteriormente comentado, o princípio financeiro proposto é manter a margem de lucro estabelecida (μ_L) inalterada após a dedução de todos os tributos devidos, custos e despesas incorridos.

O objetivo, desse modo, é garantir que o lucro da empresa seja mantido segundo o desejado ou planejado após o recolhimento dos tributos incidentes sobre o valor total de cada nota fiscal.

Representando α_F o somatório das alíquotas dos tributos incidentes sobre o faturamento e sendo Preço = CD × IBDI, o índice a ser utilizado na definição do preço é expresso na Equação 3.13. Matematicamente, tem-se:

$$I_{BDI} = \frac{I^*_{BDI}}{(1-\alpha_F)}$$

Equação 3.13

A expressão $1/(1-\alpha_F)$ é definida como fator de majoração do faturamento ou das receitas incorridas e refere-se, unicamente, aos tributos incidentes sobre o faturamento.

A legislação brasileira considerara a indústria da construção civil como consumidor final, o que significa que não recolhe tributo sobre o valor agregado aos seus produtos. Assim, os tributos analisados são aqueles incidentes sobre o total da prestação de serviços, podendo haver, ou não, retenção na fonte.

3.2 Rateio dos custos indiretos e das despesas e administrativas

O rateio da administração central consiste em diluir as despesas, relacionadas com a operação, geradas pela sede da empresa e pelo corpo técnico que dá suporte a todas as obras, pelo custo direto de todas as obras e/ou serviços que a empresa planeja executar no período.

Como visto na formação do BDI, os custos indiretos são classificados em CGA e CGP.

O custo geral de administração da empresa (CGA) refere-se às despesas incorridas pela administração central da empresa, gatos esses a serem rateados pelos contratos vigentes ou futuros.

O custo geral de administração do processo (CGP) corresponde aos custos indiretos a serem incorridos por cada contrato, os quais não são alocáveis nos custos dos serviços e atividades diretas. Esses podem ser rateados em cada serviço, tarefa ou atividade ou então alocados no valor do BDI.

Para o rateio dos custos fixos ou custos indiretos, é recomendado estabelecer algum critério que apresente certo grau de racionalidade, visando evitar distorção nas informações e apropriações indevidas a qualquer serviço. Do ponto de vista gerencial, a intenção é fazer com que esses custos indiretos sejam amortizáveis paulatinamente no esforço de construção.

Os critérios de rateio podem ser divididos em dois grupos:

- critérios globais de rateio;
- critérios específicos de rateio.

3.2.1 Critérios globais

A literatura disponível recomenda que o rateio dos custos fixos deve ser definido em função de algum fator diretamente vinculado ao volume produzido. Esses fatores ou critérios globais podem ser:

- horas de mão de obra direta;
- horas de utilização de máquinas e equipamentos;

- custo da mão de obra direta;
- valor dos contratos em carteira de contratos.

Neste item é apresentada uma discussão sobre o rateio dos custos indiretos da empresa, também denominados custos gerais de administração (CGA), considerando como critério de rateio a participação percentual do valor de cada contrato no conjunto da carteira.

O objetivo de definir como fator de rateio a proporcionalidade do valor dos contratos em função do volume total da carteira permite, de forma simples, o estabelecimento de uma distribuição equitativa de custos indiretos entre eles.

Devido à sua peculiar característica, a indústria da construção civil favorece a redução dos tipos de critérios de rateio normalmente encontrados na literatura que trata do assunto.

Porém, ressalta-se a importância da revisão periódica do fator de rateio, devido à conclusão dos contratos existentes e à realização de novas propostas, situação que pode alterar a proporcionalidade estabelecida para os fatores em consideração dada a variação dos valores globais dos contratos.

Na construção civil, o rateio dos custos indiretos pode ocorrer em dois níveis:

1. Considerando a capacidade instalada: o objetivo aqui é definir qual fração dos custos indiretos será absorvida por cada contrato componente da carteira de serviços da empresa. Essa situação será analisada no item 3.2.2.1;
2. Considerando a utilização do recurso relativo ao rateio intracontrato: neste caso, visa-se estabelecer qual porcentagem do custo indireto será alocada em cada atividade. Essa situação é mostrada no item 3.2.2.2.

É fácil de entender que, quando a carteira da empresa tem apenas um contrato, os custos totais da empresa — dentro desses incluem-se os custos gerais de administração ou custos indiretos — deverão ser absorvidos por esse contrato.

Uma situação mais complexa ocorre quando a empresa já dispõe de um conjunto de contratos em andamento normal ou em fase de conclusão e está atuando para conseguir a adjudicação de novos contratos.

Diante desse cenário, exige-se habilidade na definição do critério de rateio dos custos gerais de administração da empresa, isto é, dos custos indiretos a serem alocados a uma nova proposta.

Nessa situação, existe a possibilidade de ocorrer uma grande variedade de casos. Em segmento, serão apresentados três casos básicos:

i.   caso de rateio e superávit;

ii. manutenção do nível de produção;

iii. aproveitamento de capacidade ociosa.

O princípio adotado nesses casos é ratear o custo proporcionalmente ao valor da participação de cada contrato diante do montante do valor da carteira.

Nos casos em exemplo, serão analisadas situações em que a empresa, dispondo de três contratos em andamento, está formulando uma nova proposta, "k", a ser iniciada em uma data qualquer "t".

3.2.1.1 Rateio e superávit

Este é o caso mais geral a ser comentado. Um modelo de cronograma típico dessa situação é mostrado na Figura 3.1.

Como exemplo, considere o caso de uma empresa que dispõe de uma carteira de contratos montando em R$ 4.410,00 e cujos custos gerais de administração (CGA) montam a R$ 360.000,00.

Na data "t", os custos gerais de administração estão sendo rateados entre os contratos X, Y e Z, respectivamente, R$ 80.000,00, R$ 108.000,00 e R$ 172.000,00, correspondendo, respectivamente, a uma taxa de rateio de 22,20%, 29,95% e 47,85% do total desses custos.

Considerando que a empresa programa realizar novos contratos, surge a questão de como será efetuado o rateio para uma nova proposta, dada a conclusão, em futuro próximo, do contrato relativo à obra "x". E, como premissa necessária ao estabelecimento do critério de rateio, a empresa deseja manter inalterada a atual capacidade de produção e, portanto, manter inalterado o nível dos custos indiretos que vem praticando.

A priori, três hipóteses de rateio podem ser consideradas:

1ª hipótese: como primeira hipótese, os custos gerais de administração, até então suportadas pela obra "X", passarão inteiramente a serem cobertos pela nova proposta, no montante de R$ 80.000,00, independentemente do valor a ser fixado para o novo contrato.

Havendo adjudicação de contrato visando à realização da proposta, a empresa disporá de um ganho extraordinário durante o período em que operarem, simultaneamente, as obras "X" e "K", no valor de R$ 80.000,00.

2ª hipótese: a segunda hipótese considera que o valor dos custos gerais de administração a serem cobertos pela obra K será proporcional ao futuro montante da carteira, na data de adjudicação dessa obra, ou seja, R$ 5.600,00.

Nessa hipótese, o valor da contribuição da obra K aos custos gerais de administração será de R$ 76.500,00 equivalentes a 21,25 % do montante dos R$ 360.000,00.

3ª Hipótese: a terceira hipótese parte do princípio da exclusão do valor da obra X do valor agregado do novo montante da carteira, situação 2, o qual passará a ser equivalente a R$ 4.620,00.

Nessa hipótese, o valor da contribuição aos custos gerais de administração propiciados pela obra K será de R$ 92.727,00, equivalentes a 25,76% do montante dos mesmos R$ 360.000,00.

A Figura 3.2 mostra como definir o valor dos custos administrativos (CGA) a serem assumidos pela futura obra K.

Figura 3.1 – Rateio dos custos indiretos: caso geral

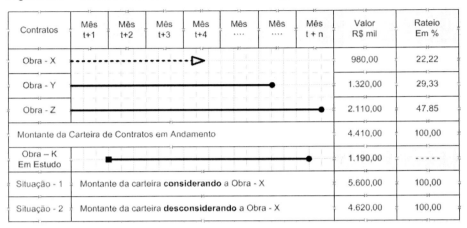

Fonte: os autores

A assunção de qualquer das hipóteses comentadas, como critério de rateio, deve ser precedida do reconhecimento da situação de mercado, para que a empresa não se equivoque nos procedimentos que adotar, com expressão na perda de competitividade ou subavaliação dos custos rateados.

Em período de economia crescente, sendo política gerencial a manutenção do nível de produção, pode ser assumida uma posição de maior risco. Isto é, adota-se o critério de ratear os custos a menor, pois, desse modo, estará sendo aumentada a competitividade da empresa, devido à redução do nível de custos.

Caso contrário, recomenda-se a adoção de um rateio mais conservador já que, com a economia passando por fase de retração, pode ser necessário a redução da capacidade de operação e, em consequência, a redução dos custos totais.

Como já é do conhecimento, no curto prazo os custos indiretos são constantes. Porém, no médio e no longo prazo, comportam-se de forma crescente.

Considerando ser comum aos contratos de engenharia atingirem o médio ou o longo prazo, a implantação de uma política gerencial de forte redução de custos pode causar redução no faturamento com impacto direto na diminuição do volume de lucros.

Resumindo o exposto, a tabela da Figura 3.2 mostra o resultado da metodologia de rateio dos custos gerais de administração, segundo as hipóteses estabelecidas, o que permite uma análise comparativa dos possíveis resultados.

Figura 3.2 – Rateio dos custos gerais de administração

Rateio	1ª hipótese	2ª hipótese	3ª hipótese
Obra	---	$\rho_2 = \dfrac{360.000,0}{5.600.000,0} = 0,064$	$\rho_3 = \dfrac{360.000,0}{4.620.000,0} = 0,078$
X	80.000,00	$980.000 \times \rho_2 = 63.000$	0
Y	108.000,00	$1.320.000 \times \rho_2 = 84.857$	$1.320.000 \times \rho_3 = 102.857$
Z	172.000,00	$2.110.000 \times \rho_2 = 135.643$	$2.110.000 \times \rho_3 = 164.416$
K	80.000,00	$1.190.000 \times \rho_2 = 76.500$	$1.190.000 \times \rho_3 = 92.727$
Total R$	440.000,00	360.000-	360.000-

Fonte: os autores

Como pode se constatar, o rateio dos custos gerais de administração é distinto para cada caso. A administração da empresa, no intuito de manter a competitividade e a situação que mais se adequa à sua realidade de mercado, deve definir a hipótese que melhor atenda aos seus interesses.

3.2.1.2 Manutenção do nível de produção

O caso a seguir analisa a situação em que um novo contrato deverá ser assumido, na obra K, em face da conclusão de outro, a ocorrer em futuro próximo. Além desse fato, os demais contratos estarão em vigor durante um prazo suficientemente longo.

Figura 3.3 – Cronograma de permanência: continuidade de produção

Contratos	Mês t+1	Mês t+2	Mês t+3	Mês t+4	Mês	Mês	Mês t + n	Valor R$ mil	Rateio Em %
Obra - X								980,00	22,22
Obra - Y								1.320,00	29,33
Obra - Z								2.110,00	47.85
Montante da Carteira de Contratos em Andamento								4.410,00	100,00
Obra – K Em Estudo								1.087,00	22,22

Fonte: os autores

Assim sendo, o cronograma indica estar a obra X em vias de conclusão, como marcado em tracejado, e a empresa planeja dar início à nova obra K, conforme esquema da Figura 3.3.

Como premissa, o objetivo da empresa é manter o nível de atividade de produção no futuro em mesmo nível do ora praticado. Isso quer dizer que se deseja manter inalterado o nível de pessoal alocado em atividades administrativas e de produção.

Havendo similaridade no montante dos valores orçados para a obra X e dos da proposta K, é possível o futuro contrato suportar, integralmente, os custos até então cobertos pela obra em conclusão, ou seja, 22,22% conforme mostrado no exemplo da Figura 3.3, o que equivale aos R$ 80.000,00 da primeira hipótese discutida anteriormente.

Porém, sendo o volume financeiro do novo contrato expressivamente inferior ao da obra em conclusão, a empresa terá que obter outro contrato que justifique a manutenção de sua capacidade de produção nos níveis anteriores. Em outras palavras, a empresa terá que manter o mesmo nível dos custos fixos praticados. Caso contrário, possivelmente deverá reduzir pessoal.

3.2.1.3 Aproveitamento de capacidade ociosa

No caso em pauta, a empresa dispõe de diversos contratos em andamento — obras X, Y e Z —, e os custos administrativos estão adequadamente cobertos por esses contratos. Além disso, dispõe de pessoal com alguma capacidade ociosa.

Figura 3.4 – Cronograma de permanência: capacidade ociosa

Contratos	Mês t+1	Mês t+2	Mês t+3	Mês t+4	Mês	Mês	Mês t + n	Valor R$ mil	Rateio Em %
Obra - X								980,00	22,22
Obra - Y								1.320,00	29,33
Obra - Z								2.110,00	47,85
Montante da Carteira de Contratos em Andamento								4.410,00	100,00
Obra – K Em Estudo								333,00	0,00
Montante da Carteira de Contratos em Andamento								**4.743,00**	**100,00**

Fonte: os autores

Surgindo a oportunidade de assumir um novo contrato "k", cujo tempo de execução é significativamente inferior aos demais, o rateio dos custos indiretos pode ser reduzido no todo ou em parte já que suporta opor outros contratos.

No esquema apresentado na Figura 3.4, os custos gerais de administração (CGA), mesmo sendo assumida a nova proposta K, continuam não sendo suportados pelas demais obras. Dessa decisão decorre que, devido à redução de custos gerais de administração a serem suportados pela obra K, é possível aumentar a competitividade e manter a margem de lucro praticada.

3.2.2 Critérios de rateio específicos

Definido o montante dos custos indiretos a ser suportado por um contrato, cabe a tarefa de rateá-lo entre os diversos serviços que o compõem.

Os critérios específicos de rateio podem ser divididos em duas vertentes (PIZZOLATO, 1998):

I.

I. quanto à capacidade instalada;
II. quanto à utilização observada.

I   Quanto à capacidade instalada

Neste caso, os custos podem ser rateados segundo parâmetros como: o metro quadrado das instalações disponíveis; a potência nominal instalada; o número de funcionários empregados na atividade; a produção nominal dos equipamentos etc.

Os exemplos a seguir demonstram o especificado:

a. Rateio dos custos totais de iluminação: esses podem ser realizados proporcionalmente à área iluminada ou ao número de pontos de luz instalados por sessão. Medidores de consumo podem ser instalados em cada sessão, procedimento que propicia a precisão do rateio, porém com aumento do custo do processo.
b. Rateio dos custos de energia elétrica: podem ser efetuados proporcionalmente à potência instalada em cada sessão, ou ao número de horas de operação dos equipamentos.

II   Quanto à utilização observada

Nesse caso, o critério de rateio é efetuado segundo a utilização dos recursos disponíveis, sejam eles: homens-hora previstos; quilowatts consumidos; custos diretos orçados; horas de utilização; ou quilometragem apropriada na utilização de veículos.

A seguir, comentam-se alguns exemplos.

Rateio dos custos de manutenção: pode ser efetuado proporcionalmente ao número de ordens de serviços executadas ou ao número de homens-hora apropriados para a realização de qualquer serviço.

Rateio de escritório técnico: é o caso clássico da distribuição dos custos segundo o número de homens-hora utilizados em cada projeto.

Rateio de veículos de transporte: nesse caso o fator de rateio de custos pode ser o número de horas utilizadas para a realização de um serviço, ou a quilometragem despendida nesse — ou mesmo um misto dessas duas.

Rateio segundo a Metodologia ABC (*Activity Based Costing*): como o próprio nome diz, é uma metodologia de rateio de custos baseados na atividade. Ela permite distribuir o custo indireto segundo a contribuição de cada serviço para o faturamento global ou os custos incorridos, vide Figura 3.5.

Utilizando a metodologia exposta, o montante do custo indireto pode ser rateado segundo o preço final ou o custo de cada serviço. Tal procedimento propicia evitar que um item qualquer do contrato, principalmente aqueles em que conste orçamento com planilha de preços detalhados, seja excessivamente onerado e se mostre como irreal quando comparado àqueles praticados pelo mercado concorrente.

Como exemplo de procedimento da metodologia ABC, é efetuado o rateio dos custos indiretos de um contrato que apresenta a seguinte situação:

Montante do contrato	R$ 1.190.000,00
Custos diretos.................	R$ 895.000,00
Custos indiretos.................	R$ 97.000,00

No exemplo (Figura 3.5), o critério de rateio dos custos indiretos adotado foi o de mesmo percentual dos custos diretos orçados para cada atividade integrante do contrato.

Exemplificando, o Item 4 – Estrutura de Concreto absorverá 12% dos custos indiretos de R$ 97.000,00, qual seja R$ 11.640,00, pois:

$$r(4) = \frac{107.400,00}{895.000,00} = 0,12 \rightarrow 12\%$$

Figura 3.5 – Rateio pelo custo da atividade (ABC)

Nº	Item	Custo Direto R$	% Sobre Contrato	% De Rateio	Custos Indiretos Rateados
1	Mobilização	80.550,00	9,00	9,00	8.730,00
2	Fundações	49.225,00	5,50	5,50	5.335,00
3	Alvenaria	35.800,00	4,00	4,00	3.880,00
4	Estrutura de concreto	107.400,00	12,00	12,00	11.640,00
5	Forros	17.900,00	2,00	2,00	1.940,00
6	Cobertura	89.500,00	10,00	10,00	9.700,00
7	Revestimento interno	49.225,00	5,50	4,50	4.365,00
8	Revestimento externo	.	3,50	3,50	3.395,00
9	Barras	.	0,50	0,50	485,00
10	Lastro de piso	.	1,50	1,50	1.455,00
11	Pisos internos	.	6,00	6,00	5.820,00
12	Rede hidráulica	.	2,50	2,50	2.425,00
13	Rede sanitária	.	1,50	1,50	1.455,00
14	Funilaria	.	0,50	0,50	485,00
15	Rede elétrica	.	2,70	2,70	2.619,00
16	Esquadrias	.	5,70	5,70	5.529,00
17	Ferragens	.	2,50	2,50	2.425,00
18	Serralheria	.	2,30	2,30	2.231,00
19	Vidros	.	1,80	1,80	1.746,00
20	Pintura	.	5,70	5,70	5.529,00
21	Louças sanitárias	.	2,70	2,70	2.619,00
22	Equipamentos elétricos	.	2,50	2,50	2.525,00
23	Elevadores	.	4,50	4,50	4.365,00
24	Limpeza e raspagem	.	1,30	1,30	1.261,00
25	Pisos externos	.	1,70	1,70	1.649,00
26	Muros	.	2,00	2,00	1.940,00

Nº	Item	Custo Direto R$	% Sobre Contrato	% De Rateio	Custos Indiretos Rateados
27	Ajardinamento	.	1,60	1,60	1.552,00
	Total dos custos diretos	895.000,00	100%	100%	97.000,00

Fonte: os autores

3.3 O custo financeiro

3.3.1 Conceituação

O custo financeiro decorre da necessidade de utilização, antecipação ou imobilização de capitais necessários à realização de qualquer contrato, quais sejam:

- custo decorrente da utilização do capital de giro;
- custo associado a operações de desconto de faturas ou duplicatas;
- custo de retenção por garantia de serviços executados.

No estudo do custo financeiro deste item, não serão considerados os custos incorridos na contratação de cartas de garantia, de fiança bancária prevista em edital de licitação ou de seguros realizados anteriormente à adjudicação dos contratos. O recomendado é os associar aos custos gerais de administração do processo (CGP), pois são facilmente identificáveis durante a fase de elaboração de propostas e integrarão a composição do capital de giro.

Adota-se o seguinte como nomenclatura para as variáveis constitutivas do modelo de cálculo dos custos financeiros conexos a um contrato: custo financeiro total (CFI); custo do capital de giro total (CGT) valor do desconto e duplicatas (CDD); montante dado em garantia por serviços realizados e retido pelo contratante sobre o valor de cada fatura (CRG); margem de lucro ou custo de capital da empresa (μ).

Matematicamente, a expressão do custo financeiro total pode ser expressa por:

$$CFI = \Sigma\,(CGT + CDD + CRG) - \mu\,\Sigma\,(CGT + CDD + CRG) \qquad \text{Equação 3.14}$$

$$\therefore$$

$$CFI = (1 - \mu) \times \Sigma\,(CGT + CDD + CRG) \qquad \text{Equação 3.15}$$

A utilização do modelo expresso pela Equação 3.19 corresponde à análise de um caso geral cujo intuito é dispor, em um modelo único, todos os custos incidentes sobre os capitais a serem mobilizados.

Analisando o modelo proposto (Equação 3.18), verifica-se que do CFI foi deduzido um valor correspondente ao montante do lucro (ML). Esse procedimento foi proposto porque o custo financeiro integra a formação do custo indireto, sendo o montante do lucro calculado sobre o total dos custos indiretos. Logo, haveria uma dupla incidência do CFI na formação do BDI.

O responsável pela determinação do BDI deve entender que algumas ou todas as variáveis expressas na Equação 3.19 podem ou não serem consideradas dependendo da política de financiamento adotada, do edital de licitação e dos termos de cada contrato.

Entre os motivos que permitem desconsiderar algumas das variáveis expressas na Equação 3.19, pode-se citar: a ocorrência de eventual adiantamento (AD) realizado pelo contratante, fator que permite reduzir o montante de utilização e, em decorrência, o custo do capital próprio; havendo suporte de caixa, o evitamento pela empresa do desconto de duplicatas, CDD, e a dispensa do reforço do capital de giro mobilizando capital de terceiros; a inexistência contratual de cláusula referente à retenção de valor monetário em garantia de serviços já prestados (CRG).

O modelo matemático adotado para definir o volume de capital de giro (VCG) a ser remunerado é mostrado na Equação 3.20.

$$VCG = \Sigma\,CI + \Sigma\,CD + \Sigma\,VR - ADE \qquad \text{Equação 3.16}$$

Como a utilização de capital de giro apresenta custo para a empresa, recomenda-se que o volume mobilizado seja apenas o necessário e suficiente para promover a continuidade do processo de produção.

A disponibilidade do fluxo de caixa de qualquer projeto permite definir o volume de capital de giro a ser mobilizado. Havendo geração de caixa em volume adequado, o capital de giro necessário pode vir a ser uma fração do volume do capital de giro calculado — isto é, um percentual do VCG.

No item 3.4, determinação do capital de giro, será apresentada uma técnica para definir o volume de capital de giro a partir do fluxo de caixa do projeto. E no Capítulo 6 serão discutidas outras técnicas adotadas para sua determinação.

3.3.2 Custo do capital de giro

O capital de giro pode ser formado por numerários disponíveis na própria empresa e/ou proveniente de terceiros.

Define-se os elementos como: CGT, o custo total do capital de giro; CCP, o custo de utilização de capital próprio; e CCT, o custo relativo à utilização do capital de terceiros. Matematicamente, tem-se:

$$CGT = CCP + CCT \hspace{3cm} \text{Equação 3.17}$$

Comenta-se a seguir o CCP e o CCT, e o custo do capital de giro total.

Custo do capital próprio (CCP)

O custo do capital próprio corresponde à remuneração do numerário disponível na própria empresa que é destinado a suprir o capital de giro demandado pelo projeto, descontados eventuais adiantamentos efetuados pelo contratante. Esse custo pode ser associado ao custo de oportunidade da empresa.

Consequentemente, ele é diretamente proporcional ao volume do capital de giro a ser alocado (VCG); ao custo de capital da empresa, isto é, de sua taxa de oportunidade ou remuneração de capital (i_P); ao tempo de utilização do capital próprio (t_P); e à fração desse capital de giro total a ser coberto pelos recursos próprios da empresa (k_P).

Assim, a Equação 3.22 mostra o modelo para o cálculo do custo do capital próprio:

$$CCP = i_P \times t_P \times k_P \times VCG \qquad \text{Equação 3.18}$$

Custo do capital de terceiros (CC_T)

O custo de capital de terceiros (CCT), mostrado na Equação 3.23, é calculado sob a mesma hipótese adotada para a definição do custo do capital próprio. Define-se os elementos da seguinte maneira: i_T é o custo de capital de terceiros, t_T, o tempo de utilização do capital de terceiros; e k_T, a fração do capital de giro proveniente de capital de terceiros. Desse modo, tem-se:

$$CCT = i_T \times t_T \times k_T \times VCG \qquad \text{Equação 3.19}$$

Custo do capital de giro total (CGT)

O custo do capital de giro estimado corresponde à soma do custo do capital de giro próprio com o custo do capital de terceiros, CGT = CCP + CCT, como já mostrado na Equação 3.21. Assim decorre para qualquer composição do capital de giro a seguinte relação: $k_P + k_T = 1$.

Sendo VCP o volume de capital próprio, VCT, o volume do capital de terceiros, tem-se, respectivamente:

$$k_P = \frac{VCP}{VCG} \; ; \; k_T = \frac{VCT}{VCG} \text{ em que } VCG = VCP + VCT$$

Ao substituir no modelo da Equação 3.21 a expressão de suas variáveis componentes, tem-se o custo do capital de giro (CGT):

$$CGT = (i_P \times t_P \times k_P \times VCG) + (i_T \times t_T \times k_T \times VCG)$$

$$CGT = (i_P \times t_P \times k_P + i_T \times t_T \times k_T) \times VCG \qquad \text{Equação 3.20}$$

A expressão da Equação 3.23 mostra que o custo do capital de giro é formado pelo somatório do custo do capital próprio e o de terceiros. Por meio dessa constatação, recomenda-se manter um nível de capital de giro que atenda às efetivas necessidades de caixa e não necessariamente ao valor global do contrato, dado o custo associado ao suprimento de sua exigibilidade.

3.3.3 Custo do desconto de duplicatas (DD)

Depois de emitido o boletim de medição dos serviços ou atividades realizadas a cada mês, a contratada emite uma nota fiscal-fatura, documento necessário para amparar legalmente a cobrança dos serviços medidos. A uma nota fiscal fatura pode corresponder a emissão de várias duplicatas, cujos valores de face somados montam ao da nota fiscal fatura.

Havendo interesse da contratada em receber antecipadamente os valores devidos antes do vencimento das datas pactuadas nas duplicatas, ela pode realizar uma operação de desconto desse título cambial junto ao mercado bancário comercial, que lhe antecipa o numerário. Porém, essa operação incide em custo financeiro.

Para tanto, há que se prever o número de faturas a serem emitidas e o respectivo volume monetário, durante o transcorrer do contrato, e, especialmente, o tempo a ser mobilizado o capital de giro, pois o seu custo é função direta do volume monetário e do tempo necessário de sua utilização.

O procedimento recomendável é analisar o comportamento do fluxo de caixa do projeto, compatibilizando-o com o fluxo de caixa da empresa em um horizonte de tempo que considere o período total de realização do projeto. Esse procedimento tem o intuito de constatar as reais necessidades de caixa e efetuar o menor número possível de operações de desconto, compatíveis, porém, com as reais necessidades de capital de giro.

A previsão do montante dos juros a serem incorridos é função do capital de giro, descontados possíveis adiantamentos a serem realizados pelos clientes, da taxa de desconto bancário e do número de duplicatas a serem descontadas, conforme expresso na Equação 3.24.

Adota-se como nomenclatura o seguinte: i_B, para a taxa de desconto bancário; t_C corresponde ao número de meses previstos para a realização do contrato ou o número de faturas a serem emitidas; e NF, ao número de faturas a serem descontadas. Então:

$$DD = i_B \times VCG \times \frac{NF}{t_C}$$

Equação 3.21

Substituindo a expressão do capital de giro pelas suas variáveis componentes, tem-se:

$$DD = i_B \times (CI + CD + VR - AD) \times \frac{NF}{t_C}$$

Equação 3.22

A expressão da Equação 3.25 apresenta uma restrição, qual seja, NF $\leq t_C$. Essa restrição indica que o número de faturas a serem emitidas corresponderá, no máximo, ao número de meses do contrato. Esse procedimento se justifica por ser comum na indústria da construção a emissão mensal de apenas uma fatura cujas duplicatas correspondem ao montante do valor dos serviços medidos e realizados para cada contrato.

3.3.4 Custo da retenção em garantia (RG)

O custo de retenção em garantia ocorre quando existe cláusula contratual prevendo a retenção de uma porcentagem sobre o valor total de cada fatura, valor esse dado em garantia pelos serviços executados. O montante retido é devolvido ao contratado depois de conclusos ou aceitos os serviços.

O entendimento do ponto de vista financeiro é de que o valor retido, em face da imobilização e da impossibilidade de movimentação de capital próprio, custa à empresa, no mínimo, o equivalente ao seu custo de oportunidade (i_E). De acordo com esse entendimento, o contratado incorre em custo de capital a ser arcado pelo contratante.

Considera-se t_C a data prevista para pagamento da última fatura e t_D o lapso de tempo previsto entre a data de pagamento da última fatura e a data prevista para a devolução do montante do valor retido, ambos medidos em meses pois, via de regra, corresponde ao período de emissão das faturas. Esquematicamente, mostra-se essa relação na Figura 3.6.

Figura 3.6 – Análise do tempo de retenção em garantia

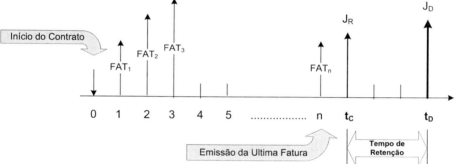

Fonte: os autores

O custo total da retenção em garantia é dado na Equação 3.26, em que J_R corresponde ao somatório dos juros incidentes sobre o valor retido, mensalmente, sobre o montante de cada fatura, e J_D, aos juros correspondentes ao tempo de devolução do valor retido, contado da data prevista de pagamento da última fatura até a data do efetivo pagamento. Então:

$$RG = J_R + J_D \qquad \text{Equação 3.23}$$

O modelo de cálculo do custo da retenção em garantia proposto prevê a emissão de uma fatura mensal, cuja quitação ocorrerá no lapso de um mês após a sua emissão.

Nessas condições, para a aplicação do modelo, tanto o momento t_C como o t_D são contados em meses, período perfeitamente plausível, pois as medições e os pagamentos são geralmente efetuados em base mensal. E o pagamento ao contratado do valor retido sobre cada parcela, a fatura, é previsto para ocorrer na data de quitação da última fatura no modelo t_c.

Definindo a seguir os valores dos juros incorridos no prazo de devolução (J_R) e os juros por devolução (J_D), tem-se o que será exposto a seguir.

Cálculo de juros incorridos no prazo de devolução (J_R)

Adota-se como nomenclatura: FAT, como o valor de cada fatura emitida no período n; k_R expressa o percentual contratual a ser retido pelo contratante sobre o valor de cada fatura; e i_p representa o custo de capital próprio já definido anteriormente.

Adotando a matemática dos juros simples, o montante dos juros sobre as faturas retidas na data t_c é dado pelo modelo exposto na Equação 3.27.

$$J_R = k_R \times \sum_{k=1}^{n} (FAT_n \times i_p \times t_{t_C - k})$$

Equação 3.24

Cálculo de juros por devolução (J_D)

No modelo aqui proposto, os juros incidentes sobre a retenção em garantia de um percentual de cada parcela paga são previstos para vencer na data de pagamento (t_c) da última parcela.

Utilizando a matemática dos juros simples para a definição de JD, tem-se:

$$J_D = J_R (1 + i_E \times (t_D - t_C)) \text{ Equação 3.28}$$

Equação 3.25

Como o cálculo desses juros, são avaliados durante a elaboração do BDI o valor a ser atribuído a cada possível futura fatura mensal correspondente ao valor previsto para os custos constantes em cada fluxo de caixa previsto para o projeto. No item 3.4 e no Capítulo 6 é discutida a relação do capital de giro com o fluxo de caixa.

3.4 Volume do capital de giro (VCG)

3.4.1 Tipos de abordagem

O montante das exigibilidades a serem investidas no capital de giro de um projeto ou empreendimento pode ser calculado a partir de duas abordagens:

i. quanto ao montante do capital movimentado pelo projeto;

ii. quanto ao nível de investimento segundo o fluxo de caixa.

A diferença entre as duas abordagens é que, na primeira, o custo do capital incidirá sobre o total do capital empregado para a realização do projeto, considerando nesse os custos diretos e os indiretos. E na segunda o custo de capital incidirá, exclusivamente, sobre o nível de capital de giro utilizado em cada período. Assim sendo, ao haver disponibilidade de caixa gerada pelo próprio projeto, é recomendado prever a redução do nível de capital de giro em utilização e, em decorrência, do custo de capital. Esse procedimento permite a redução dos custos financeiros totais e, consequentemente, do valor do BDI.

3.4.2 Montante do capital de giro movimentado

Neste item será analisada uma metodologia visando quantificar o capital de giro segundo as exigibilidades ou movimentação de capital necessário ao cumprimento de um contrato.

Os autores entendem que, em obras por encomenda, como é o caso de empreitadas e serviços na indústria da construção, as variáveis a compor o capital de giro serão aquelas sobre as quais se deseja obter lucro, ou seja: o total dos custos indiretos (CI); o total dos custos diretos (CD); e o montante do risco (VR).

Estando prevista a possibilidade do adiantamento de algum valor (AD) pelo contratante, esse adiantamento poderá ser abatido do volume do capital de giro calculado, fato que permite alguma redução do valor do custo financeiro a participar do BDI.

Assim sendo, a expressão do capital de giro definido em função de suas principais variáveis componentes corresponde ao modelo da Equação 3.20:

$$VCG = \Sigma\ CI + \Sigma\ CD + \Sigma VR - AD$$

Substituindo, nessa fórmula, a expressão dos custos indiretos pelas suas variáveis constitutivas, menos o custo financeiro, obtém-se o modelo final do volume de capital de giro demandado pelo projeto, conforme Equação 3.29.

$$VCG = \Sigma(CGP + CGA + CMR + CMV) + \Sigma CD + \Sigma VR - AD \qquad \text{Equação 3.26}$$

Justifica-se a exclusão do custo financeiro na formação do volume do capital de giro, por ser uma variável que compõe os custos indiretos e, desse modo, já participar na formação do BDI. Assim procedendo, evita-se a reincidência do custo financeiro no BDI.

3.4.3 Capital de giro e fluxo de caixa

Sob essa abordagem, o custo financeiro será calculado somente sobre o volume de capital de giro demandado, período a período, de modo a atender as efetivas exigibilidades de caixa.

Matematicamente, o volume de capital de giro previsto para um período qualquer n, dado o fluxo de caixa previsto para esse mesmo momento, é dado pelo somatório dos fluxos de caixa acumulados, segundo modelo expresso na Equação 3.30.

$$VCG_n = VCG_{(n-1)} + FC_n \qquad \text{Equação 3.27}$$

Da Equação 3.30 infere-se que os custos financeiros oscilarão, para maior ou menor, conforme a demanda do volume do capital de giro disponível.

Sendo $VCG_n \geq 0$, não há necessidade de investimento em capital de giro e, em decorrência, inexistirão custos financeiros. Se $VCG_n < 0$, há necessidade de investir em capital de giro, o que demandará custos financeiros.

Como exemplo de determinação do volume e dos juros incidentes sobre o capital de giro, considera-se o caso de uma empresa que dispõe de um projeto cujo fluxo de caixa está expresso na Figura 3.7. Ela adota como política financeira cobrir o próprio capital de giro. Sabe-se que a empresa dispõe de R$ 37.000,00 de capital próprio, adota uma taxa de atratividade de 1% ao mês e recebeu proposta para o financiamento do capital de giro a taxa de 3% ao mês.

Figura 3.7 – Cálculo do volume do capital de giro

Capital de giro	Valores em R$ mil							
Período - mês	1	2	3	4	5	6	7	8
Fluxo de caixa - Projetado	- 52	- 49	0	30	65	65	80	-22
Geração de caixa - VCG_n	- 52	**- 101**	- 101	- 71	- 6	59	139	117
Investimento em capital de giro	+ 52	+ 49	0	0	0	0	0	0

Fontes: os autores

Disponível o fluxo de caixa e realizada a soma acumulada desse, período a período, chega-se à definição da disponibilidade de caixa a cada período. Ressalta-se que, no período em que o ocorrer a pior disponibilidade acumulada de caixa, ou seja, quando o nível for mais negativo, esse é o nível máximo de investimento em capital de giro demandado pelo projeto. No caso, o valor de R$ (-) 101.000,00 a ocorrer no segundo mês.

Com as informações mencionadas, torna-se possível calcular o custo do investimento em capital de giro. Assim sendo, duas alternativas de gestão são propostas para o caso:

i. suprir a demanda de capital de giro somente com capital de terceiros durante todo o período;

ii. otimizar o uso de capital de terceiros, utilizando-o para suplementar o capital próprio.

Alternativa 1 – Utilizando capital de terceiros durante todo o tempo de demanda de capital de giro pelo projeto

1º - Definição das percentagens dos capitais.
Capital próprio = R$ 37
Capital de terceiros = 101 − 37 = R$ 64

$$k_P = \frac{\text{Capital Próprio}}{\text{Capital de Giro}} = \frac{37}{101} = 0,3663 \therefore k_T = (1 - k_P) = 0,6337$$

2º - Definição do montante do capital de giro.
$VCG_T = 1 \times 52 + 2 \times 101 + 1 \times 71 + 1 \times 6 \therefore VCG_T = R\$ 331.000,00$

3º - Custo do capital de giro.
CGT = CCP + CCT
$CCP = I_P \times k_P \times VCG_T = 0,01 \times 0,3663 \times 331 \therefore CCP = R\$ 1,2125\ mil$
$CCT = I_T \times k_T \times VCG_T = 0,03 \times 0,6337 \times 331 \therefore CCT = R\$ 6,2926\ mil$
CGT = 1,2125 mil + 6,2926 mil = R$ 7,5051 mil

Alternativa 2 – Otimizando o uso de capital de terceiros

Nesta solução o objetivo é considerar, sobre cada fonte de capital disponível, o respectivo custo de capital. Assim sendo, recomenda-se definir, separadamente, o nível de uso do capital próprio e o de terceiros. O custo de capital total será dado pela soma dos dois custos considerados. Para tanto, pode-se adotar a metodologia exposta na Figura 3.8.

Figura 3.8 – Capital de giro próprio e de terceiros

Análise do capital de giro	Valores em R$ mil							
Mês	1	2	3	4	5	6	7	8
Nível de CG em uso:	- 52	- 101	- 101	- 71	- 6	59	139	117
Nível de capital próprio	37	37	37	37	6	-	-	-
Nível de capital de terceiros	15	64	64	34	-	-	-	-

Fontes: os autores

1º - Custo do capital de giro
$CCP = i_p \times k_p \times VCG_{Próprio}$
$CCP = 0{,}01 \times 1 \times (37+37+37+37+6) \therefore CCP = R\$ 1{,}54$ mil
$CCT = i_T \times k_T \times VCG_{Terceiros}$
$CCT = 0{,}03 \times 1 \times (15+64+64+34) \therefore CCT = R\$ 5{,}31$ mil

2º - Custo total do capital de giro
$CGT = CCP + CCT \therefore CGT = 1{,}54$ mil $+ 5{,}31$ mil $= R\$ 6{,}85$ mil

Ao ser comparado o custo de capital total obtido na alternativa 2 com o da alternativa 1, verifica-se que o montante obtido pela segunda solução é inferior ao da primeira, já que 6,85 < 7,5051, fato que recomenda a adoção do segundo procedimento para a definição do gerenciamento do capital de giro.

3.5 Resumo das metodologias

3.5.1 Cálculo do BDI

Visando facilitar a aplicação do assunto tratado, são apresentadas a seguir as metodologias de cálculo do IBDI em que a Figura 3.9 dispõe a metodologia do BDI na opção pelo lucro real e a Figura 3.10, a metodologia do BDI nas opções tributárias adotando o lucro presumido e pelo Simples Nacional.

Figura 3.9 – Metodologia do BDI: opção pelo lucro real

	Definições:
1ª etapa	A administração superior define a margem de lucro líquido: $\mu_{LIQUIDO}$ Estabelecer o fator de majoração da margem: $(1-\alpha_L) = (1-(\alpha_{IR}+\alpha_{CS}))$ Calcular o fator de majoração do faturamento: $(1-\alpha_F) \therefore \alpha_F = \alpha_{PIS} + \alpha_{COFINS} + \alpha_{ISS}$
2º etapa	Calcular os custos indiretos: CI = (CGP+CGA+CFI+CMR+CMV)

3º etapa	Calcular o BDI, em valor monetário: $BDI = CI + VR + ML$ $BDI^{Líquido} = CI + VR + \frac{1}{4}_{LIQUIDO}(CI + CD + VR)$ $BDI^{Bruto} = CI + VR + \frac{\mu_{Líquido}}{1 - \alpha_L}(CI + CD + VR)$
4º etapa	Calcular o índice do BDI líquido I$^\star_{BDI}$: $k = \dfrac{BDI^{Líquido}}{CD}$ ∴ $I^*_{BDI} = (k+1)$
5º etapa	Calcular o índice do BDI bruto: $I_{BDI} = \dfrac{I^*_{BDI}}{1 - \alpha_F}$
6º etapa	Calcular o preço do produto ou serviço: $Preço = I_{BDI} \times CD$

Fontes: os autores

Figura 3.10 – Metodologia do BDI: opção pelo lucro presumido e o Simples

1º etapa	Definições: A administração superior define a margem de lucro líquido: μ_L Calcular o fator de majoração do faturamento: $(1 - \alpha_F)$ $\alpha_F = (\alpha_{PIS} + \alpha_{Cofins} + \alpha_{ISS} + \alpha_{IR} + \alpha_{CSLL})$
2º etapa	Calcular os custos indiretos: $CI = \Sigma(CGP+CGA+CFI+CMR+CMV)$
3º etapa	Calcular o BDI em valor monetário: $BDI = CI + VR + ML$ $BDI^{Líquido} = CI + VR + \frac{1}{4}(CI + CD + VR)$
4º etapa	Calcular o índice líquido (I^*_{BDI}): $K = \dfrac{BDI^{Líquido}}{CD}$ ∴ $I^*_{BDI} = (k+1)$
5º etapa	Calcular o índice bruto (I_{BDI}): $I_{BDI} = \dfrac{I^*_{BDI}}{(1 - \alpha_F)}$
6º etapa	Calcular o preço do produto ou serviço: $Preço = I_{BDI} \times CD$

Fonte: os autores

3.5.2 Cálculo do custo financeiro

A tabela da Figura 3.11 resume a metodologia proposta para a determinação do montante do custo financeiro:

Figura 3.11 – Metodologia do custo financeiro: proposta

1ª etapa	A administração estabelece os seguintes coeficientes ou fatores: μ: Margem de lucro i_P: Custo de capital ou taxa de oportunidade da empresa i_T: Custo de capital de terceiros i_D: Taxa de desconto bancário sobre duplicatas k_P: Fração do capital de giro próprio a ser alocado ao contrato k_T: Fração do capital de giro de terceiros a ser alocado ao contrato k_R: Fração contratual retida sobre o valor da fatura
2ª etapa	Determinação do capital de giro $$VCG = \Sigma(CGP+CGA+CMR+CMV) + \Sigma CD + \Sigma VR - AD$$ ou $$VCG = \Sigma CI^* + \Sigma CD + \Sigma VR - AD$$
3ª etapa	Cálculo das variáveis formadoras do CFI: a) Capital próprio: $\quad CCP = i_P \times t_P \times k_P \times VCG$ b) Capital de terceiros: $\quad CCT = i_T \times t_T \times k_T \times VCG$ $$D = i_B \times (C + D + R - D) \times \frac{N}{t_C}$$ c) Desconto de duplicatas: d) Retenção em garantia: $\quad RG = JR(1 + i_E \times (t_D - t_C))$ $$JR = I_E \times k_R \times (C^* + D + R) \times (\frac{t_C + 1}{2} \times t_C)$$
4ª etapa	Cálculo do montante do custo financeiro: $$CFI = (1 - \mu) \times \Sigma (CCP + CCT + DD + RG)$$

Fonte: os autores

3.6 BDI e TCU

É reconhecido e constatado a expressiva participação de empresas de engenharia e construção em licitações de obras públicas. Assim sendo, este item discutirá a formação do BDI segundo o entendimento do Tribunal de Contas da União (TCU).

Considerando que o TCU denomina o BDI de LDI — Lucro e Despesas Indiretas —, essas duas nomenclaturas serão utilizadas indistintamente no texto a seguir.

3.6.1 Base legal

O TCU, por meio do Acórdão 325 de 2007, Art. 127 § 7°, passou a exigir que conste das licitações públicas quais as variáveis componentes do BDI e a orientar quais custos de atividades de obras ou serviços de engenharia deverão ser alocadas em orçamento ou a integrar o BDI.

Além disso, com o advento da Lei n° 12.309/2010, ficou definido que o preço de referência das obras e serviços de engenharia será aquele resultante da composição do custo unitário direto do sistema utilizado, acrescido do percentual de Benefícios e Despesas Indiretas (BDI), evidenciando em sua composição no mínimo:

I. a taxa de rateio da administração central;

II. os percentuais de tributos incidentes sobre o preço do serviço, excluídos aqueles de natureza direta e personalística que oneram o contratado;

III. a taxa de risco, seguro e garantia do empreendimento; e

IV. a taxa de lucro.

O acórdão citado recomenda fazer integrar a planilha orçamentaria e não o BDI:

a. ferramentas e equipamentos de qualquer natureza necessários para a execução das obras;

b. licenças, taxas e emolumentos incorridos na aprovação de projetos, expedição de Alvará de Construção, expedição de Carta de Habite-se, Registros Cartoriais ou outros valores pagos aos diversos órgãos envolvidos no processo de implantação da obra (prefeitura, órgão de fiscalização, concessionárias de serviços públicos, Conselho Regional de Engenharia, Arquitetura e Agronomia, entre outros);

c. despesas com saúde, medicina e segurança no trabalho, necessárias à prevenção e manutenção da saúde dos recursos humanos necessários à execução dos serviços;

d. despesas com medidas mitigadoras de danos ambientais decorrentes da obra;

e. outras despesas decorrentes da execução das obras e não incluídas nas composições unitárias, as quais deverão estar detalhadas na planilha.

Os acórdãos de números 1.427/2007, 440/2008, 1.685/2008, todos do Plenário, recomendam constar da planilha orçamentária com detalhamento adequado e devidamente motivados os itens:

- administração local;
- instalação de canteiro e acampamento;
- mobilização e desmobilização.

Recomendam também que o dimensionamento desses itens deve estar em conformidade com o porte, a localização, a complexidade, o prazo de execução e os requisitos de qualidade da obra, bem como com as determinações da legislação específica para medicina e segurança do trabalho.

Além disso, a Lei n.º 8.666, de 21/06/1993, em seu art. 40, deixa claro que o pagamento da mobilização e instalação do canteiro de obras deve ser obrigatoriamente previsto e ser efetuado em separado das demais parcelas, etapas ou tarefas orçadas.

Em complementação aos itens mencionados, orienta o TCU:

a. O item administração local contemplará, dentre outros, as despesas para atender às necessidades da obra com pessoal técnico, administrativo e de apoio, compreendendo o supervisor, o engenheiro responsável pela obra, engenheiros setoriais, o mestre de obra, encarregados, técnico de produção, apontador, almoxarife, motorista, porteiro, equipe de escritório, vigias e serventes de canteiro, mecânicos de manutenção, a equipe de topografia, a equipe de medicina e segurança do trabalho etc., bem como os equipamentos de proteção individual e coletiva de toda a obra, as ferramentas manuais, a alimentação e o transporte de todos os funcionários e o controle tecnológico de qualidade dos materiais e da obra;

b. O item instalação de canteiro de obra remunerará, dentre outras, as despesas com a infraestrutura física da obra necessária ao perfeito desenvolvimento da execução composta de construção provisória, compatível com a utilização, para escritório da obra, sanitários, oficinas, centrais de fôrma, armação, instalações industriais, cozinha/refeitório, vestiários, alojamentos, tapumes, bandeja salva-vidas, estradas de acesso, placas da obra e instalações provisórias de água, esgoto, telefone e energia;

c. Os itens mobilização e desmobilização se restringirão a cobrir as despesas com transporte, carga e descarga necessários à mobilização e à desmobilização dos equipamentos e mão de obra utilizada no canteiro.

3.6.2 Modelo do LDI.

Do Acórdão n.º 325/2007 combinado com a Lei nº 12.309/2010 resultaram as seguintes fórmulas visando estabelecer o preço de vendas:

$$PV = CD \times (1+LDI)$$

em que: PV = preço de venda; CD = custo direto; LDI = taxa de lucro e despesas indiretas.

Para que se obtenha a taxa que corresponda ao LDI é necessário dispor de uma fórmula que reflita adequadamente a incidência de cada um de seus componentes sobre os custos diretos. O acórdão citado estabeleceu a seguinte fórmula para o cálculo do LDI:

$$LDI = \left\{ \frac{(1 + AC) \cdot (1 + DF) \cdot (1 + R) \cdot (1 + L)}{(1 - I)} \right\} - 1 \qquad \text{Equação 3.28}$$

em que: AC = taxa de rateio da Administração Central; DF = taxa das despesas financeiras; R = taxa de risco, seguro e garantia do empreendimento; I = taxa de tributos; L = taxa de lucro.

É importante ressaltar que a variável I, taxa de tributos constante na Equação 3.31, não contempla IR e a CSLL. Entende o TCU serem esses tributos de natureza direta e personalística que oneram, pessoalmente, o contratado, não devendo ser repassados ao contratante. Logo, não integram o BDI (LDI) nem a planilha orçamentária (conforme Súmula TCU n.º 254/2.010).

Por instrução do TCU (BRASIL, 2010, p. 184) para o cálculo do BDI, consideram-se:

> • despesas diretas ou custos diretos – soma dos custos dos insumos relativos a materiais, equipamentos e mão-de-obra necessários à realização de obra ou serviço. São custos que se agregam ao processo produtivo e podem ser medidos com objetividade;
>
> • despesas indiretas ou custos indiretos – soma dos custos não relacionados diretamente com o empreendimento. São custos que nem sempre podem ser medidos com objetividade;
>
> • lucro – remuneração da empresa. E igual a diferença entre o preço de determinada obra ou serviço e os custos diretos e indiretos para realização. É um percentual do custo orçado.
>
> Integram a taxa de BDI os itens a seguir relacionados:
>
> • caução, seguro, despesa financeira e custo eventual;
>
> • administração central da empresa;
>
> • imposto sobre serviços - ISS;
>
> • contribuição provisória sobre movimentação financeira (CPMF);
>
> • contribuição ao programa de integração social (PIS);
>
> • contribuição para seguridade social (Cofins).

3.6.3 Referências de taxas do BDI

No Acórdão n.º 325/2007, o TCU estabelece valores das faixas referenciais dos percentuais a serem observados por órgãos públicos quanto à variação das despesas indiretas a serem adotadas em obras de implantação de linhas de transmissão de energia e subestações, as quais são consideradas na formação do LDI ou BDI.

Figura 3.12 – LDI: faixas-limite referencial do TCU

Descrição	Taxas %			Parcela da fórmula
	Mínima	Média	Máxima	
Garantia	-	0,21	0,42	R
Risco	-	0,97	2,05	
Administração central	0,11	4,07	8,03	AC
Despesas financeiras	-	0,59	1,20	DF
Lucro	3,83	6,90	9,96	L
Cofins	3,00	3,00	3,00	
PIS	0,65	0,65	0,65	I
ISS	2,00	3,62	5,00	
LDI - calculado	10,17	22,10	34,85	LDI
Faixa limite referencial do TCU	16,36	22,61	28,87	

Fonte: os autores

Além das taxas consideradas a integrar o BDI, o TCU também estabelece os valores máximos admissíveis para a administração local a constar das planilhas orçamentárias conforme Figura 3.13.

Figura 3.13 – Taxas máximas admissíveis para a administração central

Valor do contratado em R$	Administração local
Até 50 milhões	5 %
De 50 a 80 milhões	4 %
Acima de 80 milhões	3 %

Fonte: os autores

Embora seja um estudo específico para obras de implantação de linhas de transmissão de energia, existem entendimentos no TCU de que a adoção das fórmulas de cálculo e da constituição da taxa de BDI consideradas no Acórdão n.º 325/2007 possa ser utilizada para todas as obras de engenharia.

Assim sendo, recomenda-se que, ao efetuar suas propostas de preços, as empresas justifiquem a adoção de parâmetros distintos desses. Isso porque a generalização desses parâmetros para quaisquer propostas de preços pode não atender às especificidades e exigibilidades de outros tipos de obras ou serviços de engenharia.

3.7 Exercícios resolvidos

3.7.1 Opção tributária

Resolva o caso a seguir considerando a opção tributária pelo lucro real e pelo lucro presumido.

Atenção:

a. A solução de cada caso tem como premissa já ter sido efetuada a opção tributária pelo lucro real ou pelo lucro presumido pela empresa. Assim sendo, os dois casos são mutuamente exclusivos.

b. Nos dois casos, a metodologia proposta considera a definição, *a priori*, do montante do lucro esperado. E o lucro será definido somando os capitais mobilizados na realização dos serviços, excetuando-se os tributos. No caso, são os custos indiretos, o custo direto e o valor do risco. Nesses termos, o montante do lucro é dado por: $ML = \mu_L (CI + CD + VR)$.

Como gestor de uma empresa de engenharia lhe cabe a responsabilidade de estabelecer:

I. o valor total das alíquotas incidentes sobre o lucro antes da incidência do imposto de renda devido pela empresa (LAIR);

II. o índice do BDI a constar de cada proposta de preço;

III. o preço global de propostas.

Calcule o BDI a ser adotado em nova proposta de preços para a realização de uma empreitada em que ocorre o fornecimento de material e mão de obra, dispondo das seguintes informações:

- a empresa pratica uma margem de lucro de 18%;
- o planejamento de caixa da empresa para o próximo exercício prevê um lucro bruto antes da provisão para o Imposto de Renda (LAIR) na ordem dos R$ 1.300.000,00;

- o faturamento da empresa para o próximo exercício está previsto em R$ 7.222.000,00;
- o orçamento do custo direto da obra foi de R$ 1.600.000,00;
- custos indiretos de obra R$ 410.000,00;
- possíveis custos com acidentes ou seguros avaliados em R$ 78.000,00;
- despesas indiretas a serem suportados pela obra, no montante de R$ 320.000,00;
- mão de obra, equipamentos e insumos fornecidos pela empresa.

I   *Caso da opção pelo lucro real*

No caso da opção pelo lucro real, os tributos incidem sobre o lucro e sobre o faturamento. Para o cálculo do I_{BDI}, recomenda-se:

- determinar o montante do lucro;
- calcular o lucro operacional bruto (LAIR);
- calcular as receitas líquidas;
- calcular o preço total ou faturamento;

- definir o I_{BDI}.

1º) Determinação do montante do lucro

$ML = \mu_L\ (CGA + CGP + VR + CD)$

$ML = 0,18 \times (410.000 + 320.000 + 78.000 + 1.600.000)\ \therefore$

$ML = 0,18 \times 2.408.000$

$\underline{ML = R\$\ 433.440,00}$

2º) Cálculo do lucro operacional bruto (LAIR)

$ML = LAIR - IR - CSLL$

$ML = LAIR - 0,15\ LAIR - 0,10\ (LAIR - 240.000) - 0,09\ LAIR\ \therefore$

$433.440,00 = LAIR - 0,15\ LAIR - 0,10\ (LAIR - 240.000) - 0,09\ LAIR\ \therefore$

$433.440,00 = 0,66\ LAIR - 24.000,00\ \therefore\ 0,66\ LAIR = 409.440,00$

3º) Cálculo das receitas líquidas
Receitas Líquidas = LAIR + CGP + CGA + CD + VR
RL = 620.363,64 + 410.000 + 320.000 + 78.000 + 1.600.000
RL = R$ 3.028.363,64

4º) Cálculo do preço total ou faturamento

O total da soma dos tributos incidentes sobre o faturamento , pois se tem: ISS = 3%; Cofins = 7,60%; PIS-Pasep = 0,67%. Assim sendo, o faturamento previsto para o contrato é dado por:

$$\frac{\text{Receitas Liquidas}}{1 - \sum \alpha_{FAT}} = \frac{3.028.363.64}{1 - 0,1127} \therefore FAT = 3.413.009,85$$

5º) Cálculo do I_{BDI}

$$I_{BDI} = \frac{\text{Faturamento}}{\text{Custo Direto}} = \frac{3.413.009,85}{1.600.000,00} \therefore I_{BDI} = 2,1331$$

Figura 3.14 – Demonstrativo de Resultado da obra: lucro real

Item	Valor	Resultado
1 – Faturamento		3.413.009,85
2 – Tributos		- 384.646,21
ISS = 3%	102.390,30	
Cofins = 7,60%	259.388,75	
PIS-Pasep = 0,67%	22.867,16	
3 – Receitas líquidas		3.028.363.64
4 – Custos		-2.088.000,00
Custos diretos de Obra	1.600.000,00	
Custos indiretos	410.000,00	
Custos de riscos	78.000,00	
5 – Despesas		- 320.000,00
Despesas administrativas rateadas	320.000,00	
6 – Lucro operacional bruto (LAIR)		620.363,64
7 – Provisões		- 186.923,64
Imposto de renda	131.090,91	
Contr. social s/ lucro líquido = 9%	55.832,73	
8 – Lucro líquido		433.440,00

Fontes: os autores

6º) Análise de resultado

Da metodologia adotada, pode-se verificar, segundo expresso no Demonstrativo de Resultado da Obra (DRO), o exposto na Figura 3.14: alcançar o preço da obra o valor de R$ 3.413.009,85; ser o I_{BDI} = 2,1331.

II   *Caso da opção pelo lucro presumido*

No caso da haver opção pelo lucro presumido, todos os tributos incidirão sobre o faturamento. E, sendo uma empreitada em que que ocorre o fornecimento de material e mão de obra, o percentual de presunção é de 8%.

Para a solução dessa opção, recomenda-se adotar a seguinte metodologia:

- calcular a soma dos percentuais dos tributos incidentes sobre o faturamento;
- determinar o montante do lucro;
- determinar do preço da proposta ou RBP;
- determinar o I_{BDI}.

1º) Total dos tributos incidentes sobre o faturamento:

$$TRI_{FAT} = \sum_{\alpha=1}^{n} \alpha_{RBP} \times FAT$$

Considere-se:

ISS = 3,00%; Cofins = 3,00%; PIS-Pasep = 0,67%;
CSLL = $\varphi_{LP} \times \alpha_{LP}$ = 0,08 × 9% ∴ α_{CS} = 0,72%;
Imposto de Renda: IR_{RBP} = 0,020 RBP − 1.920,00

➤ Determinação do Imposto de Renda em função da RBP:

Sendo uma empreitada com fornecimento de material e mão de obra, o fator de presunção arbitrado é: φ_{LP} = 8%.

IR_{LP} = 0,15 x φ_{LP} x RBP + 0,10 x φ_{LP} x (RBP − 240.000)
IR_{LP} = 0,15 x 0,08 x RBP + 0,10 x 0,08 (RBP − 240.000) ∴
IR_{LP} = 0,0120 RBP + 0,0080 RBP − 1.920,00 ∴ IR_{RBP} = 0,020 RBP − 1.920,00

➤ Determinação dos tributos:

TRI_{RBP} = α_{ISS} RBP + α_{Cofins} RBP + $\alpha_{P/P}$ RBP + α_{CS} RBP + IR_{RBP}
TRI_{RBP} = (0,03 + 0,03 + 0,0067 + 0,072) RBP + IR_{RBP}
TRI_{RBP} = 0,0739 RPB + 0,020 RBP − 1.920,00 ∴
$\underline{TRI_{RBP} = 0,0939\ RPB − 1.920,00}$

2º) Determinação do montante do lucro

$ML = \mu_L \, (CGA + CGP + CD + VR)$

$ML = 0{,}18 \times (410.000 + 320.000 + 78.000 + 1.600.000) \therefore ML = 0{,}18 \times 2.408.000$

$\underline{ML = R\$\ 433.440{,}00}$

3º) Determinação do preço da proposta ou RBP

$RBP = CGA + CGP + VR + ML + TRI$

Considere: $CD + CGA + CGP + VR + ML = 2.841.440$

$RBP = 410.000 + 320.000 + 78.000 + 1.600.000 + 433.440 + TRI$

$RBP = 2.841.440 + (0{,}0939 \, RPB - 1.920{,}00)$

$2.839.520 = RBP - 0{,}0939 \, RBP \therefore 0{,}9061 \, RBP = 2.839.520 \therefore$

$\underline{RBP = R\$\ 3.133.782{,}14}$

4º) Determinação do I_{BDI}

$$I_{BDI} = \frac{RBP}{CD} = \frac{3.133.782,14}{1.600.000,00} \therefore I_{BDI} = 1{,}9586$$

5º) Análise de resultado

Conforme a metodologia proposta, o lucro previsto para o contrato no montante de R$ 433.440,00 fica garantido sob as duas opções tributárias, ou seja, no lucro real ou no lucro presumido. Situação exposta no demonstrativo de resultado, Figura 3.15.

Além disso, ficou verificado que a margem de lucro não incidiu sobre os tributos, fato que melhora a competitividade da empresa dada a redução do BDI.

Finalizando, ressalta-se o cuidado quando da decisão quanto à opção do regime tributário da empresa. Conforme o nível de faturamento, da composição dos custos diretos e indiretos, do rédito financeiro e da depreciação, a opção tributária pode fazer com que a empresa seja mais competitiva.

Figura 3.15 – Demonstrativo de Resultado da Obra: lucro presumido

Item	Valor	Resultado
1 – Faturamento		3.133.782,14
2 – Tributos		292.342,14
ISS = 3,00%	94.013,46	
Cofins = 3,00%	94.013,46	
PIS-Pasep = 0,67%	20.996,34	
CSLL = 0,72%	22.563,23	
Imposto de Renda = 0,020 RPB – 1.920,00	60.755,64	
3 – Receitas líquidas		2.841.440,00
4 – Custos		-2.088.000,00
Custos diretos de obra	1.600.000,00	
Custos indiretos	410.000,00	
Custos de riscos	78.000,00	
5 – Despesas		- 320.000,00
Despesas administrativas rateadas	320.000,00	
6 – Lucro operacional bruto ≡ lucro líquido		433.440,00

Fontes: os autores

3.7.2 Caso da licitação de obra: conjunto poliesportivo

A empresa BPB - Engenharia e Comércio S/A — empresa em que VOCÊ é o responsável técnico —, está analisando um edital de licitação com o objetivo de apresentar proposta para a construção de um conjunto poliesportivo.

Ficou sob sua responsabilidade definir qual poderá ser o BDI a ser utilizado pela empresa no citado empreendimento. Para tanto, o departamento de planejamento e engenharia lhe forneceu os seguintes dados:

a. em reunião da diretoria colegiada da "BPB", ficou decidido que o lucro pretendido sobre contratos futuros deverá ser de 15%;

b. os custos diretos de construção orçados pelo departamento de planejamento para a realização do empreendimento montam a R$ 22.700.000,00;

c. o prazo previsto para a realização das obras é de 18 meses;

d. a "BPB" está realizando, hoje, oito obras, de porte médio a grande, todas a serem concluídas em um horizonte que varia de 24 a 44 meses;

e. balancetes mensais fornecidos pelo departamento de contabilidade, relativos ao último semestre, indicam que os custos gerais de administração do escritório central da "BPB", incluindo salários de diretores e de pessoal administrativo, aluguel de instalações administrativas, despesas com água, luz, telefone e material de expediente, bem como despesas de deslocamento de diretores e funcionários para vender os produtos da "BPB", têm se mantido na ordem de R$ 445.000,00 mensais;

f. para a realização das obras em questão, foram previstas diversas despesas mensais, relacionadas no Quadro 1;

g. despesas com pessoal de chefia e apoio a ser contratado para trabalhar para o empreendimento, tanto no local das obras como no escritório central, foram relacionadas no Quadro 2;

h. aluguel de três veículos leves ao custo de R$1.800,00/mês/veículo;

i. despesas com combustível: 960,00 litros/mês;

j. despesas com lubrificantes: 20 litros/mês;

k. o índice utilizado para a definição de encargos sociais foi de 1,602;

l. o capital de giro previsto é equivalente a dois meses de produção, ao custo de 7,0% (sete por cento) ao mês;

m. previsão das alíquotas dos tributos incidentes sobre o faturamento são: IR = 21% e CSLL = 9%;

n. a alíquota do Imposto de Renda conforme tabela da Receita Federal;

o. os dados sobre os equipamentos próprios a serem alocados aos serviços são os relacionados no Quadro 3. Por rotina orçamentária, a empresa não considera o valor da depreciação de equipamentos nos custos horários de produção. Nesse quadro consta o número de cada tipo de equipamento a ser mobilizado para a realização do trabalho em questão;

p. é prevista uma semana de 5 dias, com 44 horas trabalhadas semanais;

q. foi realizada vistoria em uma casa lindeira à obra e, devido à escavação junto à linha divisória, foi levantada a possibilidade de deslizamento de terra, em um volume estimado de 460 m³;

r. do orçamento da obra foram levantados os seguintes valores: custo de remoção de terra: 5,00 R$/m³; custo de reaterro compactado 7,50 R$/m³;

s. o somatório dos tributos incidentes sobre o faturamento monta a 11,27%, sendo que a alíquota do ISS é de 3%.

Quadro 1 – Despesas administrativas mensais

Item	Valor R$/ mês
12 diárias mensais	130,00/diária
14 viagens de avião	638,00/pessoa/viagem
Aluguel de escritório local	1.200,00
Despesas de água	550,00
Despesas de luz	1700,00
Despesas com telefone	100,00
Alimentação	8.400,00
TOTAL	**22.442,00 ←**

Fonte: os autores

Quadro 2 – Despesas com pessoal

Profissionais	Quant.	Salário - R$/mês
Engenheiro júnior	2	1.800,00
Engenheiro sênior	2	3.800,00
Engenheiro residente	1	4.500,00
Administrador	1	2.900,00
Auxiliar administrativo	5	240,00
Secretária	2	750,00
Cozinheira	1	389,00
Servente	4	180,00
Mecânico	1	940,00
Almoxarife	1	280,00
Chefe almoxarifado	1	580,00
Médico do trabalho	1	2.600,00
Enfermeiro	1	990,00
Desenhista/projetista	1	660,00
TOTAL		**27.859,00** ➟

Fonte: os autores

Quadro 3 – Equipamentos mobilizados

Equipamentos	Número equipamentos	Preço de reposição	Valor residual % V. Compra	Vida útil Horas
Caminhão -T5	4	52.000,00	11,60	25.000,00
Caminhão - F4	2	48.000,00	10,85	24.000,00
Grua – k 600	2	68.000,00	17,65	42.000,00
Caminhonete	2	35.000,00	18,60	30.000,00
Vibrador	10	580,00	0,00	1.000,00
Betoneira	3	2.500,00	0,00	2.000,00

Equipamentos	Número equipamentos	Preço de reposição	Valor residual % V. Compra	Vida útil Horas
Aparelho solda topo	1	4.800,00	16,66	5.000,00
Maq. dobrar aço	2	1700,00	20,60	10.000,00
Valores em reais				

Fonte: os autores

Metodologia:

1º)   Calcular o montante do BDI em valor monetário (R$)

Há que se determinar todo o volume de recursos a ser movimentado no período de 18 meses do contrato.

BDI = CI + VR + ML + IMP

CI = CGP+CGA+CFI+CMR+CMV

ML = α (CD + CI + ML)

CF = Cap. de giro x tempo de utilização x custo em %

Obs.: os tributos, sejam incidentes sobre o lucro ou sobre o faturamento, são considerados por majoração.

2º) Calcular o I_{BDI} bruto, majorando o $I*_{BDI}$ líquido pela soma de todos os tributos incidentes sobre o faturamento.

$$I_{BDI} = \frac{I*_{BDI}}{(1 - á_F)}$$

3º) Calcular o preço multiplicando o valor do BDI bruto pelo total dos custos diretos.

PC= I_{BDI} x CD

1   Custos Gerais de Administração (CGA)

Para a definição do CGA, foi considerado que a nova proposta assumirá parte dos custos administrativos da empresa, sendo o montante ora praticado rateado pelo número de obras totais.

$$CGA = \left(\frac{item"e"}{N°Obras + 1} + item"f" \right) \times n° meses$$

$$CGA = \left(\frac{445.000,00}{8+1} + 22.442,00 \right) \times 18$$

$$CGA = (49.444 + 22.442) \times 18 = 1.293.956,00$$

2 – Custos Gerais de Administração do Processo (CGP)

Pessoal: (27.859 + 27.859 × 1,602) × 18   = 1.304.805,00
Veículos: (1800 ×3) × 18   = 97.200,00
Desp. combustível: (960,00 ×1,45) × 18 = 25.056,00
Desp. lubrificantes: (20 ×5,00) × 18   =   1.800,00
CGP= 1.428.861,00 ➤

3   Custos financeiros (CFI)

Premissa: o custo financeiro é de 7% ao mês, considerando dois meses de financiamento sobre os custos diretos e custos gerais do processo: (CD+CGP).

Capital de giro = 22.700.000 + 1.428.861 = 24.128.861,00
CFI = (Cap.Giro × 2 × 0,07) ÷18 = 187.669,00 ➤

4   Custos de manutenção, depreciação, operação e reposição (CMR)

Atenção: o cálculo da depreciação técnica é função do número de horas disponíveis do equipamento para a realização do serviço, e do seu valor residual. Alguns equipamentos de menor porte são considerados como consumidos durante a obra.

Cálculo da depreciação do caminhão T-5

Caminhão T5 previsto uma vida útil de 25.000 horas.
Custo hora = (52.000 − 6.000) ÷ 25.000 = 1,84/hora
Custo p/ a obra = 4 × (1,84×3.394,00) = R$ 24.979,00 ➥

Custos de manutenção, depreciação, operação e reposição (CMR)				
Equipamento	Valor residual R$	Custo hora trabalhada R$/hora		Valor de reposição R$
- Caminhão T5	6.000	1,84	=	24.979,00
- Caminhão F4	5.200	1,78	=	12.705,00
- Caminhonete	6.510	0,95	=	6.446,00
- Vibrador	3,4 x 10 x 580		=	19.720,00
- Betoneira	1,7 x 3 x 2.500		=	12.750,00
- Equação solda	800	0,80	=	2.715,00
- Equipo dobra aço	350	0,14	=	916,00
CMR			=	79.631,00 ➥

5   *Valor do risco (VR)*

Item	Orçamento	Custo (R$)
Recuperação	5,00/m³ × 460 =	2.300,00
Reaterro	7,50/m³ × 460 =	3.450,00
VR		5.750,00 ➥

O valor do risco pode incluir a previsão com despesas extras associadas a algum fato que cause prejuízo e, também, com seguros efetuados contra terceiros, cartas de crédito, seguro garantia de contrato etc.

No caso, foi considera uma despesa com recuperação de propriedade lindeira.

6   Cálculo do *montante do lucro (ML)*

CI = CGP + CGA + CFI + CMR + CMV

CI = 1.428.861 + 1.293.256 + 187.669 + 79.631
CI = 2.990.117,00 **E**
ML = μ (CI + VR + CD)

$$ML = \frac{\mu}{(1 - \alpha_{IR} - \alpha_{CSLL})} \times (CI + VR + CD)$$

$$ML = \frac{0,15}{(1 - 0,24 - 0,09)} \times (2.990.117 + 5.750 + 22.700.000)$$

ML = 0,2239 x 25.695.867 = 5.753.304,62 ➤

7   Cálculo do BDI – bruto em valor monetário
BDI = CI + VR + ML + IMP

Lembrar que no caso do cálculo da variável IMP (tributos) da expressão mencionada, os tributos foram considerados por majoração de alíquota.

BDI* = 2.990.117,00 + 5.750,00 + 5.753.304,62
BDI* = R$ 8.749,171,62 ➤

8   Cálculo do índice do BDI
BDI* = 2.990.117,00 + 5.750,00 + 5.753.304,62 = 8.749.171,62

$$k^* = \frac{BDI^*}{CD} = \frac{8.749.171,62}{22.700.000,00} = 0,3854 \rightarrow I^*_{BDI} = 1,3854$$

$$I_{BDI} = \frac{I^*_{BDI}}{(1 - \alpha_{FAT})} = \frac{1,3854}{1 - 0,1127} = 1,5614 \quad \therefore \quad I_{BDI} = 1,5614$$

9 Cálculo do preço

$PC = I_{BDI} \times CD = 1,5614 \times 22.700.000,00$

$PC = R\$ 35.443.780,00 E$

3.8 Exercícios propostos

3.8.1 A influência de tributos sobre o faturamento

Comente e demonstre a influência dos tributos incidentes sobre o faturamento e sobre a taxa de lucro definida pela direção da empresa, no caso da construção civil pesada e no caso das edificações.

3.8.2 Determinação de índice de rateio

Discuta a seguinte questão quanto à apropriação dos custos gerais da administração da empresa com relação à sua participação no BDI.

A empresa, na data de 30/10/2013, está decidindo efetuar um novo empreendimento cujo tempo de execução é de 22 meses, tendo um custo direto montando em R\$ 1.822.000,00.

Analise e mostre a sua posição quanto ao rateio do CGA.

Custo da carteira de obras da empresa			
Obras em serviço	Custo de execução R\$ mil	Datas contratuais (mês/ano)	
		Início	Fim
01	1.284.455,00	6/2012	6/2014
02	1.734.567,00	11/2012	10/2014
03	3.334.098,00	1/2013	8/2015
04	2.543.687,00	3/2012	12/2015
05	899.987,00	9/2011	12/2013

3.8.3 O preço de venda

Uma construtora orçou o custo direto de um imóvel em R\$ 670.890,00. Qual será o preço de venda, sabendo-se que:

a. a empresa construtora pratica um markup de 33,33%;

b. no BDI não constam impostos incidentes sobre o faturamento e os custos de comercialização e vendas;

c. o valor atual do terreno onde será construída a edificação está avaliado em R$ 320.000,00.

3.8.4 Custo financeiro e BDI

Estabelecer o custo financeiro e o BDI a ser utilizado em um contrato de empreitada dispondo das seguintes informações:

- a duração do contrato é de 15 meses;
- a minuta do contrato dispõe cláusula que prevê a retenção de 3% do valor das faturas;
- a devolução da retenção de garantia ocorrerá trinta dias após o recebimento das obras em condições de utilização;
- a empresa adota o regime do lucro real;
- a municipalidade local estabeleceu o ISS em 3%, independentemente do fornecimento, ou não, de material;
- o contrato prevê um adiantamento no valor de R$ 150.000,00 na assinatura desse;
- a empresa prevê a necessidade de aporte de capital de giro correspondente a três meses de faturamento.

Os custos orçados, em R$, são:	
CD = 1.350.000,00	CGP = 884.000,00
VR = 186.000,00	CGA = 555.000,00
AD = 150.000,00	CMV = 320.000,00

São previstos os seguintes custos financeiros e frações de utilização de capital:

μ =16,0% ao ano	-
i_P =12,0% ao ano	k_P = 60%
i_T = 4,5% ao mês	k_T = 40%
i_B = 2,8% ao mês	k_R = 3,0%

3.8.5 BDI e tributos

Compare, conforme as duas solicitações a seguir, qual a taxa de impostos totais a serem considerados no BDI de uma empreiteira cujo faturamento monta a R$ 1.750.000,00 por mês.

I. relação dos tributos incidentes sobre o lucro no caso de opção pelo lucro real e pelo lucro presumido;
II. relação dos tributos incidentes sobre o faturamento.

Sabe-se que:

a. a margem de lucro foi estimada em 15% do faturamento;
b. o ISS praticado pela municipalidade local pratica as alíquotas de: 3% sobre o valor da nota fiscal quando ocorre fornecimento de material para a prestação de serviços; e 5%, quando não ocorre fornecimento de material.

3.8.6 Orçamento de projeto

Como profissional liberal, efetue um orçamento visando efetuar uma proposta de preço cujo objeto é a realização do projeto estrutural de uma piscina e, também, defina o BDI caso haja oportunidade de outras propostas semelhantes.

Os dados disponíveis são:

- volume da piscina	1.300,00 m³
- custo de desenhista	50,00 R$/prancha
- alíquota anual do Imposto de Renda	22,00%
- ISS incidente sobre o faturamento	5,00%
- CUB (médio)	R$ 1.100,00/m²
- número de pranchas previsto	3 pranchas
- custo de cópias heliográficas	10,00 R$/cópia
- número de jogos de cópias solicitados	4,00 jogos

3.8.7 Proposta de empreitada

Você foi contratado para prestar consultoria visando analisar uma proposta de construção de edificação ofertada por terceiros à Construtora Alfa. A proposta diz respeito à construção de um edifício com área de 2.500 m², distribuída entre quatro pavimentos.

A construtora, antes de se manifestar, deseja analisar cuidadosamente a possibilidade em concluir o contrato, pois da proposta consta a realização da construção a preço fechado, no valor de R$ 5.300.000,00.

A Construtora Alfa pratica, como procedimento gerencial, realizar contratos que lhe permitam um lucro líquido, mínimo, de 16% incidentes sobre o valor do custo direto, do custo indireto e do valor provisionado para riscos (despesas com terceiros etc.).

Assim, como consultor, sua função é efetuar uma avaliação do preço mínimo a ser cobrado, considerando todos os custos e tributos, garantindo a margem de lucro estabelecida.

A construtora também deseja saber, visando efetuar uma possível contraproposta, qual seria o prejuízo ou lucro líquido caso o valor estimado do preço mínimo calculado fosse diferente dos R$ 5,3 milhões propostos pelo cliente. Para tanto, solicitou-lhe que sejam especificados: todos os valores dos custos a serem incorridos, dos tributos exigidos, do montante do valor do BDI, do índice do BDI a compor o orçamento da contraproposta e do montante do lucro esperado.

Da tabela a seguir, consta uma série de informações repassadas a você pela construtora, variáveis necessárias para a sua avaliação.

Informações gerenciais	Valores
- Custo com arquitetos e engenheiros para detalhamentos e compatibilidade entre projetos	R$ 30.000,00
- Sondagens e serviços topográficos	R$ 15.000,00
- Aluguel mensal de terreno vizinho para uso como canteiro de obra	R$ 1.600,00

- Aluguel mensal de andaimes e elevadores de fornecedores	R$ 2.500,00
- Mobilização e instalação de canteiro de obra, não incluídos no custo direto	R$ 15.000,00
- Custo mensal a realizar com: engenheiro, técnico em edifica-ções e almoxarife de obra	R$ 13.000,00
- Custo administrativo a ser absorvido, referente à administração central, incidente sobre o custo direto	6,50%
- Mão de obra direta de execução da obra, sem encargos sociais	R$ 700.000,00
- Custo dos insumos diretos de obra	2.000.000,00
- Aluguel de placa vibratória (considerar 500 horas de uso)	R$ 17,00/h
- Aluguel de betoneira, considerar 600 horas de uso	R$ 15,00/h
- Custo financeiro do capital a ser mobilizado pelo construtor	R$ 70.000,00
- Seguro contra risco a terceiros, percentual do custo direto da obra	1,00%
- Encargos sociais	120,00%

Foi-lhe informado, também, que a construção está prevista para ser realizada em um prazo de 14 meses e que a construtora Alfa atua sob o regime do lucro real.

3.8.8 Determinação do BDI como índice

Defina o índice de benefícios e despesas indiretas (I_{BDI}) a ser adotado em um orçamento de um conjunto residencial a ser executado em 30 meses.

A empresa é uma construtora que atua em empreitadas de material e mão de obra.

Sua assessoria levantou as informações constantes do quadro abaixo. Considerar os casos de opção tributária:

- do lucro real;
- do lucro presumido;
- do RET.

Informações gerenciais	
a) Dos custos da proposta	**R\$ 10^5**
- Custos diretos de construção	154,45
- Custos indiretos de obra	12,33
- Administração do canteiro (mensal)	0,12
- Seguro contra terceiros (mensal)	0,34/mês
- Recuperação ou reforma de equipamentos de construção	0,87
b) Dos benefícios e encargos	**%**
- Margem de lucro	18,00
- Percentagem da mão de obra sobre os custos da construção	41,12
- ISS do local da obra	3,00
c) Informações da contabilidade	
- Carteira de obras em andamento na empresa	7 un
- Administração central	12,68 R\$/mês
- Depreciação anual	3,17 **R\$ 10^5**
- Rédito financeiro	0,83 **R\$ 10^5**
- Faturamento anual da empresa	687,50 **R\$ 10^5**

3.8.9 BDI para licitação

Sua empresa participará de uma proposta de preços, cabendo a VOCÊ a responsabilidade da definição do índice do BDI.

Responda às questões a seguir considerando o caso de opção pelo regime do lucro real e pelo regime do lucro presumido:

a. definição do preço do empreendimento;

b. definição do BDI em forma de índice a ser utilizado na definição do preço;

Para tanto, você dispõe das seguintes informações:

Quadro I – Dos custos	R$ 10^6
Custo direto do empreendimento	125,00
Custos de administração do empreendimento	25,00
Existe a possibilidade de desabamento/reforço do muro de uma propriedade lindeira.	0,35
Custos médios de administração da empresa	108,00

Quadro II – Sobre lucro, encargos e impostos	%
Encargos Sociais	132,00
Lucro Líquido Desejado	15,00
Percentagem da mão de obra sobre o valor da N. Fiscal.	35,00
Encargos financeiros sobre o capital de giro necessário à construção	4,00
Seguro contra riscos como porcentagem do custo direto	1,50
Sabe-se que o faturamento médio da empresa é de 52,30 milhões de R$/mês	

Quadro III – Informações sobre a carteira de obras da empresa		
Carteira de obras	Custo total: 10^3 R$	Término do contrato*: meses
Obra A	162,00	6
Obra B	281,60	18
Obra C	150,00	9
Obra D	243,00	12
Nova proposta 125,00		16
Obs.: tempo restante dos contratos a partir do início de obra da nova proposta		

Analise o caso em pauta sob a opção do lucro real e do lucro presumido.

4

ENCARGOS SOCIAIS E TRABALHISTAS

4.1 Encargos sociais e a construção civil

O objetivo deste capítulo é dispor ao gestor uma metodologia necessária para definir o índice de encargo social a incidir sobre o valor da mão de obra associada a uma empreitada ou serviço e, em decorrência, a determinação do preço ou custo desse. Matematicamente, tem-se:

$$P_{MO} = I_{ES} \times V_{MO}$$

Definidos os encargos sociais e trabalhistas associados a cada grupo de cargos ou de profissionais a serem mobilizados para a realização de qualquer contrato, será possível estabelecer o custo ou preço total e a política de contratação de pessoal. Ou seja, será possível definir quais serão os salários praticados para cada cargo de profissionais relacionado no orçamento de pessoal e o valor das horas extraordinárias previstas.

Sob o título encargos sociais é apropriada uma série de obrigações sociais e trabalhistas a ser suportada por patrões e empregados, conforme exposto na Figura 4.1.

Ao empregador cabe a responsabilidade pelo cumprimento de obrigações sociais devidas à previdência social, que têm caráter de tributo, e as obrigações trabalhistas. Essas últimas serão pagas aos empregados como contraprestação de serviços ou por motivo de rescisão contratual. Ao empregado cumpre, unicamente, o pagamento das obrigações sociais devidas ao INSS.

Figura 4.1 – Responsabilidades dos encargos sociais

Fonte: os autores

Cada empresa, conforme o ramo em que atua, a categoria dos profissionais, a quantidade de mão de obra que mobiliza e o tipo do contrato, seja obra ou serviço, poderá apresentar uma composição distinta para os seus encargos sociais.

Essa composição tem um perfil que também poderá ser alterado segundo o campo de atividade da empresa, do local do serviço ou da periculosidade do trabalho dos empregados, da rotatividade da mão de obra, dos dias anuais improdutivos etc.

No campo da engenharia e, sob esse aspecto, está sendo considerado o campo da engenharia civil, há que serem analisados, especificamente, os encargos incidentes sobre a mão de obra quando a empresa atua no ramo da consultoria, da construção civil leve ou da construção pesada, pois poderá haver, e há, uma expressiva variação percentual no total dos encargos sociais de cada uma delas.

A empresa de engenharia de construção, visto que tem empregados que trabalham no escritório e no campo, deve avaliar como deverá proceder com o pagamento dos direitos sociais de seus empregados, com expressão direta no recolhimento dos encargos à Seguridade Social, pois a incidência de seguros, a periculosidade ou a rotatividade não é são as mesmas nos dois casos.

Com relação ao exposto último no parágrafo, a recomendação é dispor de índice de encargos para as despesas administrativas e cada obra ou projeto, visando deixar expressas as características de cada uma delas.

Quando a empresa atua no campo de terraplenagem, além das considerações efetuadas no parágrafo anterior, deve-se avaliar a possibilidade de dias improdutivos devido às chuvas já que tal fato tem expressão direta na quantidade de horas-extras a serem trabalhadas para que haja cumprimento de prazos contratuais.

No caso das empresas que atuam eminentemente no ramo da consultoria, muito provavelmente estarão sujeitas a um índice menor de encargos sociais, pois sua atividade apresenta baixa exposição ao risco, o que reduz o prêmio de seguros, a pouca importância de intempéries em suas atividades normais, devido à predominante permanência de seu pessoal em escritório, além da utilização intensiva de consultores externos sem vínculo empregatício com a empresa.

Pelo exposto fica evidenciada a importância de uma correta atenção do profissional ao assunto, especificamente quanto à definição do índice de encargos sociais a serem adotados em orçamento, fator esse causador de impacto direto no nível de preços praticado e, consequentemente, na competitividade da empresa.

Nesse ponto, volta-se a afirmar que, ao ser calculado o preço de serviços, os encargos sociais devam incidir apenas sobre a mão de obra. E, assim, evita-se a sua incidência sobre o custo de materiais e equipamentos. Cumprindo esse procedimento, pode ser evitada a introdução de valores inexistentes na composição de preços unitários, situação essa que tem influência direta na competitividade da empresa.

4.2 Obrigações sociais do empregado

O encargo social devido pelo trabalhador limita-se à contribuição ao INSS, responsabilidade de empregados e empregadores, sendo esse pessoa física.

A contribuição do empregado ao INSS é recolhida sobre o total do salário e tem suas alíquotas nos percentuais de 7,50; 9,00; 12,00 e 14%, conforme a faixa salarial em que o empregado estiver enquadrado.

A alíquota incide de forma progressiva sobre cada faixa salarial do salário recebido. O montante tem um limite máximo definido para cada exercício, conforme exposto na Figura 4.2.

Ao empregador, como pessoa física, a contribuição ao INSS é de 20% sobre o pró-labore, mantido o mesmo limite dos empregados[18].

O modelo de cálculo do tributo devido é dado por:

Figura 4.2 – Contribuição ao INSS

Faixas salariais e alíquotas – 2023		
Categoria	Faixa salarial R$	Alíquotas %
Empregado Empregado doméstico Trabalhador avulso	Até R$ 1.302,00	7,50
	De 1.302,01 a 2.571,29	9,00
	De 2.571,30 a 3.856,94	12,00
	De 3.856,95 a 7.507,49	14,00
Empregador	Retirada ≤ 7.507,49	20,00

Fonte: Brasil (2023)

O INSS define os contribuintes da seguinte maneira:

Empregado

Todos aqueles que trabalham de carteira assinada, contrato temporário, diretores-empregados, que tem mandato eletivo, que presta serviço a órgãos públicos em cargos de livre nomeação e exoneração (como ministros, secretários e cargos em comissão em geral), que trabalham em empresas nacionais instaladas no exterior, multinacionais que funcionam no Brasil, organismos internacionais e missões diplomáticas instaladas no país.

Os servidores públicos que fazem contribuições a Regime Próprio de Previdência Social (RPPS) não fazem parte desta categoria.

Trabalhador Avulso

Todos aqueles que prestam serviços a várias empresas, mas são contratados por sindicatos e órgãos gestores de mão de obra. Podemos citar como exemplos os trabalhadores em portos (estivador,

---

[18] Os valores das tabelas foram extraídos da Portaria Interministerial MPS/MF n.º 26, de 10/01/2023 e tiveram aplicação sobre as remunerações a partir de 1º de janeiro de 2023.

carregador, amarrador de embarcações) e também aqueles que trabalham na indústria de extração de sal ou no ensacamento de cacau.

Empregado Doméstico

Todos aqueles que prestam serviços na casa de outra pessoa ou família, desde que essa atividade não tenha fins lucrativos para o empregador. Podemos citar como exemplos a empregada doméstica, a governanta, o jardineiro, o motorista, o caseiro e outros trabalhadores. (TIPOS..., 2023, s/p).

Como exemplos de cálculo do valor da contribuição ao INSS, considere o caso de dois empregados que tenham percebido, em um determinado mês, a importância de 2.300,00 e de 7.700 reais. Esses empregados pagam de tributo, respectivamente, as importâncias de R$ 205,47 e R$ 878,74, sendo o cálculo desses valores bem como o valor do INSS atribuído ao empregador mostrados na tabela a seguir.

Salário R$	Faixa salarial R$	Alíquota %	Valor devido R$
I - Empregado			
2.500,00			205,47
	1.302,00	7,50	97,65
	1.197,99	9,00	107,82
9.500,00	7.507,49		878,74
	1.302,00	7,50	97,65
	1.285,91	9,00	115,73
	1.285,64	12,00	154,28
	3.650,54	14,00	511,08
II - Empregador			
9.500,00	7.507,49	20,00	1.501,50

Finalizando, ressalta-se ser a empresa responsável pelo recolhimento das contribuições do empregado e por responder por elas.

4.3 Obrigações do empregador

Para o entendimento da composição dos encargos sociais, eles são divididos em duas principais categorias, conforme expresso na Figura 4.1:

I. encargos do trabalho referentes à remuneração a ser paga diretamente ao empregado como contraprestação do serviço prestado.

II. encargos sociais relativos às contribuições à previdência social e outros benefícios ao empregado.

4.3.1 Custo do trabalho para o empregador

O custo de manutenção de um trabalhador ou empregado é função do salário total, dos encargos previdenciários e de encargos ou benefícios legais. Matematicamente:

$$CT_{MO} = ST \times I_{ES}$$

Equação 4.1

em que CT_{MO} expressa o valor do custo mensal de um trabalhador; ST corresponde ao salário a ser pago ao trabalhador e corresponde à soma das horas normais trabalhadas e das horas extraordinárias; e IES corresponde ao índice de encargos sociais.

Os itens a seguir mostram a metodologia de cálculo dos encargos do trabalho e das obrigações sociais.

4.3.2 Encargos do trabalho

A remuneração do trabalhador é efetuada sob dois modos: o horista e o mensalista, conforme a apropriação do salário-base. O trabalhador horista tem como salário-base a hora trabalhada, devidamente registrada em carteira do trabalho. O mensalista o salário mensal.

Em ambos os casos, o salário mensal ou total é calculado sobre o número de horas mensais efetivamente trabalhadas, sejam elas computadas como horas normais ou horas extraordinárias, seja ele trabalhador horista ou mensalista.

Assim sendo, o salário total (ST) devido ao empregado é função do somatório das horas normais trabalhadas (HN) e das horas extraordinárias, HE, efetivamente realizadas, conforme modelo da Equação 4.2.

$$ST = f\left(\sum HN + \sum HE\right)$$

Equação 4.2

A hora normal de trabalho corresponde a uma carga diurna constitucionalmente estabelecida em 44 horas semanais, o que equivale a uma carga diurna de oito horas durante os cinco dias da semana e mais quatro horas aos sábados. E, por hora diurna ou hora normal, entende-se como aquela trabalhada entre as 5 horas e 00 min e 22 horas e 00 min.

Horas extraordinárias correspondem àquelas que ultrapassam a carga semanal de trabalho ou àquelas realizadas fora do horário diurno. Ocorrem quando se cumpre jornada de trabalho superior à carga semanal de 44 horas, ou quando se cumpre jornada diária superior a 8 horas ou 8 horas e 48 minutos de trabalho. Nessa segunda situação, que equivale à compensação de 4 horas de trabalho a ser realizada em sábados, o empregado fará jus à hora extra, cujo valor é superior ao da hora normal. É interessante notar, segundo a jurisprudência estabelecida, que ultrapassadas as horas normais por mais de dez minutos, o trabalhador se encontra em horas-extras.

Por hora noturna a CLT preceitua, em seu art. 73 § 2º, ser aquela praticada entre as 22h00min e as 5h00min. Alerta-se que a indústria da construção civil se enquadra nesse horário, porém esse fato não ocorre para todas as categorias profissionais.

Dado o exposto, a legislação definiu como período noturno uma jornada de trabalho de 7 (sete) horas, sendo a hora noturna equivalente a 52 minutos e 30 segundos. Nesse caso, um trabalhador só pode cumprir mais 1,0 (uma) hora acrescida à sua jornada, visando ao período para descanso ou refeição.

I   Cálculo das horas normais

a. Trabalhador horista

O valor da hora normal do horista é aquela registrada na carteira profissional.

Como previsão da carga de trabalho mensal de um trabalhador horista, pode-se considerar uma carga semanal de 44 horas e um mês contendo 4,34 semanas. Então, o número de horas normais, totais, previstas para o trabalhador horista é de 191 horas por mês.

$$H_H = 44 \times 4,34 = 191 \text{ horas por mês}$$

b. Trabalhador mensalista

Para o mensalista, a hora normal é definida, também, em função do número mensal de horas trabalhadas. Porém, adota-se uma metodologia que define o número de horas mensais em 220 horas, calculadas da maneira mostrada a seguir[19]: "A jornada máxima legal é de 44 horas semanais. Dessa forma, se um empregado for admitido para laborar em jornada de 44 horas semanais, o divisor para se encontrar o salário-hora do empregado é de 220 horas".

- Jornada de 44 horas semanais = 220 horas semanais

$$H_M = 44 \times 4 \text{ (jornada mensal)} + 44 \text{ (repouso)} = 220 \text{ horas}$$

Caso o empregado seja admitido para laborar em jornada de 40 horas semanais, esse divisor deverá ser reduzido para 200 horas, que pode ser calculado da seguinte forma:

- Jornada de 40 horas semanais = 200 horas mensais

$$H_M = 40 \times 4 \text{ (jornada mensal)} + 40 \text{ (repouso)} = 200 \text{ horas}$$

---

[19]   CLT (BRASIL, 1943): "Art. 486 § 3° - Se pago por hora, a indenização apurar-se-á na base de 220 (duzentas e vinte) horas por mês". http://www.teflus.com.br/contabil/informativo.27.11.2008.

II   Horas extraordinárias

São definidas como horas extraordinárias: a hora extra normal, a hora extra cumprida em domingos e feriados, a hora noturna e a hora paga por empregado em regime de sobreaviso (BRASIL, 1943).

O valor dessas horas extraordinárias é calculado como um percentual de acréscimo sobre o valor das horas normais, seja o empregado horista ou mensalista, percentuais esses relacionados no quadro abaixo.

Acréscimo percentual das horas extraordinárias
• Hora extra normal..50%
• Hora noturna normal...20%
• Hora extra em domingos e feriados.................100%
• Hora de sobreaviso...................1/3 da hora normal

Comenta-se a avaliação dessas horas:

a. A hora extra normal equivale à hora normal acrescida de 50% e realizada após uma jornada normal de trabalho. Podem ser realizadas, no máximo, duas horas por dia, segundo reza a CLT.

$$HEN = HN + 0,50\ HN = 1,50\ HN$$

b. hora noturna normal (HNN) corresponde ao valor da hora normal acrescida de 20%. Ressalta-se que o horário noturno se inicia às 22:00 horas.

$$HNN = HN + 0,20\ HN = 1,20\ HN$$

Como exemplo de cálculo do custo do trabalho realizado em horário noturno, em que a hora noturna é apropriada com uma duração menor do que a hora relógio, calcula-se a remuneração das horas noturnas realizadas por um profissional horista que trabalha duas horas relógio.

Nessas condições, o profissional trabalha 120 minutos e sua hora normal, estabelecida em carteira, é de 22,30 R$/hora. O pagamento dessas horas (V_H) corresponderá ao equivalente de 2,25 horas normais, definidas a seguir:

20% de acréscimo sobre 2 horas noturnas:	52,50 x 2 =105 minutos
20% de acréscimo sobre 0,25 horas:	15 minutos
Total: 2,25 horas	120 minutos

$$V_H = 1,2 \times 2,25 \times 22,30 = R\$ 60,21$$

c. No caso do horário noturno realizado em hora extra, além das duas horas extras normais, o trabalhador fará jus à soma das horas extras com as horas noturnas, o que perfaz um adicional de 70% (20% + 50%)[20].

$$HE_{NOT} = HN + 0,50\ HN + 0,20\ HN = 1,70\ HN$$

d. No caso da hora extra em domingos e feriados, o valor da hora extra é calculado cumulativamente, havendo um acréscimo de 100% sobre o valor da hora normal, ou seja, são somadas as horas relativas ao domingo e as extras sobre o valor da hora normal.

$$HE_{D/F} = HN + HN = 2,00\ HN$$

---

[20] "HORA EXTRA NOTURNA: Havendo prestação de horas extras no horário noturno, o empregado fará jus ao adicional noturno e o da hora extra (20% + 50%), cumulativamente, conforme Enunciado II da Súmula nº 60 TST: 'Cumprida integralmente a jornada em período noturno e prorrogada esta, devido é também o adicional quanto às horas prorrogadas. Exegese do art. 73, § 5º, da CLT'". Do site: https://trabalhista.blog/2019/04/24/como-calcular-a-hora-extra-noturna/. Acesso em: 30 set. 2008.

A Súmula n.º 146 do Tribunal Superior do Trabalho estabelece que o pagamento pelo trabalho prestado em domingos e feriados, quando não compensados, deve ser efetuado em dobro (100%), sem prejuízo da remuneração relativa ao repouso semanal remunerado.

e. No caso da hora de sobreaviso, essa hora visa remunerar o empregado que permanecer em disponibilidade, aguardando a qualquer momento convocação para o serviço.

As horas de sobreaviso (HSA) serão contadas à razão de 1/3 (um terço) da hora normal.

$$HSA = \frac{HN}{3}$$

Cada escala de sobreaviso terá, no máximo, 24 (vinte e quatro) horas, limitadas a duas escalas mensais.

Empregado em escala de sobreaviso, quando convocado para o serviço, perceberá as horas que trabalhar como hora extraordinária e o tempo que faltar para completar a escala de sobreaviso como um terço da hora normal.

Como exemplo, considere-se o caso de empregado escalado para cumprir uma escala de sobreaviso de 24 horas, cujo salário é de R$ 18,00/hora.

A escala está prevista para iniciar às 14h00min, horas de sábado, e a jornada semanal de trabalho foi concluída às 12h00min desse mesmo dia. Assim sendo, tem-se:

a. Se o empregado permaneceu em regime de sobreaviso e **NÃO** for convocado, tem a perceber R$ 144,00, como é calculado a seguir:

$$Rec_{HSA} = T_{SA} \times \frac{Sal}{3} = 24,00 \times \frac{18,00}{3} = R\$ \ 144,00$$

b. Se o empregado for convocado e trabalhar 5 horas no sábado, das 19h00min às 24h00min, tem a perceber R$ 267,90, como a seguir calculado:

Tipo de hora	R$	
Hora extra normal	3,00 horas x 1,5 x 18,00 R$/h =	81,00
Horas extras noturnas	2,00 horas x 1,5 x 1,2 x 18,00 R$/h =	64,80
Horas extras noturnas	0,25 horas x 1,5 x 1,2 x 18,00 R$/h =	8,10
Horas de sobreaviso	(19 horas x 18, 00 R$/hora) ÷ 3 =	114,00
Total a receber	Rec_{HSA} =	267,90

É interessante notar que, como o empregado já cumpriu a sua jornada semanal de trabalho, as demais horas cumpridas no sábado serão extras. Nessas condições, das 19h00min às 22h00min horas cumprirá hora extra normal e das 22h00min horas às 24h00min horas, cumprira hora extra noturna.

Considere-se que a hora noturna equivale a 52 minutos e 30 segundos e o empregado cumpriu duas horas relógio. Logo, perceberá pelo trabalho noturno o correspondente a 2,25 horas normais.

4.3.3 Obrigações sociais

Como exposto na Figura 4.1, cabe ao empregador responder por obrigações de caráter trabalhista e de caráter social. As primeiras correspondem ao salário ou a benefícios feitos aos empregados; as segunda, de caráter social, têm a característica de tributos e devem ser recolhidas pela Previdência Social.

Os encargos sociais do empregador podem ser classificados em cinco grupos, conforme exposto na Figura 4.3.

Figura 4.3 – Grupos de encargos sociais de responsabilidade do empregador

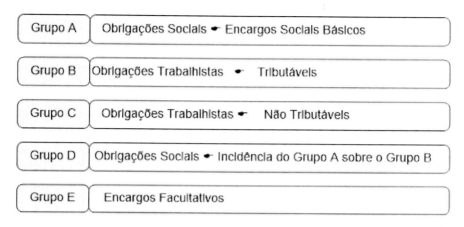

Fonte: os autores

A seguir, comenta-se cada grupo.

Grupo A

Os encargos classificados neste grupo são denominados de Encargos Sociais Básicos e têm a característica de tributo. Esses tributos são recolhidos, diretamente, à seguridade social. Nele estão definidas as alíquotas básicas de cada tributo ou recolhimento.

Na Figura 4.4 estão relacionados os encargos legais com as respectivas alíquotas e é demonstrada a composição dos encargos sociais básicos suportados pelo empregador da construção civil.

Os encargos citados incidem sobre o total da remuneração recebida pelo trabalhador, seja ele horista ou mensalista, a que título for. Porém não incidem sobre verbas consideradas como indenizatórias, como o aviso-prévio indenizado.

O Seguro Acidente de Trabalho (SAT) pode variar entre 1% e 3% no ramo da indústria. O percentual atribuído a cada empresa depende do grau de periculosidade em que seja enquadrada, conforme o estabelecido pela legislação trabalhista. No caso da construção civil, a alíquota adotada é de 3%.

Cabe ao empregador a responsabilidade de recolher à Previdência Social, nos termos do Art. 22 da Lei n.º 8.212, de 24 de julho de 1991, o valor de:

> I - vinte por cento sobre o total das remunerações pagas, devidas ou creditadas a qualquer título, durante o mês, aos segurados empregados e trabalhadores avulsos que lhe prestem serviços, destinadas a retribuir o trabalho, qualquer que seja a sua forma, inclusive as gorjetas, os ganhos habituais sob a forma de utilidades e os adiantamentos decorrentes de reajuste salarial, quer pelos serviços efetivamente prestados, quer pelo tempo à disposição do empregador ou tomador de serviços, nos termos da lei ou do contrato ou, ainda, de convenção ou acordo coletivo de trabalho ou sentença normativa. (BRASIL, 1999).

Atualmente, com a vigência do programa Minha Casa Minha Vida, a empresa que participar desse programa dispõe do benefício fiscal de reduzir a zero a alíquota do INSS. O empregador, porém, deverá recolher ao fisco 1% sobre o faturamento. Sob essa opção, o total dos Encargos Previdenciários Básicos é reduzido de 36,80% para 16,80%, conforme mostrado na Figura 4.4, na coluna Benefício fiscal da construção civil.

Finalizando, cabe ao empregador a atribuição legal do recolhimento das obrigações sociais de sua competência e a dos empregados.

> Grupo B

Neste grupo são relacionados os encargos trabalhistas a serem pagos ou que beneficiam diretamente os empregados. São eles:

1. Descanso semanal remunerado
2. Feriados
3. Férias

4. Adicional de férias ⅓ constitucional.
5. Abono pecuniário de ⅓ das Férias [21]
6. Aviso-prévio trabalhado
7. Auxílio-doença
8. Acidente de trabalho- empregador
9. Faltas justificadas [22]
10. 13° salário
11. Licença-paternidade
12. Licença-maternidade
13. Adicional noturno
14. Adicional de insalubridade
15. Adicional de periculosidade
16. Comissões pagas por produção

Desses encargos, o salário-família, os adicionais de periculosidade e insalubridade, o descanso semanal remunerado para o trabalhador horista e as comissões pagas por produção são pagos periodicamente, normalmente, por mês.

Os demais encargos devem ser aprovisionados, visando formar um fundo de caixa necessário para quitá-los na data aprazada. Os aprovisionamentos são calculados como um percentual incidente sobre o salário total de cada mês.

> Grupo C

Neste grupo são especificados encargos a serem pagos aos empregados, porém sem incidir tributação, por serem consideradas pelo TST como sendo verbas indenizatórias. São eles:

---

[21] Abono pecuniário é a conversão em dinheiro, de 1/3 (um terço) dos dias de férias a que o empregado tem direito. É uma opção ao empregado, independente da concordância do empregador, desde que requerido no prazo estabelecido na legislação trabalhista.

[22] Direito estabelecido no Art. 473 da CLT.

1. aviso-prévio indenizado ou indenizações de dispensa sem justa causa;
2. férias indenizadas acrescidas do terço constitucional;
3. FGTS e multa de 40%.

Considerando que esses encargos são pagos quando ocorrer demissão do empregado sem justa causa, eles devem ser aprovisionados visando à disponibilidade de numerário para cobrir essas despesas no prazo devido.

Grupo D

Neste grupo se considera a incidência dos encargos do Grupo A sobre o montante dos encargos apurados no Grupo B, ou seja, esses encargos são tributados.

Grupo E

Os encargos relacionados neste grupo têm origem legal, são decorrentes de acordos intersindicais ou são facultativos. Para tanto, citam-se:

1. o vale-transporte;
2. o vale-refeição;
3. programas de assistência médica privada complementar;
4. Seconci – Serviço Social da Indústria da Construção Civil;
5. auxílio-educação;
6. entre outros.

Os encargos integrantes do Grupo E podem ser considerados como encargos sociais ou como despesas integrantes do BDI. Neste livro, o procedimento será considerar os encargos relacionados como encargos sociais, procedimento adotado por muitas empresas da construção civil.

PRECIFICAÇÃO: PRECIFICAR SERVIÇOS E EMPREITADAS EM ENGENHARIA

Como os encargos a serem recolhidos à previdência social são calculados sobre a importância efetivamente paga aos empregados, é recomendado cuidado ao se definir os encargos integrantes do Grupo B, por serem eles possíveis de serem controlados e gerenciados. Em outras palavras, permitem definir a política a ser cumprida pela empresa quanto ao gerenciamento de pessoal.

Outro grupo possível de ser gerenciado corresponde aos benefícios relacionados no Grupo C que trata do aviso-prévio, da indenização sem justa causa e das férias indenizadas.

Considerando a rotatividade e o tempo de duração de obras da construção civil, uma boa política de mobilização, desmobilização, treinamento e férias pode ser motivo de economia. Recomenda-se, nessa situação, que em contratos relativos à obra certa e prazo determinado, a contratação do pessoal, destinado especificamente a atender ao contrato, deva ocorrer sob a condição de prazo determinado de modo a evitar o aviso-prévio indenizado.

Havendo erro na apropriação desses encargos, ocorre uma transmissão de incidência de tributos em cascata. Há possibilidade, então, de pagamento ou recolhimento à previdência em montante superior ao realmente devido, causando, consequentemente, redução imprevista do numerário em caixa.

Pelo exposto, recomenda-se ao gestor analisar cada um desses encargos isoladamente, visando verificar se cada um desses é realmente devido e estabelecer uma política da empresa para a obra já na fase de planejamento e orçamentação.

Como exemplos dessa afirmação, podem ser citados:

i. O encargo do Grupo B: 10, o adicional noturno, que, em não incorrendo a empresa nesse encargo, não haverá exigibilidade de seu recolhimento ao INSS. Logo, pode ser retirada de consideração a porcentagem relativa à incidência desse no total do valor atribuído a esse grupo.

ii. Ocorre o mesmo fato quanto ao encargo do Grupo C, o aviso-prévio indenizado, cuja incidência pode ser considerada integralmente sobre o valor da folha mensal ou, então, estabelecido como uma proporção equivalente à rotatividade do pessoal.

As tabelas das Figuras 4.5, 4.6 e 4.7 são modelos de composições dos encargos para serviços de empreitada de edificações, de consultora e de terraplenagem, as quais foram colhidas na literatura especializada.

Da análise de cada uma delas, é possível constatar a grande variação nos encargos sociais, fato que reforça a assertiva do adequado conhecimento que o profissional deve ter ao elaborar a composição de seus custos.

Dado o considerado, recomenda-se a cada empresa montar uma estrutura própria de encargos sociais que atenda à especificidade de cada contrato.

Ao efetuar propostas de preço, recomenda-se que os encargos sejam incluídos no preço da mão de obra e que se evite sua apropriação junto ao BDI. Esse procedimento também é recomendado pelo TCU para o caso das licitações públicas.

4.4 Cálculo dos encargos do empregador

Como já comentado, o empregador responde pelos seguintes encargos sociais e trabalhistas, cujos valores percentuais, calculados sobre as horas efetivamente trabalhadas, são definidos a seguir:

- encargos previdenciários básicos;
- descanso semanal remunerado;
- auxílio-doença;
- encargos sobre férias e feriados;
- encargos sobre o 13º salário;
- multa sobre FGTS por rescisão sem justa causa;
- aviso-prévio indenizado;
- adicional de periculosidade;
- adicional de insalubridade;
- salário-família;
- licença-paternidade;
- licença-maternidade;
- Seconci − Serviço Social do Sindicato da Indústria da Construção Civil.

Os encargos previdenciários básicos incidem sobre as obrigações sociais e trabalhistas. Porém eles não incidem sobre as verbas indenizatórias provenientes de rescisão sem justa causa: o aviso-prévio remunerado; a indenização relativa à dispensa sem justa causa; e a indenização de férias[23].

Em obras e serviços da construção civil, conforme será discutido no item 4.7, a legislação tributária passou a considerar a desoneração do encargo social referente ao INSS de atribuição do empregador, caso em que a alíquota de 20% sobre a folha de pagamento passou a ter valor zero, fato que reduziu o valor total dos encargos sociais básicos, conforme pode ser constatado na Figura 4.4. Esse tributo, porém, foi substituído por uma alíquota de 2% sobre o faturamento.

Figura 4.4 – Encargos previdenciários básicos do empregador

Relação dos encargos previdenciários básicos	Construção civil Alíquota em %	Construção civil Desonerado
	Horistas e mensalistas	Horistas e mensalistas
• INSS – Empregador	20,00	-
• FGTS	8,00	8,00
• Salário-educação	2,50	2,50
• Sesi	1,80	1,80
• Senai	1,30	1,30
• Incra	0,20	0,20
• Seguro acidente (SAT)	3,00	3,00
Total dos encargos	36,80 %	16,80 %

Fonte: os autores

Comenta-se a seguir os encargos inicialmente relacionados.

4.4.1 Descanso semanal remunerado (DSR)

O descanso semanal remunerado (DSR) é devido apenas ao empregado horista e incide sobre o somatório das horas normais

---

[23] Ressalta-se já haver sumula do TST orientando esse procedimento.

(HN) e das horas extras trabalhadas (HE) no período. No caso do trabalhador mensalista, esse encargo já integra o salário-base.

$$TH = \sum (HN + HE)$$

Equação 4.3

O DSR, então, é calculado em função das horas totais (TH) do número de dias úteis trabalhados e do número de domingos e feriados. Há, porém, dois procedimentos adotados pelas empresas visando à sua determinação: i) por média mensal; ii) por fração de semana.

1° procedimento: por média mensal

Neste caso, considera-se a ocorrência de uma média mensal de 25 (vinte e cinco) dias úteis por mês e 5 (cinco) domingos e feriados, também por mês. O DSR, então, corresponde a 20% das horas pagas, conforme Equação 4.4:

$$DSR = \frac{\sum (\text{Domingos} + \text{Feriados})}{\text{Número de dias úteis no mês}}$$

$$DSR = \frac{5}{25} TH \rightarrow 20\%$$

Equação 4.4

2° procedimento: por fração da semana

Há empresas, porém, que estabelecem apenas o domingo como dia de descanso, já que o sábado também é considerado dia de trabalho.

Neste caso, o DSR é calculado em base semanal. Para tanto, é considerado que para cada 6 (seis) dias da semana, o trabalhador descansa 1 (um). O DSR então é estabelecido como 1/6 do salário devido, ou seja, 16,67%. No entanto, a prática adotada pela maioria é aquela demonstrada no 1° procedimento.

$$DSR = \frac{1}{6} TH \rightarrow 16,67\% TH$$

Equação 4.5

Alerta-se que há empresas que incluem o valor do DSR no valor da hora pactuada com o empregado. Neste caso, deve-se desconsiderar o percentual de acréscimo referente ao DSR no cálculo dos encargos sociais.

4.4.2 Auxílio-doença (AD)

O auxílio-doença é um provisionamento efetuado pelo empregador visando cobrir os custos inerentes ao afastamento do empregado do trabalho, quando motivado por doença.

A recomendação dos autores é de é que esse provisionamento seja rateado sobre o total da folha de salários diretos.

No caso do auxílio-doença, utiliza-se a mesma sistemática do aviso-prévio indenizado, ou seja, é necessário que cada empresa saiba quantos dias/ano/empregado foram pagos aos empregados devido a afastamento do trabalho motivado por doença. E, com essa informação, a empresa deve calcular, estatisticamente, qual o percentual mensal a ser atribuído a cada empregado.

Nesses termos, o adicional para cobrir o auxílio-doença corresponde à razão entre o total das despesas incorridas com afastamento e o total da folha salarial, conforme Equação 4.6.

$$AD = \frac{\text{Despesas com afastamentos}}{\text{Total da folha salarial}} \qquad \text{Equação 4.6}$$

Por exemplo: em um ano, uma empresa pagou um total de 400 dias de atestados/auxílio-doença/afastamentos, tendo desembolsado por esse motivo um total de R$ 114.800,00 no exercício. No ano em pauta, a empresa dispôs de um efetivo de 200 funcionários. O total da folha salários, no ano, foi de R$ 2.530.000,00.

Então o "índice" de atestados sobre a folha de pagamentos foi de 0,0454 ou 4,54%, que corresponde a dividir R$ 114.800,00 por R$ 2.530.000,00.

Deve-se, então, acrescer esse índice aos demais encargos sociais e trabalhistas.

4.4.3 Provisão mensal para o 13º salário

Esse encargo corresponde a uma provisão destinada a quitar o 13º salário dos empregados nas datas legais. Esse corresponde a 1/12 avos do total dos salários recebidos no ano. Assim, a provisão para o 13º salário é calculada sobre o total de horas trabalhadas, sejam elas horas normais ou extraordinárias. Porém, os encargos mensais visando cobrir o 13º salário são calculados diferentemente para os casos de empregados mensalistas e horistas.

a. Trabalhador mensalista

O 13º salário corresponde a 1/12 da remuneração total recebida durante o ano. Então, a provisão para o 13º salário deve ser calculada sobre o total mensal do salário recebido, segundo o modelo da Equação 4.7.

$$\text{Prov.}13^\circ = \frac{1}{12} \times \text{ST} \rightarrow 8,33\%$$

Equação 4.7

b. Trabalhador horista

A provisão para o pagamento do 13º salário do trabalhador horista é efetuada de modo idêntico ao do mensalista, porém acresce-se o percentual do DSR.

Como o DSR é calculado sob duas metodologias, o cálculo do 13º deve ser compatível com o procedimento usualmente adotado.

1º procedimento: por média mensal

$$\text{Prov.}13^\circ = \left(\frac{1}{12} + \frac{0,20}{12} \right) \times \text{ST} = (0,0833 + 0,0167) \times \text{ST}$$

$$\text{Prov.}13^\circ = 10\%$$

Equação 4.8

2º Procedimento: por fração da semana

PRECIFICAÇÃO: PRECIFICAR SERVIÇOS E EMPREITADAS EM ENGENHARIA

$$Prov.13^{o} = \left(\frac{1}{12} + \frac{0,16}{12} \right) \times ST = \left(0,0833 + 0,0133 \right) \times ST$$

$$Prov.13^{o} = 9,66\%$$ Equação 4.9

4.4.3 Provisão para férias

As férias também são um provisionamento a ser efetuado durante o exercício fiscal destinado ao pagamento na data devida.

Os encargos mensais incidentes sobre as férias são calculados de modo distinto para o caso de empregado mensalista e de horista.

Nos dois casos, os encargos sociais sobre férias são compostos por duas parcelas e incidem sobre as férias e, também, sobre o abono constitucional de férias correspondente a 1/3 do valor dessas.

i. *Encargo mensal sobre as férias: mensalista*

As férias do trabalhador horista correspondem a 1/12 do salário recebido durante o ano, acrescidas do abono constitucional estipulado em 1/3 do valor do montante do salário de férias. O provisionamento das férias deve ser feito sobre o salário do trabalhador nos termos da Equação 4.10.

$$F_{M} = \frac{1}{12}ST + \frac{\frac{1}{12}ST}{3} \therefore FM = 0,0833\ ST + 0,0277\ ST$$

$$F_{M} = 11,11\% \times ST$$ Equação 4.10

ii. *Encargo mensal sobre férias: horista*

O cálculo desse encargo é efetuado do mesmo modo que o do mensalista, porém acrescido do percentual do DSR. Para esse encargo também ocorrem duas situações:

- 1º *procedimento:* média mensal

Neste caso, conforme Equação 4.2, incide um acréscimo constitucional de 20% sobre o encargo das férias. Então:

$$F_H = \{11,11\% + 0,20 \times 11,11\%\} \times ST$$

$$F_H = 13,33\% \times ST \qquad \text{Equação 4.11}$$

- 2º *procedimento: fração da semana*

Neste caso, conforme Equação 4.3, incide um acréscimo constitucional de 16,67% sobre o encargo das férias. Então:

$$F_H = \{11,11\% + 0,1667 \times 11,11\%\} \times ST$$

$$F_H = 12,96\% \times ST \qquad \text{Equação 4.12}$$

4.4.4 Abono pecuniário de férias

O abono pecuniário de férias é uma remuneração que difere do abono constitucional. Ambos, porém, correspondem a 1/3 do valor do salário de férias.

O Art. 143 da CLT faculta ao empregado converter 1/3 (um terço) do período de férias a que tiver direito em abono pecuniário no valor da remuneração que lhe seria devida nos dias correspondentes. Nesses termos, há que o empregador provisionar esse numerário a ser pago ao empregado antes de ele entrar no gozo das férias.

Matematicamente o APF é dado por:

$$APF = \dfrac{\dfrac{1}{12}ST}{3}$$

$$APF = 0,0277 \cdot ST \qquad \text{Equação 4.13}$$

A incidência desse abono na formação do índice de encargos sociais da empresa pode ser gerenciada.

Sendo o abono pecuniário de férias uma opção de cunho pessoal e muitos empregados optarem pelo gozo integral das férias, esse pode ser reduzido na proporção do valor do abono dos empregados que optarem pela conversão com relação ao valor da folha básica de pagamento, ao se considerar o total da folha básica da empresa. Matematicamente, tem-se:

$$k = \frac{\text{Abonos pecuniários pagos}}{\text{Total da folha básica}}$$

Então:

$$APF_{ANUAL} = k \cdot 0,0277 \cdot ST$$

Considerando que há empregados com direito a férias em todos os meses do ano, recomenda-se calcular o abono em base anual. Porém, esse abono deve ser aplicado em base mensal. Nesses termos, o abono pecuniário de férias é dado por:

$$APF_{MENSAL} = \left\{ \frac{0,0277 \cdot k}{12} \right\} \cdot ST \qquad \text{Equação 4.14}$$

4.4.5 Reincidência de encargos previdenciários

Os seguintes encargos trabalhistas recebem a incidência dos encargos previdenciários básicos devidos ao INSS:

- o 13º salário,
- as férias;
- adicional de férias;
- e o DSR.

Somando-se cada reincidência, obtém-se o total da reincidência dos encargos previdenciários (REC), segundo o seguinte modelo:

$$REC = 20\% \times \Sigma\ (13^\circ\ Salário + Férias + \tfrac{1}{3}\ Férias + DSR) \times ST$$

a. *Caso de horistas*

Introduzindo no modelo anterior o percentual atribuído a cada variável, tem-se:

$$REC_{HOR} = 0,20\ x\ (10,00\% + 13,33\% + 20,00\%)\ ST$$

$$REC_{HOR} = 8,87\%\ ST \qquad \text{Equação 4.15}$$

b. *Caso de mensalistas*

Considerando que neste caso não existe DSR e, ao se efetuar o mesmo procedimento do trabalhador horista, tem-se:

$$REC_{MEN} = 0,20\ x\ (8,33\% + 11,11\%)\ ST$$

$$REC_{MEN} = 3,89\%\ ST \qquad \text{Equação 4.16}$$

4.4.6 Aviso-prévio Indenizado (API)

A provisão para o aviso-prévio indenizado (API) é efetuada mensalmente sobre um percentual do salário do empregado em função do índice de rotatividade do pessoal da empresa.

$$API = ST\ x\ I\ Rot \qquad \text{Equação 4.17}$$

Registra-se que, na composição do índice de rotatividade, deve-se desconsiderar os casos de empregados que se aposentam ou pedem demissão. Nesses dois casos, não cabe essa provisão, já que é indevida.

O índice de rotatividade pode ser definido de dois modos: pelo número de demissões realizadas no período ou pelo tempo médio de permanência dos empregados na empresa.

a. *Número de demissões*

Neste caso considera-se como valor do índice de rotação a razão entre o número de empregados demitidos e o número de empregados da empresa.

$$IRot = \frac{\text{Número de demitidos}}{\text{Número de empregados}} \qquad \text{Equação 4.18}$$

Como exemplo, calcule-se a provisão para cobertura do aviso-prévio indenizado incidente sobre o salário mensal total de um trabalhador que monta a R$ 970,00. A empresa dispõe de um corpo funcional de 250 empregados e no último ano demitiu 37. Então:

$$API=ST \times IRot =970 \times \frac{37}{250} = 970 \times 0,15 = 145,50 \text{ R\$/ano}$$

Considerando ser o resultado calculado em base anual, a empresa deverá efetuar uma provisão mensal $API_{MES} = 145,50 \div 12 = 12,13$ R$/mês sobre o salário desse empregado.

b. *Tempo de permanência*

Neste caso, considera-se o tempo médio de permanência dos empregados na empresa, calculado segundo o modelo da Equação 4.19.

$$IRot = \frac{1}{\text{Meses de PERMANÊNCIA MÉDIO}} \qquad \text{Equação 4.19}$$

Por exemplo: se a média de permanência dos empregados na empresa é de 29 meses, então o índice de rotatividade mensal corresponde a IRot = 1/29=0,0345, ou seja, 3,45% ao mês.

Finalizando, ressalta-se que sobre o valor do aviso-prévio indenizado não cabe a incidência dos encargos sociais básicos.

A jurisprudência entende que no caso de demissão sem justa causa, esse encargo tem caráter indenizatório. Além disso, sobre o aviso-prévio indenizado, não há incidência do INSS e do IR recolhido na fonte, somente se realiza o recolhimento para o FGTS[24].

4.4.7 Multa FGTS: rescisão sem justa causa

A rescisão sem justa causa incorre, a partir de 2001, em uma multa calculada sobre o saldo do FGTS correspondente a 50% (cinquenta por cento) deste saldo.

Considerando que o recolhimento ao FGTS é de 8% (oito por cento), tem-se, para o valor da multa, matematicamente:

Multa FGTS/Rescisão = percentual da multa x percentual mensal depositado.

$$Multa\ FGTS/Rescisão = 50\% \times 8\% = 4\%\ ST$$

Para fazer frente a essa despesa, cabe ser efetuada uma provisão mensal sobre o salário de cada empregado.

A provisão é função do percentual de multa e do índice de rotatividade do pessoal na empresa, conforme apresentado no item 4.4.3.8. Então:

$$Provisão\ Multa\ FGTS = 4\% \times IRot \qquad \text{Equação 4.20}$$

4.4.8 Adicional de periculosidade (A. Per.)

Trabalhadores que atuam em serviços considerados de risco fazem jus a um adicional de periculosidade sobre o valor do salário. Segundo o Art. n.º 193 da CLT, alterado pela Lei nº 12.740, de 8 de dezembro de 2012, o trabalho em condições de

---

[24] Conforme expresso em: http://www.guiatrabalhista.com.br/guia/aviso_previo_cálculo.htm. Acesso em: 10 set. 2008.

periculosidade assegura ao empregado um adicional de 30% (trinta por cento) sobre o salário-base.

> Art. 193. - São consideradas atividades ou operações perigosas, na forma da regulamentação aprovada pelo Ministério do Trabalho e Emprego, aquelas que, por sua natureza ou métodos de trabalho, impliquem risco acentuado em virtude de exposição permanente do trabalhador a:
>
> I – Inflamáveis, explosivos ou energia elétrica;
>
> II- Roubos ou outras espécies de violência física nas atividades profissionais de segurança pessoal ou patrimonial. (BRASIL, 2012, s/p).

$$APer = 0,30 \times HN \qquad \text{Equação 4.21}$$

Esse adicional, porém, não incide sobre gratificações, prêmios ou participações nos lucros realizados pela empresa.

4.4.9 Adicional de insalubridade (A. In.)

Trabalhadores que atuam em condições insalubres fazem jus a um adicional sobre o salário, adicional esse variável segundo a atividade, classificada em alta, média ou baixa insalubridade.

As atividades profissionais que fazem jus ao adicional de insalubridade, bem como os respectivos percentuais, são definidas pela Norma Regulamentadora nº 15 do Ministério do Trabalho (NR15/MT), e especificadas em seus anexos.

O Art. 189 da CLT, Lei nº 6.514, de 22 de dezembro de 1977, estabelece:

> Serão consideradas atividades ou operações insalubres aquelas que, por sua natureza, condições ou métodos de trabalho, exponham os empregados a agentes nocivos à saúde, acima dos limites de tolerância fixados em razão da natureza e da intensidade do agente e do tempo de exposição aos seus efeitos. (BRASIL, 1977, s/p).

E estabelece a CLT em seu Art. 192:

> O exercício de trabalho em condições insalubres, acima dos limites de tolerância estabelecidos pelo Ministério do Trabalho, assegura a percepção de adicional de insalubridade, α_{In}, respectivamente, de: 40% (quarenta por cento), 20% (vinte por cento) e 10% (dez por cento) do salário-mínimo da região, segundo se classifiquem nos graus: máximo, médio e mínimo. (BRASIL, 1977, s/p).

$$AIn = \alpha_{In}SMR \rightarrow \text{ sendo } \alpha_{In} = 10\%; 20\% \text{ ou } 40\% \quad \text{Equação 4.22}$$

É interessante notar sobre o que diz a CLT em seu Art. n.º 194:

> O direito do empregado ao adicional de insalubridade ou de periculosidade cessará com a eliminação do risco à sua saúde ou integridade física, nos termos desta Seção e das normas expedidas pelo Ministério do Trabalho. (BRASIL, 1977, s/p).

Assim, o empregado só fará jus ao adicional de periculosidade ou ao de insalubridade enquanto estiver exposto à situação de risco ou prejudicial à saúde.

4.4.10 Salário-família

O salário-família é um benefício previdenciário pago ao trabalhador assalariado ou avulso, entendido como trabalhador de baixa renda, por cada filho ou tutelado que tiver, com até 14 anos de idade ou inválido.

De acordo com a Portaria Interministerial n° 26 do MTP/ME, publicada no dia 10 de janeiro de 2023, o salário-família passou a ser de R$ 59,82 para trabalhadores com remuneração mensal de até R$ 1.754,18.

Faixas do salário-família	
Faixa salarial do trabalhador em R$	Benefício em R$ – Exercício de 2023
Salários até R$ 1754,18	R$ 59,82

4.4.11 Licença-paternidade

A licença-paternidade é um benefício previsto na Constituição Federal visando permitir que o pai do nascituro auxilie a mulher após o parto. O período de duração do benefício é de cinco dias, conforme determina a CF, no Art. 10, § 1º, cabendo à empresa suportar o salário do empregado nesse período.

> No item 4.6.2, letra f, é mostrada uma metodologia para definir o percentual de encargo social visando cobrir o licença-paternidade, no caso da construção civil.
>
> Recomenda-se, porém, que cada empresa defina seu próprio percentual de custo relativo ao licença-paternidade para poder aprovisionar a cobertura desse encargo, segundo o perfil de seu quadro profissional.

4.4.12 Licença-maternidade

A licença-maternidade é um direito da empregada gestante durante 120 (cento e vinte) dias, com início no período entre 28 dias antes do parto e a data de ocorrência desse, observadas as situações e condições previstas na legislação no que concerne à proteção à maternidade.

> Cabe à empresa pagar o salário no período da licença-maternidade, efetivando-se a compensação, observado o disposto no Art. 248 da Constituição Federal, quando do recolhimento das contribuições incidentes sobre a folha de salários e demais rendimentos pagos ou creditados, a qualquer título, à pessoa física que lhe preste serviço (conforme Lei n.º 10.710/2003).
>
> No item 4.6.2, letra g, é mostrada uma metodologia para definir o percentual de encargo social devido à licença-maternidade no caso da construção civil.
>
> Recomenda-se, porém, que cada empresa defina seu próprio percentual para poder aprovisionar a cobertura desse encargo, segundo o perfil de seu quadro profissional.

4.4.13 Contribuição patronal ao Seconci

No caso das empresas da construção civil de edificações, há municípios em que ocorre uma contribuição ao Seconci, Serviço Social do Sindicato da Indústria da Construção Civil. Essa contribuição se refere a programas de assistência médica privada complementar. Em Florianópolis/SC, a contribuição acordada é de 1% sobre o salário dos empregados. Então:

$$SECONCI_{FPOLIS} = 1\% \, ST \qquad \text{Equação 4.23}$$

Conforme mostrado na Figura 4.7, esse encargo pode ser classificado como integrante do Grupo E.

Nas Figuras 4.5, 4,6 e 4,7 são expostos modelos de cálculo dos encargos sociais para serviços de trabalhadores horistas e mensalistas, de contratos de empreitada e de encargos facultativos. Comparando-se os resultados, pode-se constatar que os valores totais, e mesmo para algum item específico, variam, por isso se recomenda a cada empresa efetuar a própria composição.

A Caixa Econômica Federal, em seu site, dispõe uma composição de encargos para obras financiadas em cada estado brasileiro. Recomenda-se acessar o domínio desse órgão quando se elaborar a composição e as propostas de financiamento de empreendimentos.

Os encargos relacionados no Grupo E da Figura 4.7 também podem ser considerados como despesas indiretas e integrantes do BDI e, desse modo, serem rateados por todos os serviços de um contrato ou integrarem os encargos sociais, integrando a composição do custo dos serviços. Ou então podem serem considerados diretamente como encargo da mão de obra.

Recomenda-se que o gestor proceda a própria composição dos encargos sociais a ser adotada em cada contrato da construção civil, em face às peculiaridades dos locais, do processo construtivo e dos benefícios fiscais existentes.

O procedimento recomendado visa evitar a adoção de índices que não sejam adequados ao trabalho a executar, que possam causar perda na competitividade da empresa ou o pagamento de valores superiores aos previstos, fato que reduz a lucratividade.

PRECIFICAÇÃO: PRECIFICAR SERVIÇOS E EMPREITADAS EM ENGENHARIA

Figura 4.5 – Encargos sociais da construção civil

ENCARGOS SOCIAIS		COM desoneração		SEM desoneração	
Item	Descrição	Horista %	Mensalista %	Horista %	Mensalista %
	GRUPO A – Encargos básicos				
A1	INSS	0,00	0,00	20,00	20,00
A2	Sesi	1,50	1,50	1,50	1,50
A3	Senai	1,00	1,00	1,00	1,00
A4	Incra	0,20	0,20	0,20	0,20
A5	Sebrae	0,60	0,60	0,60	0,60
A6	Salário-educação	2,50	2,50	2,50	2,50
A7	Seguro Acidente do Trabalho (SAT)	3,00	3,00	3,00	3,00
A8	FGTS	8,00	8,00	8,00	8,00
A9	Seconci	1,00	1,00	1,00	1,00
	TOTAL DO GRUPO A	17,80	17,80	37,80	37,80
	GRUPO B – Recebe incidência do Grupo A				
B1	Repouso semanal remunerado	17,86	0,00	17,86	0,00
B2	Feriados	3,69	0,00	3,69	0,00
B3	Auxílio-doença	0,90	0,69	0,90	0,69
B4	13º salário	10,79	8,33	10,79	8,33
B5	Licença-paternidade	0,08	0,06	0,08	0,06
B6	Faltas justificadas	0,72	0,56	0,72	0,56
B7	Dias de chuva	1,63	0,00	1,63	0,00
B8	Auxílio-acidente do trabalho	0,12	0,09	0,12	0,09
B9	Férias gozadas	8,81	6,79	8,81	6,79
B10	Salário-maternidade	0,03	0,02	0,03	0,02
	TOTAL DO GRUPO B	44,65	16,54	44,65	16,54

ENCARGOS SOCIAIS		COM desoneração		SEM desoneração	
GRUPO C – Não recebe incidência do Grupo A					
C1	Aviso-prévio indenizado	5,15	3,97	5,15	3,97
C2	Aviso-prévio trabalhado	0,12	0,09	0,12	0,09
C3	Férias indenizadas	4,62	3,56	4,62	3,56
C4	Rescisão sem justa causa	4,60	3,54	4,60	3,54
C5	Indenização adicional	0,43	0,33	0,43	0,33
	TOTAL DO GRUPO C	14,92	11,49	14,92	11,49
GRUPO D – Reincidência de encargos					
D1	Do Grupo A sobre o Grupo B	7,95	2,94	16,88	6,25
D2	Do Grupo A sobre C2 e do FGTS sobre C1	0,43	0,33	0,46	0,35
	TOTAL DO GRUPO D	8,38	3,27	17,34	6,60
TOTAL DOS ENCARGOS = A + B + C + D		85,75	49,10	114,71	72,43

Fonte: chrome-extension://efaidnbmnnnibpcajpcglclefindmkaj/https://www.caixa.gov.br/Downloads/sinapi-encargos-sociais-sem-desoneracao/SINAPI_Encargos_Sociais_MARCO_2016_A_JULHO_2017.pdf . Acesso: 24 set. 2023

Figura 4.6 – Modelos de encargos sociais para obras por empreitada

Item	Descrição	Encargo Horista - %	
GRUPO A – Encargos previdenciários básicos		Desonerado	Onerado
A1	INSS – patronal	0,00	20,00
A2	FGTS	8,00	8,00
A3	Salário-educação	2,50	2,50
A4	Sesi	1,80	1,80
A5	Senai - Sebrae	1,30	1,30
A6	Incra	1,20	0,20
A7	Seguro acidente	3,00	3,00

PRECIFICAÇÃO: PRECIFICAR SERVIÇOS E EMPREITADAS EM ENGENHARIA

	Total do Grupo A	16,80	36,80
GRUPO B – Encargos que recebem a incidência de "A"			
B1	Repouso semanal remunerado	18,07	18,07
B2	Feriados	4,18	4,18
B3	Férias	15,09	15,09
B4	Aviso-prévio trabalhado	1,64	1,64
B5	Auxílio-doença	2,67	2,67
B6	Acidente de trabalho pago pelo empregador.	1,41	1,41
B7		0,06	0,06
B8	Faltas justificadas	11,32	11,32
B9	13° salário	0,11	0,11
B10	Licença-paternidade	2,20	2,20
	Adicional noturno		
	Total do Grupo B	56,75	56,75
GRUPO C – Encargos sociais que não incidem em "A"			
C1	Aviso-prévio Indenizado	28,87	28,87
C2	Indenização dispensa sem justa causa	5,01	5,01
	Total do Grupo C	33,88	33,88
GRUPO D – Reincidência de encargos			
D1	Incidência de "A" sobre "B"	5,69	20,88
	TOTAL DO GRUPO D	5,69	20,88
	☛ TOTAL DOS ENCARGOS: A + B + C + D	113,12	148,31

Fonte: os autores

Figura 4.7 – Encargos facultativos

Item		Encargos (%)	
Soma dos encargos: A+B+C+D		113,12	148,31
GRUPO E – Encargos facultativos			

E1	Equipamentos de segurança do trabalho	6,27	6,27
E2	Depreciação de ferramentas	1,25	1,25
E3	Auxílio-educação	1,51	1,51
E4	Vale-transporte	18,23	18,23
E5	Seconci	1,00	1,00
TOTAL DO GRUPO E		28,26	28,26
☛ TOTAL GERAL DE ENCARGOS (%)		141,38	176,57

Fonte: os autores

4.5 Índices de encargos sociais

O Índice de Encargos Sociais (I_{ES}) é um parâmetro que, por meio da adoção de um único índice, permite a formação do custo total da mão de obra da empresa ou de um contrato específico.

Em propostas e composições orçamentárias, é procedimento comum nas empresas adotar um único índice para os encargos. Para tanto, esse índice deve considerar os distintos encargos a incidir sobre as diversas categorias profissionais que compõem o quadro funcional da empresa. Matematicamente, o custo da mão de obra é definido pelo modelo da Equação 4.24.

$$C_{MO} = I_{ES} \times \sum_{n=1}^{k} SB_n$$

Equação 4.24

O índice de encargos sociais único (I_{ES}), é definido pela razão entre o total dos encargos pagos, sejam sociais ou do trabalho, e o total da folha de pagamento, considerando aí o salário básico dos empregados. Vide Equação 4.25:

$$I_{ES} = \frac{\text{Total encargos sociais}}{\text{Folha de pagamento básica}}$$

Equação 4.25

No modelo exposto, no numerador são agregados todos os encargos sociais incorridos, o que corresponde à soma dos encargos pagos aos trabalhadores, sejam horistas ou mensalistas, e aqueles devidos à seguridade social. No denominador, somente devem ser considerados a soma dos salários segundo o pactuado em carteira de trabalho, ou seja, o salário-base do trabalhador (AVILA; JUNGLES, 2006).

Como exemplo, considere uma empresa cuja folha básica de pagamentos (salários base) monte a 234 mil reais e os encargos sociais de sua atribuição montem a R$ 397.320,00. O índice de encargos sociais, nesse caso, é de 1,6980, pois:

$$I_{ES} = \frac{397.320}{234.000} = 1,6980$$

Nesse modelo, a folha básica de pagamentos corresponde ao somatório dos salários-base. Nesse salário-base, não são computados: os demais encargos decorrentes do trabalho; os encargos sociais; os acordos sindicais; a reincidência dos encargos sociais sobre os encargos do trabalho; os provisionamentos; e outras despesas definidas como liberalidade da empresa.

4.6 Metodologia dos encargos sociais para obras

Neste item, discute-se uma metodologia para definir os percentuais de encargos sociais e laborais adotados por empresa de consultoria ao elaborar orçamentos de serviços e empreitadas. Esses encargos são calculados em função do número de horas anuais disponíveis para o trabalho.

Considerando que o faturamento e o lucro das empresas é função da produtividade e dos custos incorridos, esses são função direta do número de horas efetivamente trabalhadas durante o ano.

Assim sendo, toda a metodologia de definição dos percentuais dos encargos sociais parte do conhecimento do número de horas anuais efetivamente disponíveis para o trabalho (HET). E essas horas são função das horas anuais disponíveis para o trabalho (HDT), deduzidas as horas remuneradas e não trabalhadas (HAI), também chamadas de horas improdutivas.

$$HET = HDT - HAI \qquad \text{Equação 4.26}$$

Essas horas improdutivas ocorrem devido à existência de descanso semanal remunerado, de domingos, de feriados, demissão sem justa causa, paralisação devido a chuvas e a dias inoperantes, afastamento do empregado por doença, licença-maternidade e paternidade etc.

Figura 4.9 – Definição das horas anuais efetivas para o trabalho

Metodologia de Calculo dos Encargos Sociais EMPRESAS	
1º Passo	Definição das Horas Anuais Disponíveis para o Trabalho: • Calculo das Horas Anuais de Trabalho → 2.676,65 h/ano • Calculo das Horas Remuneradas e Não Trabalhadas → 719,06 h/ano • Calculo das Horas Efetivamente Trabalhadas → 1.957,59 h/ano
2º Passo	Definição do Percentual dos Encargos Sociais ← Horas Normais de Trabalho
3º Passo	Definição do Percentual dos Encargos Sociais ← Horas Extras Previstas
4º Passo	Definição dos Encargos Facultativos
5º Passo	Total dos Encargos Calculados ← Soma dos Passos 2º, 3º e 4º.

Fonte: Avila e Jungles (2006, p. 200)

4.6.1 Horas anuais de trabalho

Neste item será discutida a metodologia de cálculo do número de horas que o empregador dispõe para o trabalho. Para tanto, há que definir: i) o número de horas anuais disponíveis para o trabalho (HDT); ii) o número de horas remuneradas e não trabalhadas (HAI), devido a férias, feriados, licenças etc.; iii) e o número de horas efetivamente trabalhadas por ano (HET), horas essas a serem utilizadas para planejamento, orçamento e volume de produção.

Complementarmente à este item, no item 4.6.3 será discutido o procedimento necessário à definição do número de horas improdutivas devido a chuvas e/ou dias inoperantes. Essa situação é comum ocorrer na prestação de trabalhos realizados à céu aberto, especialmente nos serviços de terraplenagem, tempo esse a ser coberto por horas extras.

Tal ocorrência deve ser considerada durante o processo orçamentário, a proposta e os contratos de trabalhos e, em sua desconsideração, poderão decorrer em prejuízo ou demandar processos de reivindicações demorados, causando redução dos níveis de caixa.

I   *Horas anuais disponíveis para o trabalho (HDT)*

A metodologia de cálculo das horas anuais disponíveis para o trabalho parte do estabelecimento do número de horas normais de trabalho, constitucionalmente estabelecidas em 44 horas semanais. Então:

Horas semanais de trabalho (constitucionais)	=	44 horas/semanais
Número de semanas por mês: 365 dias/ano ÷ (12 meses × 7 dias/semana)	=	4,3452 semanas/mês
Horas disponíveis de trabalho por dia: 44 horas/semana ÷ 6 dias/semana	=	7,3333 horas/dia
Horas disponíveis de trabalho por semana 7,3333 horas/dia × 7 dias/semana	=	51,333 horas/semana
Horas disponíveis de trabalho por mês 51,333horas/semana × 4,3452 semanas/mês	=	223,05 horas/mês
Horas disponíveis de trabalho por ano 365 dias/ano × 7,3333 horas/dia	=	2.676,65 horas/ano
Total de horas disponíveis		2.676,65 horas/ano

A partir do exposto, o número anual de horas disponíveis para o trabalho monta a 2.676,65 horas.

II   *Horas remuneradas e não trabalhadas (HAI)*

As horas anuais improdutivas e remuneradas montam de 719,06 horas e ocorrem devido aos seguintes benefícios:

a. descanso remunerado;

b. feriados;

c. auxílio-doença;

d. acidentes de trabalho;

e. férias;

f. licença-paternidade;

g. licença-maternidade;

Cálculo das horas improdutivas:

a. Descanso remunerado

I_{DSM} = 7,3333 horas/dia × 4,3452 semanas / mês × 11 meses/ano = 350,51 h/a

b. Feriados

$\Rightarrow$ São considerados 12 feriados por ano, e um deles coincide com domingo.

I_{FER} = (12 - 1) dias/ano × 7,3333 horas/dia = 80,67 h/a

c. Auxílio-doença

$\Rightarrow$ Considerados 5 (cinco) dias de afastamento, em média, por ano.

I_{SEF} = 5 dias/ano × 7,3333 horas/dia = 36,67 h/a

d. Acidentes de trabalho

$\Rightarrow$ Considerado que 25% dos trabalhadores se afastam, em média, 15 dias por ano por motivo de acidente.

I_{ACT} = 0,25 × 15 dias/ano × 7,3333 horas/dia = 27,50 h/a

e. Férias

I_{FRS} = 7,3333 horas/dia × 30 dias/ano = 220,00 h/a

f. Licença-paternidade

Para esse cálculo, considera-se:

- crescimento populacional brasileiro de 3% ao ano;
- idade fértil de 18 a 56 anos, correspondendo a 50% da população;
- população economicamente ativa na construção em idade de procriação em 100%;
- percentual médio de mulheres na construção de 3,0 % ou 97 % de homens;
- afastamento de 5 dias por ano, conforme legislação.

I_{LPA} = 7,3333 horas/dia × 5 dias/ano × (0,03 ÷ 0,50) × (1 − 0,03) = 2,13 h/a

g. Licença-maternidade

- são feitas as mesmas considerações que o item "f";
- a licença-maternidade determina 120 dias por ano de afastamento.

I_{MA} = 7,3333 horas/dia × 120 dias/ano × (0,03 ÷ 0,50) × (1 − 0,97)= 1,58 h/a

Somando as horas improdutivas por ano, verifica-se que as horas improdutivas totais pagas montam a 719,06 horas anuais.

Os itens auxílio-doença, acidentes de trabalho, licença-paternidade, licença-maternidade, aviso-prévio, indenização referente à dispensa sem justa causa e adicional noturno podem variar segundo as características da empresa, do regime de trabalho das empreitadas e das idiossincrasias do corpo funcional. Essas variáveis são determinadas já na fase de orçamento quando se estabelece o índice de encargos sociais.

Para tanto, premissas de cálculo devem ser assumidas *a priori*, a exemplo do percentual de 3% de mulheres e 97% de homens que atuam na construção civil. Esses percentuais influenciam diretamente a definição dos valores dos encargos relativos às licenças-maternidade e paternidade.

Os autores recomendam que cada empresa defina as premissas que mais se adequem à sua realidade de modo a exprimir, nos orçamentos, uma realidade a mais próxima possível dos custos sociais a serem incorridos.

III Horas efetivamente trabalhadas por ano (HET)

Como já visto, as horas efetivamente trabalhadas por ano são definidas pelo seguinte modelo: HET = HDT − HAI, a partir das quais todos os encargos e benefícios sociais serão definidos. Assim:

A − Horas disponíveis de trabalho por ano (HDT)		2.676,65 h/a
B − Horas anuais indisponíveis (HAI)		719,06 h/a
• Descanso remunerado	350,51 h/a	
• Feriados	80,67 h/a	
• Auxílio-doença	36,67 h/a	
• Acidentes	27,50 h/a	
• Férias	220,00 h/a	
• Licença-paternidade	2,13 h/a	
• Licença-maternidade	1,58 h/a	
C - Horas efetivamente trabalhadas (HET)		1.957,59 h/a

Pelo exposto, verifica-se que o empregado pode trabalhar efetivamente, durante o ano, 1.957,59 horas, ou seja, 73,13% das horas disponíveis.

Ressalta-se que essa metodologia foi desenvolvida para obras rodoviárias. Para outros serviços de engenharia, como construção civil de edificações, engenharia consultiva ou projetos, a metodologia é similar, porém deve ser adequada às especificidades e às características de cada serviço ou empresa.

PRECIFICAÇÃO: PRECIFICAR SERVIÇOS E EMPREITADAS EM ENGENHARIA

4.6.2 Encargos sociais: horas normais

Considerando que as horas efetivamente trabalhadas servirão de previsão para o pagamento dos salários e dos respectivos encargos, a metodologia proposta é baseada no número de horas normais, anuais, efetivamente trabalhadas.

Assim, o percentual dos encargos social é calculado em função do número de horas efetivamente disponíveis para o trabalho, 1.957,59 horas, e das horas indisponíveis, conforme mostrado no subitem anterior.

Tipo dos encargos sociais sobre as horas normais	Percentual
a) Repouso remunerado	
$(350{,}51 \div 1.957{,}59) \times 100 =$	17,91%
b) Feriados	
$(80{,}66 \div 1.957{,}59) \times 100 =$	4,12%
c) Auxílio-doença	
$(36{,}63 \div 1.957{,}59) \times 100 =$	1,87%
d) Acidentes de trabalho	
$(27{,}50 \div 1.957{,}59) \times 100 =$	1,40%
e) Férias	
⇒Considerando o adicional de 1/3 sobre as horas de férias:	
⇒220 horas/ano × 1,3333 = 293,26 horas	
$(293{,}26 \text{ horas/ano} \div 1.957{,}59) \times 100 =$	14,98%
f) Licença-paternidade	
$(2{,}13 \div 1.957{,}59) \times 100 =$	0,11%
g) Licença-maternidade	
$(1{,}58 \div 1.957{,}59) \times 100 =$	0,08%

Tipo dos encargos sociais sobre as horas normais	Percentual
h) Aviso-prévio • Tempo médio de permanência anual de empregados nas empresas 7 (sete) meses por ano; • dos empregados, anualmente, 95% recebem aviso-prévio e 5% pedem demissão ou se aposenta. • aviso-prévio de 30 dias, independentemente do empregado ser mensalista ou receber por semana. • foi considerado que 50% dos empregados trabalham durante o aviso-prévio e os outros 50% recebem em dinheiro; • devido à consideração anterior, o cálculo do aviso-prévio foi separado em duas parcelas, uma referente ao aviso trabalhado e outra ao indenizado, para o efeito de incidência de outros encargos. *Caso do aviso-prévio trabalhado* • Incidência dos encargos básicos (Grupo B), considerando-se que dos 30 dias de aviso, 7 dias não são trabalhados. $\{0,95 \times 7,3333 \times 7 \times 0,50\} \div \{1.957,59 \times (7 \text{ meses/ano} \div 12 \text{ meses/ano})\} =$	2,14%
Caso de aviso-prévio indenizado • Neste caso não incidem encargos básicos (Grupo C); • o empregado trabalha os 30 dias. $\{0,95 \times 7,3333 \times 30 \times 0,50\} \div \{1.957,59 \times (7 \text{ mês/ano} \div 12 \text{ mês/ano})\} =$	9,15%
i) Indenização por dispensa sem justa causa O adicional atual é de 50% sobre o total do FGTS, 8,0%; considerou-se que 95% dos empregados têm esse direito; foi considerado o tempo médio de permanência na empresa de 7 (sete) meses. $\{0,95 \times 8,0 \times 0,50 \times 7\} \div \{1.957,59 \ (7 \text{ mês/ano} \div 12 \text{ mês/ano})\} =$	4,60%

Tipo dos encargos sociais sobre as horas normais	Percentual
j) Adicional noturno	
• Foram consideradas 7,3333 horas/dia + 4,667 horas extras, perfazendo 12 horas por dia; • consideram-se as horas normais acrescidas de 20% e as horas extras de 50%; • considera-se que 3% dos trabalhadores (vigias, guardas de equipamentos, etc.) fazem jus ao adicional noturno; • foi considerada a incidência desse adicional durante 13 meses, 7 dias por semana e 4,3452 semanas/mês.	
$[\{(7 \times 4,3452 \times 13) \times (7,3333 \times 0,2 + 4,667 \times 0,5)\} \times 0,03] \div 1.957,59 =$	2,30%
k) 13º salário	
$(7,3333 \times 30) \div 1.957,59 =$	11,24%
i) FGTS sobre o 13º salário	
$(0,08 \times 11,24) =$	0,90%
☛ Total dos encargos sociais sobre horas normais:	70,36%

Dado exposto, a soma dos percentuais obtidos montam a 70,36% de encargos sociais incidentes sobre o salário-base.

4.6.3 Encargos sociais: horas improdutivas

Horas improdutivas ocorrem quando o trabalhador estiver à disposição da empresa e não puder trabalhar devido a chuvas, nevoeiros e a dias inoperantes por impossibilidade de movimentação dos equipamentos. Visando ao cumprimento dos contratos, as horas improdutivas deverão ser compensadas com a realização de horas extras, fato que aumenta o percentual dos encargos sociais.

A metodologia a seguir discute a definição dos encargos sociais relativas a serviços de terraplenagem, decorrentes da improdutividade, pois frequentemente são sujeitos a dias improdutivos.

Como será visto, conforme o índice pluviométrico de uma região, pode haver variação no número de dias inoperantes dadas as condições atmosféricas, fazendo com que uma empresa passe a operar em horas extras, domingos e feriados, visando ao cumprimento de seus contratos. E, como será constatado, tal fato causa forte impacto no nível dos encargos sociais.

O cálculo das horas extras tem muito a ver com o planejamento dos prazos de execução dos projetos e a conceituação utilizada pelos órgãos contratantes quanto a dias úteis e operáveis.

Normalmente, os órgãos governamentais consideram 300 (trezentos) dias úteis de trabalho por ano. Isso porque descontam dos 365 dias do ano 52 (cinquenta e dois) domingos e 12 (doze) feriados ou dias santificados, em que um deles, necessariamente, cairá em um domingo.

A seguir é exposta uma metodologia para a determinação de encargos sociais decorrentes de improdutividade, ao analisar três regiões com pluviosidade distintas. Para tanto, deve-se conhecer o número médio de dias de chuvas anual ou sazonal. É interessante alertar ao interessado que a pluviosidade de cada região pode ser obtida em organismos oficiais que registram a ocorrência do clima e do tempo.

Figura 4.10 – Cálculo de encargos sociais por horas improdutivas

1º Passo	Definir o número de dias anuais disponíveis para o trabalho
2º Passo	Calcular os dias operacionais anuais
3º Passo	Calcular o numero de dias a serem realizados em horas extras.
4º Passo	Calcular os acréscimo dos encargos sociais devido aos dias inoperantes
5º Passo	Somar esses encargos ao GRUPO-B.

Fonte: Avila e Jungles (2006, p. 200)

Considere-se definir os encargos sociais relativos à improdutividade devido à ocorrência de chuvas em três regiões em que ocorrem as seguintes pluviosidades ou dias inoperantes:

- região A: ocorre uma média de 120 dias de chuva por ano;

- região B: ocorre uma média de 150 dias de chuva anuais;
- região C: ocorre uma média anual de 200 dias de chuva por ano.

1º – Definir o número de dias disponíveis para o trabalho

Tem-se, então, 365 – {52 + (12 – 1) – 2} = 300 dias de trabalho por ano, em que cinquenta e dois dias são domingos, doze feriados com um deles caindo em domingo e dois dias excedentes não considerados, pois são compensáveis com dias úteis não operáveis.

2º – Calcular os dias operacionais anuais

Para estabelecer o número de dias anuais operacionais, há que se definir:

a. O percentual de dias inoperantes

Para a definição do percentual de dias inoperantes, há que se considerar que dias chuvosos também ocorrem em domingos e feriados. Assim, esse percentual é dado por:

$$D_{INOP} = \frac{Domingos + Feriados}{Dias\ do\ ano} = \frac{52+11}{365} = 0,1726 \rightarrow 17,26\%$$

b. Número de dias operantes

O modelo de cálculo necessário para definir o número de dias anuais operacionais (D_{OPER}), é dado por:

$$D_{OPER} = 365 - \{(1-0,1726) \times Dias\ inoperantes\} + 2\} \qquad \text{Equação 4.27}$$

No caso em questão, o número de dias operacionais por ano é dado por:

Região A:	D_{OPER} = 365 – {0,8274 x 120 + 2} = 263,71 úteis p/ ano
Região B:	D_{OPER} = 365 – {0,8274 x 150 + 2} = 238,81 úteis p/ ano
Região C:	D_{OPER} = 365 – {0,8274 x 200 + 2} = 197,52 úteis p/ ano

3º – Calcular os dias a serem realizados em horas extras

Para realizar os 300 dias úteis de trabalho por ano previstos em cronograma, é necessário que se trabalhe em horas extras em dias operáveis e, dessa forma tem-se:

- Região A: 300 - 263,71 = 36,29 dias em horas extras.
- Região B: 300 - 238,81 = 61,11 dias em horas extras.
- Região C: 300 - 197,52 = 102,48 dias em horas extras.

4º – Calcular os acréscimos dos encargos sociais devido aos dias inoperantes

Para a definição do percentual de encargos, deve-se acrescentar a taxa de 50% paga por horas extras, dada a legislação do trabalho.

- Região A: $ES_A = \{(36,29 \times 1,50) \div 300\}\,100 \rightarrow ES_A = 18,15\,\%$
- Região B: $ES_B = \{(61,11 \times 1,50) \div 300\}\,100 \rightarrow ES_B = 30,60\,\%$
- Região C: $ES_C = \{(102,48 \times 1,50) \div 300\}\,100 \rightarrow ES_C = 51,24\,\%$

5º – Integrar ao Grupo B

Os encargos devidos por horas inoperantes são encargos do trabalho e, desse modo, integram o Grupo B.

Conforme o exposto, os encargos totais, por conta da ocorrência de dias inoperantes, podem variar de 18,15 a 51,24%, conforme a região, pois são cumpridos em horas extras. A Figura 4.11 mostra o cálculo dos encargos sociais para serviços de terraplenagem a serem cumpridos nas três regiões citadas.

Como pode ser constatado, devido à pluviosidade, a diferença dos percentuais totais de encargos sociais para as três regiões chega a ser significativa:

- A = 154%;
- B = 172,35%;
- C = 203,66%.

Finalizando, alerta-se que, conforme o solo da região, o número de dias inoperantes totais deve considerar, além dos dias de chuva, o período de tempo necessário para secar o solo e permitir o uso ou tráfego do equipamento rodante.

PRECIFICAÇÃO: PRECIFICAR SERVIÇOS E EMPREITADAS EM ENGENHARIA

Figura 4.11 – Encargos sociais para serviços de terraplenagem

Discriminação		Regiões		
		A - %	B - %	C - %
GRUPO A – Encargos sociais básicos				
Encargos a serem recolhidos diretamente à Previdência Social				
A1	INSS	20,00	20,00	20,00
A2	Senai	1,00	1,00	1,00
A3	Sesi	1,50	1,50	1,50
A4	Incra	0,20	0,20	0,20
A5	Salário-educação	2,50	2,50	2,50
A6	Salário-família	4,00	4,00	4,00
A7	INSS sobre 13º salário	0,75	0,75	0,75
A8	Salário-maternidade	0,30	0,30	0,30
A9	Fundo de Garantia p/ Tempo de Serviço	8,00	8,00	8,00
A10	Seguro contra acidentes	2,50	2,50	2,50
	TOTAL DO GRUPO A	40,75	40,75	40,75
GRUPO B – Encargos sociais que recebem a incidência do Grupo A				
Encargos e direitos a serem recebidos pelos empregados				

Discriminação		Regiões		
		A - %	B - %	C - %
B1	Repouso semanal remunerado	17,91	17,91	17,91
B2	Férias	14,98	14,98	14,98
B3	Feriados	4,12	4,12	4,12
B4	Aviso-prévio trabalhado	2,14	2,14	2,14
B5	Auxílio-doença	1,97	1,97	1,97
B6	Acidentes de trabalho	1,40	1,40	1,40
B7	Horas extras por dias inoperantes	18,15	30,60	51,24
B8	Adicional noturno	2,30	2,30	2,30
B9	Licença-paternidade	0,11	0,11	0,11
	TOTAL DO GRUPO B	63,08	75,53	98,17

GRUPO C – Encargos Sociais que não recebem incidência do Grupo A
São pagos diretamente aos empregados.

C1	Décimo terceiro salário	11,24	11,24	11,24
C2	FGTS sobre o 13º Salário	0,80	0,80	0,80
C3	Rescisão sem justa causa	4,16	4,16	4,16
C4	Aviso-prévio indenizado	9,15	9,15	9,15
	TOTAL DO GRUPO C	25,35	25,35	25,35

GRUPO D – Incidência dos encargos do Grupo A sobre o Grupo B

D1	$(40,75 \times 63,08) \div 100 =$	25,71	-	-
D2	$(40,75 \times 75,53) \div 100 =$	-	30,78	-
D3	$(40,75 \times 96,17) \div 100 =$	-	-	39,39
	TOTAL DOS ENCARGOS	154,89	172,37	203,66

Fonte: Avila e Jungles (2006, p. 208)

4.6.4 Encargos sociais facultativos

Os encargos sociais facultativos decorrem de encargos previstos em lei e de benefícios realizados por liberalidades da empresa, a exemplo da assistência médica e odontológica complementar e do auxílio-moradia. Esses benefícios serão considerados como salários indiretos.

4.6.4.1 Vale-transporte

No caso do vale-transporte, o empregado suporta o custo do transporte em até 6% de seu salário nominal médio, sendo o restante desse custo suportado pelo empregador. O valor do benefício do vale-transporte, definido em função do número de horas efetivamente trabalhadas por ano, é dado pelo modelo da Equação 4.27.

Adota-se como nomenclatura:

- Cc = Custo médio diário da condução, considerando dois trajetos (2) por dia;
- Ne = Número médio de conduções por mês, considerando o custo da passagem, duas conduções por dia e 22 dias de trabalho por mês;
- HDT = Número de horas disponíveis de trabalho por ano definidas em 2.676,65 horas;
- HET = Número de horas efetivamente trabalhadas por ano definidas em 1.957,59 horas.

$$VT = \left(\frac{(Cc \times Ne) - (0,06 \times ST)}{ST} \right) \times \left(\frac{HDT}{HET} \right) \qquad \text{Equação 4.27}$$

4.6.4.2 Vale-refeição

O vale-refeição é considerado sob dois casos: refeições mínimas e refeições completas.

I Refeições mínimas

Refeições mínimas são caracterizadas como os lanches ou café da manhã. Essas refeições têm 1% de seu custo suportado pelo trabalhador e o saldo coberto pela empresa. A Equação 4.28 mostra um modelo matemático para definição do valor a ser considerado para refeições mínimas. Adota-se como nomenclatura o seguinte:

- RM = Custo médio da refeição mínima expressa em porcentagem de mão de obra;
- NM = Número de refeições mínimas servidas por mês, considerando 22 cafés da manhã mensais;
- CM = Custo médio da refeição mínima expresso em reais (R$).

$$VT = \left(\frac{(Cc \times Ne) - (0,06 \times ST)}{ST} \right) \times \left(\frac{HDT}{HET} \right)$$

Equação 4.28

II Refeições completas

Essas refeições se referem ao almoço e ao jantar, sendo que 90% desses custos, no máximo, podem ser legalmente suportados pela empresa. O valor do benefício do vale-refeição, no caso de refeição completa, é dado pelo modelo da Equação 4.29.

Adota-se como nomenclatura:

- CR = Custo médio das refeições completas por mês, expresso em R$;
- NR = Número de refeições completas por mês;
- RC = Custo de refeição mínima por empregado, expressa em porcentagem da mão de obra;
- ST = Salário nominal médio do trabalhador.

$$RC = \left(\frac{CR \times NR \times 0.90}{ST} \right) \times \left(\frac{HDT}{HET} \right)$$

Equação 4.29

4.7 Desoneração fiscal na construção civil

A desoneração da folha de pagamento, na construção civil, em empresas de construção e em obras de infraestrutura, foi instituída pela Lei n.º 12.546/2011 e prorrogada pela Lei n.º 14.288/2021 até 31 de dezembro de 2023. A desoneração consiste em um benefício fiscal que permite a substituição da contribuição previdenciária patronal incidente sobre a folha de salários por uma alíquota incidente sobre o faturamento.

Complementarmente à lei citada, a partir da promulgação das Medidas Provisórias n.º 601/2012 e 612/2013, houve a desoneração da folha de pagamentos das empresas de infraestrutura e da construção de edificações, com a redução dos respectivos encargos sociais. Para tanto, a alíquota básica do INSS de competência do empregador passou a ser **zero** ao invés dos 20% incidentes sobre a folha de pagamento.

Alerta-se que esse benefício não contempla sob as mesmas condições e indistintamente todas as empresas, pois a alíquota da contribuição pode variar de 1% até 4,5%, além de considerar o setor em que ela atua.

No caso da construção civil, infraestrutura e edificações, a alíquota ora praticada é de 4,5% nos termos da Lei nº 13.670/2018. Ressalta-se que, obras matriculadas no CEI – Cadastro Específico do INSS no período havido entre 01/04/2013 e 30/11/2015 deverão continuar recolhendo com a alíquota anterior de 2%, até a conclusão da obra.

Na construção civil são beneficiadas as empresas de construção de edifícios, enquadradas sob os números 412, 432, 433 e 439 do CNAE 2.0 e as de infraestrutura, enquadradas sob os números 421, 422, 431 e 429.

O empregador que optar por essa desoneração da folha passará a ser tributado sobre o faturamento, conforme as alíquotas expressas na Figura 4.12, caso em que a obra ou serviço deverão estar matriculados no CEI — Cadastro Específico do INSS.

Os demais encargos permaneceram inalterados. Nesses termos, o total dos encargos previdenciários básicos foi reduzido de 36,80% para 16,80%, conforme mostrado na Figura 4.4.

Essa redução de encargos sociais tem prazo de vigência e beneficia empresas do setor da construção civil cuja atividade principal está enquadrada na relação do CNAE 2.0, de 2007, especificamente nos grupos a seguir relacionados:

- 412 - Construção de edifícios;
- 432 - Instalações elétricas, hidráulicas e outras instalações em construções;
- 433 - Obras de acabamento;
- 439 - Outros serviços especializados para construção
- 421 - Construção de rodovias, ferrovias, obras urbanas e obras-de-arte especiais;
- 422 - Obras de infraestrutura para energia elétrica, telecomunicações, água, esgoto e transporte por dutos;
- 429 - Construção de outras obras de infraestrutura;
- 431 - Demolição e preparação do terreno.

Integram o Grupo 412 - Construção de Edifícios: a execução de edifícios para usos residenciais; comerciais; industriais; agropecuários e públicos.

Também estão compreendidas nesse grupo as reformas, manutenções correntes, complementação e alteração de imóveis; a montagem de estruturas pré-fabricadas *in loco* para fins diversos de natureza permanente ou provisória.

A classificação da empresa segundo, o CNAE 2.0, corresponde à de sua atividade principal. E a atividade principal é definida como aquela que contribui para o faturamento, atual ou futuro, em valor superior a 50% da receita total.

Nos termos da Mediada Provisória nº 612 de 4 de abril de 2013, o período de desoneração da folha de pagamentos tem validade diferenciada para as atividades beneficiadas. Esse incentivo, porém, somente tem validade para obras inscritas no CEI/INSS. O prazo de vigência em obras de engenharia está mostrado na Figura 4.12.

Na hipótese de a empresa desenvolver atividades enquadradas e não enquadradas nos grupos sujeitos à desoneração, e nos termos dos parágrafos 9º e 10, do art. 9º da Lei nº 12.546/11 incluídos pela MP nº 612/13, os procedimentos necessários à obtenção do benefício são:

a. declarar como CNAE de atividade principal aquela que representar a atividade de maior receita auferida ou esperada;

b. caso o CNAE preponderante esteja previsto dentre as atividades sujeitas à desoneração da folha de pagamento, a empresa deverá recolher a contribuição sobre a receita bruta da empresa relativa a todas as suas atividades. Não se aplica a proporcionalidade de receitas para esse caso;

c. a obra ou o serviço devem estar matriculados no CEI – Cadastro Específico do INSS.

É interessante notar que as empresas incorporadoras estão fora do benefício, pois esse se destina a empresas que executam obras e serviços de engenharia e as incorporadoras são empresas cujo objeto é a venda de bens imóveis.

No caso, ocorre um benefício fiscal ao empregador que tem anulado o seu recolhimento ao INSS incidente sobre o faturamento

Figura 4.12 – Desoneração da folha de pagamento

Benefício fiscal – Desoneração da folha de pagamento		
Alíquota INSS empregador de 20% a zero%	Alíquota sobre o faturamento	
Enquadramento no CNAE – Empresas beneficiadas		
Grupos CNAE 2.0	Alíquota	Vigência
- Construção de edifícios: 412, 432, 433 e 439	4,50 %	31.12.2023
- Infraestrutura: 421, 422, 431 e 429	4,50 %	31.12.2023

Fonte: os autores com base em Brasil (2011, 2018, 2021)

Uma questão relevante é quando não vale a pena proceder à desoneração da folha de pagamento na construção civil. Nessa situação, cita-se o exposto por Carvalhaes (2015, p. 2, 3):

1. No caso das construtoras que terceirizam toda mão de obra de execução e a folha de pagamento do pessoal administrativo é muito pequena.
2. No caso de empresas construtoras que também são incorporadoras, onde a contribuição substitutiva incide sobre a receita da venda de imóveis além da venda de serviços.

4.8 Exercícios

4.8.1 Exercícios resolvidos

4.8.1.1 Caso da licitação

Sua empresa está analisando a participação em uma licitação de uma obra pública cujo histograma de previsão de pessoal, Figura 4.13, será composto por quatro níveis de categorias funcionais, constantes do respectivo edital de licitação e caracterizados a seguir:

a. o Nível 1 será composto pelo pessoal de chefia da obra, sendo constituído por engenheiros. Todo o grupo participará dos trabalhos em área de risco e integrará o corpo permanente da empresa;

b. o Nível 2 será composto por encarregados, mecânicos, chefes de turma, topógrafos, isto é, pessoal que trabalhará em áreas de risco. É política da sua empresa contratar no local das obras 60% desse pessoal. Os demais, 40%, integrarão o corpo permanente da empresa.

c. o Nível 3 será composto por pessoal de apoio, tais como motoristas, cozinheiros, pessoal de escritório e contabilidade, secretárias etc. Normalmente esse pessoal não atua em área de risco e é contratado integralmente no local dos serviços;

d. o Nível-4 deverá ser composto pelos trabalhadores que atuarão em frente de serviço, estando previsto ocorrer sobre seus salários incidência total das leis sociais.

Figura 4.13 – Histograma de distribuição de pessoal e salário

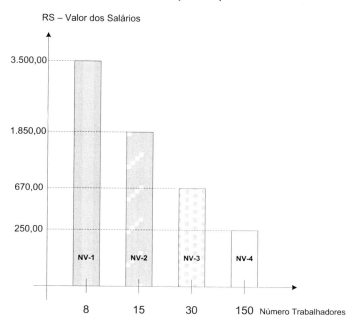

Fonte: Avila e Jungles (2006, p. 199)

Você, como futuro coordenador da obra, assumiu a responsabilidade de determinar o índice de encargos sociais a ser adotado, já que, por força do futuro contrato, o índice deverá constar da proposta. Para tanto, você adotou as seguintes premissas.

I   Premissas

i. A premissa básica adotada foi abstrair do total dos encargos sociais aqueles encargos que não serão exigidos.
ii. Sobre o pessoal considerado como corpo permanente da empresa e devido à sua baixa rotatividade, a empresa faz incidir apenas 30% do total dos encargos previdenciários do Grupo "C";
iii. A definição do percentual dos encargos adotado sobre cada nível salarial atendeu ao estabelecido na Figura 4.6.

I – Cálculo da folha direta

Nível salarial	Quantidade de pessoal	Salário R$		Custo total
N1	8	3.500,00	=	28.000,00
N2	15	1.850,00	=	27.750,00
N3	30	670,00	=	20.100,00
N4	150	250,00	=	37.500,00
Soma da folha de pagamentos			R$	113.350,00

II – Cálculo dos encargos sociais

Nível salarial	% Contribuição	Salários R$	Encargos sociais	Total R$
N1	1,0	28.000,00	1,3815	38.682,00
N2 - a	0,6	27.750,00	1,7432	29.024,28
N2 - b	0,4	27.750,00	1,6416	18.221,76
N3	1,0	20.100,00	1,6805	33.778,05
N4	1,0	37.500,00	1,7557	65.838,75
		Total:		185.544,84

II   Cálculo dos encargos por nível

i) Nível 1

ES(N1) = Total de encargos − 0,30 × Grupo C − Grupo E

ES(N1) = 175,57 − 0,30 × 33,88 − 27,26

ES(N1) = 138,15%

ii) Nível 2

ES(N2a) = Total de encargos − Grupo E2

ES(N2a) = 175,57 − 1,25

ES(N2a) = 174,32 %.

ES(N2b) = Total Encargos - 0,30 × Grupo C - Grupo E2 $\therefore$

ES(N2b) = (175,57- 0,30) × (33,88 - 26,26)

ES(N2b) = 164,16%

iii) Nível 3

ES(N3) = Total de encargos − Grupo E1 − Grupo E2
ES(N3) = 175,57 − 6,27 − 1,25
ES(N3) = 168,05%

iv) Nível 4

→ Sobre este nível incorrerá a totalidade dos encargos sociais.
ES(N4) = 175,57 %

III   Cálculo do índice de encargos sociais

$$I_{ES} = \frac{\text{Total dos encargos sociais}}{\text{Total da folha direta}} = \frac{185.544,84}{113.350,00} = 1,637$$

Desse modo, o valor da mão de obra a ser proposta monta a:
MO = 113.350,00 + 1,637 × 113.350,00
MO = R$ 298.903,95

4.8.1.2 Custo total de um empregado

Calcule o custo incorrido por um empregador da construção civil referente à contratação de um empregado cujo salário-base percebido, seja horista ou mensalista, monte a R$ 1.900,00. As atividades a serem feitas são: i) considerar o caso de folha onerada e desonerada; ii) definir o percentual do custo total sobre o salário-base.

1 − Dados do empregado

- Número de filhos menores.	2
- Horas noturnas trabalhadas no mês	6,00
- Horas extras normais no mês	10,00
- Hora extra, domingos/feriados no mês	4,00
- Eletricista	

2 – Dados da empresa

- Tipo de empresa	Construção civil
- Número de empregados	348
- Demissões no exercício anterior	89
- Vale-transporte	R$ 5,00/dia
- Vale-refeição	R$ 17,00/dia

Observações:

a. A determinação dos encargos, seja o trabalhador horista ou mensalista, é efetuada sobre o salário-hora.

Encargos sociais: construção civil Folha onerada					
Encargos	Valor		Horas extras	Horista	Mensalista
	Horista	Mensalista		(191 horas)	(220 horas)
1 – Encargos do trabalho	R$/h	R$/h	h	R$	R$
Hora normal	9,95	8,64		1.900,00	1.900,00
Hora noturna - 20%	11,94	10,36	6,00	71,62	62,18
Hora domingo feriado - 100%	19,90	17,28	4,00	79,58	69,12
Hora extra normal - 50%	14,92	12,95	10,00	149,21	129,55
Hora extra noturna - 70%					
Hora de sobreaviso					
DSR	2.200,42	2.160,85		440,08	0,00
Comissões					
Adicional de insalubridade					

PRECIFICAÇÃO: PRECIFICAR SERVIÇOS E EMPREITADAS EM ENGENHARIA

Encargos sociais: construção civil Folha onerada				
Adicional de periculosidade				
Licença-maternidade				
Licença-paternidade				
Salário-família				
Outros encargos				
SALÁRIO TOTAL		ST	R$ 2.640,50	R$ 2.160,85
2 – Encargos sociais básicos	%		R$	R$
INSS	20% x ST		528,10	432,17
FGTS	8% x ST		211,24	172,87
Demais encargos básicos	8,8 x ST		232,36	190,15
Total dos encargos sociais básicos			971,70	795,19
3 – Provisionamento mensal de encargos anuais			R$	R$
Férias	1/12 ST		220,04	180,07
1/3 de férias	1/3 Férias		3,35	60,02
INSS sobre férias	20% (Férias + 1/3 Férias)		58,68	48,02
13º salário	1/12 ST		20,04	180,07
INSS 13º salário	20% x 13		4,01	36,01
Aviso-Prévio Indenizado (API)	Irot x ST = (89/348) ST		75,30	52,63
FGTS sobre API	8% x API		54,02	44,21
Multa FGTS	4% x IROT x ST		27,01	22,11
Provisionamento total			1.372,45	1.123,14
4 - Encargos facultativos				

Encargos sociais: construção civil Folha onerada			
Vale-transporte	5 x 22	110,00	10,00
Vale-refeição	17 x 22	74,00	74,00
Seconci	1% ST	6,41	21,61
Total dos encargos facultativos		10,41	505,61
ENCARGOS TOTAIS	VALOR TOTAL (R$)	5.495,07	4.584,79
	Percentual %		

Encargos sociais: construção civil Folha desonerada					
Encargos	**Valor**		**Horas extras**	**Horista**	**Mensalista**
	Horista	**Mensalista**		**(191 horas)**	**(220 horas)**
1 – Encargos do trabalho	R$/h	R$/h	h	R$	R$
Hora normal	9,95	8,64		1.900,00	1.900,00
Hora noturna - 20%	11,94	10,36	6,00	71,62	62,18
Hora domingo feriado - 100%	19,90	17,28	4,00	79,58	69,12
Hora extra normal - 50%	14,92	12,95	10,00	149,21	129,55
Hora extra noturna - 70%					
Hora de sobreaviso					
DSR	2.200,42	2.160,85		440,08	0,00
Comissões					
Adicional insalubridade					
Adicional periculosidade					

PRECIFICAÇÃO: PRECIFICAR SERVIÇOS E EMPREITADAS EM ENGENHARIA

Encargos sociais: construção civil Folha desonerada				
Licença-maternidade				
Licença-paternidade				
Salário-família				
Outros encargos				
SALÁRIO TOTAL		**ST**	2.640,50	2.160,85
2 – Encargos sociais básicos	%		R$	R$
INSS	20% x ST			
FGTS	8% x ST			
Demais encargos básicos	8,8 x ST			
Total dos encargos sociais básicos				
3 – Provisionamento mensal de encargos anuais				
Férias	1/12 ST			
1/3 de férias	1/3 Férias			
INSS sobre férias	20% (Férias + 1/3 Férias)			
13º salário	1/12 ST			
INSS 13º salário	20% x 13			
Aviso-Prévio Indenizado (API)	Irot x ST = (89/348) ST			
FGTS sobre API	8% x API			
Multa FGTS	4% x IROT x ST			
Provisionamento total				
4 – Encargos facultativos				
Vale-transporte	5 x 22			
Vale-refeição	17 x 22			

Encargos sociais: construção civil Folha desonerada			
Seconci	1% ST		
Total dos encargos facultativos			
ENCARGOS TOTAIS	VALOR TOTAL (R$)		
	Percentual %		

4.8.2 Exercícios propostos

4.8.2.1 Índice parcial

Você está interessado em definir a porcentagem dos encargos do Grupo C a ser adotada na composição de preços unitários de uma proposta visando à realização de obra nova. A obra terá cinco níveis de empregados e os encargos em questão são os referentes a este nível. Nesse momento, você dispõe dos seguintes dados:

- total dos encargos do Grupo C: 33,88%;
- a obra será efetuada em 24 meses;
- a rotatividade dos empregados do Nível 5 para este tipo de obra e na região onde ela será realizada é de 30%;
- ao final da obra, todos os empregados do Nível 5 serão demitidos;
- o Nível 5 será integrado por 160 empregados, todos a serem lotados em frente de serviço, com um salário médio mensal de R$ 950,00.

4.8.2.2 Custo da mão de obra

Sua empresa considera efetuar uma proposta para a reforma dos pisos cerâmicos de uma loja. Nessa situação, o proprietário da empresa lhe solicitou definir o custo direto da mão de obra. Você dispõe das seguintes informações:

- Área de piso	1.980 m²
- Produtividade	0,30 horas/m²
- Prazo contratual de execução	20 de abril a 20 de maio de 2014
- Azulejistas disponíveis	3 profissionais
- Serventes	2 profissionais
- Salário de azulejista	R$ 7,00/hora
- Salário de servente	R$ 5,00/hora
- Vale-refeição	R$ 14,50/dia

4.8.2.3 Benefícios diretos

Sua empresa estuda considerar, nos encargos sociais, a influência do vale-transporte e das refeições. Calcule o percentual de impacto, sabendo que:

- Salário de pedreiro	R$ 1.550,00 p/ mês
- Salário de servente	R$ 977,00 p/ mês
- Custo da condução	R$ 1,60/2,20 p/un
- Número médio de conduções por dia	4 unidades
- Dias úteis por mês	22 dias
- Horas anuais de trabalho	2.676,65 h
- Jornada anual produtiva	1.985,71 h
- Custo de café da manha	2,80 R$/un
- Custo de almoço	8,70 R$/un

4.8.2.4 Custo efetivo de mão de obra

Uma empresa paga R$ 1.700,00 por mês a um carpinteiro e R$ 950,00 ao ajudante. Ambos trabalham, em média, 22 dias por mês.

A empresa fornece vale-transporte para duas conduções (ida e volta somando quatro passagens) diárias descontando 6% do salário do funcionário. O valor do transporte é R$ 3,00 por condução.

Além disso, paga 90% do valor das refeições e fornece seguro de vida. O gasto com alimentação é de R$ 9,50 por dia e o seguro de vida representa uma despesa de R$ 12,00 por funcionário por mês.

4.8.2.5 Serviço em hora extra

O carpinteiro costuma fazer duas horas extras por dia por solicitação de sua chefia, horas essas pagas em dobro. Os outros encargos sociais montam em 130,00%. Pergunta-se:

- qual é o custo efetivo do carpinteiro e do ajudante para a empresa?
- qual é o valor que a empresa gasta com o carpinteiro e com o ajudante além de seus salários?
- qual é a percentagem total dos encargos sociais com esse carpinteiro e com o ajudante?

4.8.2.6 Encargos totais

Você é o diretor técnico de uma empresa de construção civil e está analisando qual o índice de encargos sociais que integrará o BDI nas próximas licitações, já que é muito provável que o quadro de pessoal se estabilize na quantidade de pessoal considerada.

Calcule o índice de encargos sociais a incidir sobre sua folha de pagamento, sabendo que o departamento de pessoal lhe passou as seguintes informações quanto à previsão de mão de obra:

Quadro de pessoal da empresa			
I – Pessoal lotado na sede			
Cargo	Função	Salário	Número Funcionários
Diretoria	Diretor comercial Diretor de engenharia Diretor administrativo Financeiro	12.500,00	3
Gerentes	Economista	7.000,00	1
	Advogado	8.000,00	2
	Engenheiros	7.500,00	2
Engenheiros	Projetista sênior	7.500,00	2
	Supervisor de obras	4.700,00	6
	Projetista júnior	3.500,00	5
	Pessoal de apoio/escritório	1.200,00	23
II – Pessoal lotado em obras			
Engenheiros Engenheiros Engenheiros Encarregados de obra Pessoal de apoio Pedreiros e carpinteiros Serventes	1) Chefe de residência 2) Produção 3) Planejamento 4) Produção e oficinas 5) Escritório de obra 6) Produção 7) Produção	4.800,00 4.500,00 4.700,00 3.000,00 2.180,00 2.240,00 1.600,00	6 12 4 22 36 140 400

Grupo	CAT.	Salário R$	Número Funcion.	Soma salários	Índice de cada grupo	Total de encargos do grupo
Pres./ Diretores	G-1.1		3			

Economista	G-1.2		1		
Advogado	G-1.3		2		
Eng. de obras	G-1.4		2		
Eng. de projetos	G-1.5		2		
Eng. de apoio – 40%	G-2.1		1		
Eng. de apoio – 60%	G-2.2		2		
Eng. de projetos	G-2.3		5		
Pessoal, apoio	G-2.4		23		
Chefe residência	G-3.1		4		
Eng. de produção	G-3.2		12		
Eng. de pla- nejamento	G-3.3		4		
Encarregado de obras	G-3.4		18		
Pessoal de apoio – 40%	G-3.5		13		
Pessoal de apoio – 60%	G-3.6		19		
Pessoal de produção	G-3.7		140		
Pessoal de produção	G-3.8		400		

$$I_{ES} = \frac{\text{Total dos encargos sociais}}{\text{Folha de pagamento básica}}$$

Além das informações mencionadas, sabe-se que:

- do pessoal dos escritórios de obra, 60% é eminentemente burocrático e de apoio, não participando diretamente do esforço de construção;
- os diretores são proprietários da empresa;
- ao final da obra, 85% do pessoal classificado na Categoria G-3.8 será demitido;
- ao final da obra, 75% do pessoal da Categoria G -3.7 será demitido;
- ao final da obra, 60% do pessoal da Categoria G−2.4 será demitido;
- é comum o pessoal de frente de serviço realizar 6 horas extras semanais.

4.8.2.7 Proposição legal

Considere-se a hipótese de um projeto de lei visando alterar o recolhimento de encargos sociais. O projeto em questão tem duas propostas consideradas fundamentais:

i. incorporar o 13º salário ao salário mensal dos empregados;
ii. extinguir os encargos relacionados no Grupo A, referente aos itens 1, 2 e 3.

Considerando que esse projeto, caso transformado em lei, possa afetar a competitividade das empresas, qual o seu parecer? Justifique e demonstre a alteração no quadro de encargos sociais.

4.8.2.8 Salário de equilíbrio

A política de uma empresa é adotar profissionais horistas e mensalistas. Ela está estudando a participação em um evento de longa duração e sabe que o salário médio do pessoal mensalista monta a R$ 1.495,00. Assim, ela deseja saber:

- qual o número de horas a serem cumpridas pelos trabalhadores horistas a partir do qual é mais vantajoso contratá-los como mensalistas?

- qual o salário a ser pago a um trabalhador horista que cumpre uma jornada de 44 horas semanais a partir do qual é mais vantajoso contratá-lo como mensalista?
- é economicamente interessante transformar a contratação de um trabalhador horista que percebe R$ 16,50 por hora e cumpre uma jornada de 40 horas semanais em mensalista? E no caso da jornada de 20 horas semanais?

I   Análise de encargos sociais

A execução de uma estrutura foi prevista para ser realizada em 2.850 horas de trabalho efetivo. O contratante condicionou a realização dessa empreitada em noventa dias de trabalho. Sua empresa dispõe de três (03) equipes para a realização do trabalho e não há possibilidade de contratar pessoal extra.

Cada equipe é formada por um mestre de obras, três pedreiros, cinco serventes e um carpinteiro. Considera-se a equipe como unidade base de produção.

Assim sendo, solicita-se verificar se há necessidade de realizar o trabalho em horas extras e, em caso positivo, informar:

- qual o total dos encargos sociais com a assunção de horas extras;
- a relação entre os encargos sociais considerando horas extras e considerando somente horas normais;
- o salário dos profissionais envolvidos.

4.8.2.9 Custo total do empregado: empresa do setor elétrico

- Calcule o custo de um eletricista que atua na manutenção de linhas de transmissão e subestações.
- Calcule o custo de um vigilante que trabalha nessa mesma empresa.

PRECIFICAÇÃO: PRECIFICAR SERVIÇOS E EMPREITADAS EM ENGENHARIA

1 – Informações dos empregados	
- Salário-base de eletricista (R$)	3.500,00
- Eletricista: filhos menores	2
- Turno	O eletricista trabalha alternando, semanalmente, turno diurno e vespertino
- Sobreavisos	Dois por mês
- Salário-base de vigilante (R$)	1.100,00
- Vigilante: filhos menores	3
- Turno	Trabalha em turno noturno
- Horas extras	Seis por semana
- 2 – Dados da Empresa	
- Tipo de empresa	Setor elétrico
- Número de empregados	4.322
- Demissões no exercício anterior	123
- Vale-transporte	R$ 7,80/dia
- Vale-refeição	R$ 27,00/dia
22% dos empregados requerem anualmente o abono por venda de 10 dias de férias	

Encargos sociais: eletricista Folha onerada			Horista	Mensalista
1 – Encargos trabalhistas	Horas	Valor R$/hora	R$	R$
Hora normal				
Hora noturna – 20%				
Hora extra normal – 50%				
Hora extra noturna				
Hora extra: D/F – 100%				
DSR				
Comissões				

Encargos sociais: eletricista Folha onerada				Horista	Mensalista
Adicional de insalubridade					
Adicional de periculosidade					
Licença-maternidade					
Licença-paternidade					
Salário-família					
Outros encargos					
Salário total - **ST**					
2 – Encargos sociais básicos				R$	R$
INSS	20% x ST				
FGTS	8% x ST				
Demais encargos básicos	8,8% x ST				
Total dos encargos sociais básicos					
3 – Provisionamento mensal de encargos anuais					
Férias	1/12 ST				
1/3 de férias	1/3 Férias				
INSS sobre (Férias + 1/3 Férias)	20% (+)				
Férias abono – 10 dias trabalhados	1/3 ST x k				
13º salário	1/12 ST				
INSS 13º salário	20% x 13º				
Aviso-Prévio Indenizado (API)	IRot x ST				
FGTS sobre API	8% x API				
Multa FGTS	4,0% x IRot x ST				
Provisionamento total					
4 – Encargos facultativos					

Encargos sociais: eletricista Folha onerada	Horista	Mensalista
Vale-transporte		
Vale-refeição		
Assistência médica complementar		
Total dos encargos facultativos		
5 – Encargos totais		

Encargos sociais: eletricista Folha desonerada			Horista	Mensalista
1 – Encargos trabalhistas	Horas	Valor R$/hora	R$	R$
Hora normal				
Hora noturna – 20%				
Hora extra normal – 50%				
Hora extra noturna				
Hora extra: D/F – 100%				
DSR				
Comissões				
Adicional de insalubridade				
Adicional de periculosidade				
Licença-maternidade				
Licença-paternidade				

Encargos sociais: eletricista Folha desonerada				Horista	Mensalista
Salário-família					
Outros encargos					
Salário total - **ST**					
2 – Encargos sociais básicos				R$	R$
INSS	20% x ST				
FGTS	8% x ST				
Demais encargos básicos	8,8% x ST				
Total dos encargos sociais básicos					
3 – Provisionamento mensal de encargos anuais					
Férias	1/12 ST				
1/3 de férias	1/3 Férias				
INSS sobre (Férias + 1/3 Férias)	20% (+)				
Férias abono – 10 dias trabalhados.	1/3 ST x k				
13º salário	1/12 ST				
INSS 13º salário	20% x 13º				
Aviso-Prévio Indenizado (API)	IRot x ST				
FGTS sobre API	8% x API				
Multa FGTS	4,0% x IRot x ST				
Provisionamento total					
4 – Encargos facultativos					
Vale-transporte					
Vale-refeição					
Assistência médica complementar					
Total dos encargos facultativos					
5 – Encargos totais					

4.6.1.1 Decisão de remuneração

Você foi convidado a uma entrevista de emprego e ficou sabendo que a empresa em questão tem alguns gerentes e profissionais de nível superior contratados como pessoa jurídica, fato que a lei trabalhista atual permite.

Prevendo uma possível contratação e considerando o nível de salário a ser pactuado, verifique qual das condições contratuais será a mais interessante financeiramente caso tenha possibilidade de optar:

i. ser contratado como empregado mensalista;

ii. abrir uma empresa e optar pelo regime do lucro presumido;

iii. abrir uma empresa e optar pelo regime do simples.

iv. verifique o custo mensal sobre o qual a empresa incidirá caso opte por qualquer das três situações citadas.

Para tanto, elabore as memórias de cálculo para cada opção citada, avaliando e decidindo quanto à definição de possíveis custos ou despesas cabíveis bem como a adoção de plano de saúde de seu interesse. O quadro a seguir complementa algumas informações para a sua decisão.

Informações gerenciais						
Plano salarial da empresa				Benefícios		
1	2	3	4	5	6	7
VOCÊ	Salário-base (SB) R$ por mês	Número de salários incluído o 13º	Plano de saúde próprio (*) ou da empresa	Vale-transporte	Horas extras por mês	Vale alimentação
1	30.000,00	13	Próprio	não	não	não
2	25.000,00	15	2.800,00*	não	não	10% SB
3	20.000,00	14	**Empresa (***) 2.800,00**	não	não	8% SB

Informações gerenciais					
4	17.500,00	13	2.000,00*	não	não	8% SB
5	15.000,00	15	1.500,00*	não	não	1.200,00
6	12.500,00	14	Empresa (***) **1.500,00**	não	8	1.200,00
7	10.000,00	13	1.300,00*	não	10	1.100,00
8	8.500,00	14	Próp./ Emp. Não tem	0,25 SB	12	1.100,00
9	7.000,00	15	Empresa (***) **1.500,00**	0,30 SB	14	900,00
10	5.000,00	13	Próp/ Emp. Não tem	0,30 SB	16	900,00
11	35.000,00	13 (**)	Próprio	não	não	Reembolso de despesa

(*) Neste caso você tem plano de saúde e a empresa cobre.

(**) É o caso de diretor que recebe 13 salários mais participação de desempenho equivalente a 0,75 salários/mês em atingindo a margem de lucro prevista.

(***) A empresa dispõe de plano de saúde.

Atenção! É obrigatório orçar plano de saúde em todas as situações.

5

ANÁLISE DE RISCO

5.1 Introdução

A indústria da construção civil tem certas particularidades na organização de seus empreendimentos, caracterizando-os como singulares, temporários, fragmentados, multidisciplinares e dinâmicos.

Essas características peculiares tornam a gestão de riscos uma competência-chave para a condução dos processos de gerenciamento de seus projetos com sucesso. Na gestão do risco, há processos que permitem identificar, prever, avaliar e definir o plano de contingência auxiliando o processo de tomada de decisão na condução do empreendimento.

Vários autores focalizam a gestão de risco com diferentes óticas segundo as diversidades dos tipos de empreendimentos e de sua complexibilidade na forma organizacional de responsabilidades de execução desses. Observa-se, na prática do setor, muita intemporalidade entre a fase de concepção, fornecedores, construtores e acionistas.

De acordo com o *Project Management Institute* (2018), os riscos são descritos como evento ou condição incerta (ameaça ou oportunidade) que, ao ocorrerem, provocam impactos, positivos e negativos, nos objetivos do projeto (escopo, tempo, custo e qualidade), podendo ter uma ou várias causas, assim como um ou mais impactos.

O *Project Management Institute* (2018) apresenta uma visão otimista dos riscos, descrevendo a possibilidade dos impactos positivos, já a ISO 31.000 de 2009 relata uma direção mais tradicional, fundamentada no desconhecimento e na possibilidade de ocorrência de falhas.

Zeng, An e Smith (2007) complementam a visão da norma ISO 31.000/2009, descrevendo que nos estágios iniciais dos projetos de construção civil, período em que os riscos são identificados, existem poucos dados e informações disponíveis, sendo comum, simultaneamente, a presença das falhas humanas.

Barreto e Andery (2014) identificaram em três construtoras brasileiras que as empresas não possuíam procedimentos formais de gerenciamento do risco. Os autores atribuíram essa característica ao porte das empresas, aos recursos limitados e à cultura pouco formal das construtoras brasileiras e também à dificuldade cultural de seguir protocolos.

Embora alguns riscos no setor da construção civil sejam mais decisivos que outros, o êxito do gerenciamento depende da combinação de todos os processos, atendidos com respostas estratégicas adequadas e habilidade da empresa em gerenciá-los (DIKMEN; BIRGONUL; HAN, 2007).

A gestão de riscos pode ser entendida como uma forma sistemática de identificar, analisar e avaliar os riscos associados aos objetivos dos empreendimentos de construção civil, sendo esses associados ao tempo, ao custo, à qualidade, à segurança e à sustentabilidade ambiental do empreendimento (ZOU; ZHANG; WANG, 2007). Pode-se entender, também, apenas como riscos associado ao custo, tempo de execução e a qualidade na execução da obra. A qualidade aqui incorporaria a segurança e a sustentabilidade do empreendimento.

A ISO 31.000/2009 define os riscos como "o efeito das incertezas sobre os objetivos do projeto". A norma determina a incerteza como um estado, parcial ou não, de um evento, em que se tem deficiência de informação e conhecimento, resultando em consequências e possibilidades de ocorrência.

Contudo, analisando os riscos como positivos e negativos, esses apresentam maiores benefícios para os negócios, uma vez que não só as falhas seriam mitigadas/eliminadas, mas as oportunidades seriam aproveitadas e poderiam ser transformadas em melhores resultados (LEHTIRANTA, 2014).

Hartono e coautores (2014) examinaram que a percepção sobre o risco negativo é com intensidade maior, em virtude do impacto que essas falhas causam nas pessoas, que tendem a extrapolar na percepção das consequências, desconsiderando a probabilidade de ocorrência.

É determinante que todo estudo de risco tenha início com o pleno conhecimento dos processos de execução do projeto a ser empreendido. A partir do conhecimento do processo, segue-se o início de determinação pelas expertises da matriz de risco do projeto a qual deve ser avaliada por todas as decisões da cadeia produtiva abrangida nos processos de execução do projeto.

A gestão de risco visa elevar ao máximo a probabilidade e as consequências dos eventos positivos, além de minimizar a ocorrência e as implicações de eventos desfavoráveis que possam vir a acontecer no projeto (PROJECT MANAGEMENT INSTITUTE, 2018).

Recomendam-se alguns procedimentos que vislumbram a definição de uma reserva de contingência para atender aos riscos conhecidos, capazes de serem mensurados; e uma reserva gerencial, para aqueles riscos não identificáveis e previstos (PROJECT MANAGEMENT INSTITUTE, 2018).

Marcial e Grumbach (2004) citam que a análise de cenários é uma ferramenta qualificada para o estabelecimento de estratégias em espaços com alto grau de incerteza.

A abordagem de risco neste capítulo será restrita a uma ótica empresarial do setor da construção civil que se adequa ao aspecto do risco financeiro, econômico e empresarial ao precificar os valores de seus orçamentos na proposta de negociação para contratos de execução.

Cabe a qualquer gestor competente manter a sua empresa como entidade produtiva. Para tanto, três são os aspectos a serem acompanhados permanentemente: a realização da rentabilidade desejada, a liquidez que a mantém operacional e o grau de risco. A rentabilidade está sempre relacionada com o risco, mesmo sendo ele associado à própria gestão da empresa como no mercado em que se situa.

Assim sendo, o risco das empresas pode ser visto, fundamentalmente, sob dois aspectos: o risco operacional ou empresarial e o risco de mercado — ver Figura 5.1.

Figura 5.1 – Tipos básicos de risco

Fontes: os autores

O risco operacional depende da capacidade técnica e financeira da empresa além da atratividade econômica do seu negócio.

O horizonte de tempo da análise desse tipo de risco é o médio e o longo prazo. Esse risco pode ser analisado sob duas óticas: o risco econômico e o risco financeiro.

i. O risco econômico está relacionado à possibilidade de a empresa não atingir os resultados esperados e está diretamente ligado à atividade da empresa e às características do mercado no qual atua.

Assim, podem ocorrer perdas financeiras devido a falhas ou inadequação de pessoas, processos e sistemas malcompreendidos ou executados, eventos externos, riscos legais, riscos estratégicos, riscos de imagem etc.

Como exemplo, pode-se citar: mudanças estratégicas ou de mercado da concorrência, a evolução tecnológica e o lançamento de novos produtos, a qualidade e o atendimento ou suporte ao cliente etc.

ii. O risco financeiro é associado ao endividamento da empresa e à sua capacidade de honrar compromissos financeiros. Ressalta-se que quanto maior o nível de endividamento da empresa, maior o risco financeiro. Por outro lado, empresas com baixo endividamento detêm baixo nível de risco financeiro.

O risco de mercado diz respeito a fatores extrínsecos à empresa, especialmente a variações imprevistas no comportamento do mercado, notadamente aquelas havidas por alterações na política econômica ou governamental. O horizonte de tempo da análise é tipicamente de curto prazo. Entre os fatores que podem acarretar risco de mercado às empresas, destacam-se os relacionados à economia em geral, tanto nacionais quanto internacionais, tais como os ciclos econômicos, política econômica, alterações em taxas de juros etc.

Dado o exposto, este Capítulo visa discutir algumas metodologias destinadas a prever situações financeiras futuras das empresas e, nessas condições, avaliar a possibilidade de incorrer em risco de insolvência. São elas:

I. análise de variação do lucro;

II. análise de alavancagem;

III. defesa de caixa pelo ponto de equilíbrio;

IV. análise de risco financeiro.

5.2 Análise de variação do lucro

5.2.1 Conceituação

A análise de variação do lucro é uma técnica de previsão destinada ao planejamento e à tomada de decisão visando avaliar, especialmente, a variação do lucro propiciada por uma variação na produção, seja por aumento ou redução, e as suas condições de financiamento.

Duas serão as metodologias analisadas visando à elaboração de uma análise de variação do lucro: a análise por projeção de demanda e a análise de alavancagem[25]. A primeira visa avaliar as variações do lucro ocorrendo variações de demanda do produto vendido; a segunda, medir quanto do volume de vendas foi transformada em lucro e/ou qual a influência do financiamento da produção no lucro.

5.2.2 Análise por projeção da demanda

O objetivo desta análise, conforme exposto na Figura 5.2, é efetuar uma análise de sensibilidade, ou seja, mostrar, a cada

---

[25] Em inglês, *leverage*.

variação no volume de produção, as variações ocorridas nas receitas de vendas, no LAJI e no lucro líquido da produção.

Figura 5.2 – Análise da sensibilidade do lucro – variação das vendas

ITEM	Projeção	Variação no volume de produção			
		+10%	+15%	-10%	-15%
Unidades vendidas	6.000	6.600	6.900	5.400	5.100
Preço unitário: R$/um.	10,00	10,00	10,00	10,00	10,00
Demonstrativo do Resultado (DR)					
+ Receita de vendas (RTV)	60.000	66.000	69.000	54.000	51.000
- Custos variáveis	24.000	26.400	27.600	21.600	20.400
= Lucro operacional bruto (LOB)	36.000	39.600	41.400	32.400	30.600
- Despesas - custos fixos	27.000	27.000	27.000	27.000	27.000
= Lucro antes de juros e Imposto Renda	9.000	12.600	14.400	5.400	3.600
- Despesas financeiras	3.000	3.000	3.000	3.000	3.000
= Provisão para o Imposto de Renda	2.100	3.360	3.990	840	210
LUCRO LÍQUIDO – LL	3.900	6.240	7.410	1560	390
Variações:					
ΔRTV		+10%	+15%	-10%	-15%
ΔLAJI		+40%	+60%	-40%	-60%
ΔLL		+60%	+90%	-60%	-90%

Fontes: os autores

No caso exposto na Figura 5.2, analisa-se as possíveis variações do lucro de uma empresa para o próximo exercício, considerando uma produção projetada de 6.000 unidades.

Figura 5.3 – Variação do lucro x Quantidade

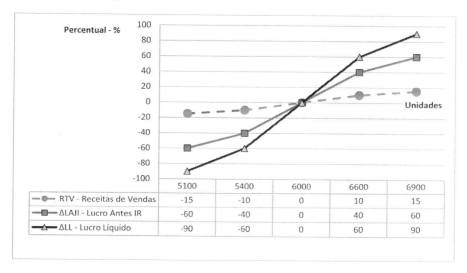

Fontes: os autores

Para tanto, são elaboradas as projeções do DRE (Demonstrativo de Resultados do Exercício) para cada nível de produção e estabelecidas variações percentuais nos níveis de produção. No caso, variam-se de −15 a +15 por cento em torno da produção projetada.

Comentando os dois pontos extremos do exercício em questão, uma variação do volume de vendas de +/- 15% em torno do valor projetado de 6.000 unidades causa uma oscilação no lucro em, respectivamente, 90% para mais ou para menos.

Na Figura 5.3 são mostrados os diagramas das variações ocorridas nos itens anteriormente especificados para cada variação do volume de produção.

5.3 Análise de alavancagem

Alavancagem é um indicador de análise das perspectivas econômicas e financeiras visando avaliar a capacidade de vendas em multiplicar os lucros. É um conceito muito usado em contabilidade gerencial, em finanças e até mesmo em análise das demonstrações contábeis (WALTER; BRAGA, 1986).

A alavancagem é expressa por um número índice, indicador que pode ser utilizado para avaliar o desempenho da empresa como um todo, bem como a perspectiva do desempenho de cada produto específico. Como instrumento de planejamento, a alavancagem pode ser estudada com os seguintes objetivos:

- alavancagem operacional;
- alavancagem financeira;
- alavancagem combinada.

5.3.1 Grau de alavancagem operacional (GAO)

O Grau de Alavancagem Operacional (GAO) é um indicador que correlaciona o aumento esperado do lucro com o acréscimo esperado de vendas. No ano em análise, expressa o número de vezes de aumento do lucro com relação ao aumento de vendas (WALTER; BRAGA, 1986).

Por definição, o GAO é um índice de quociente definido pela razão entre o incremento do lucro operacional bruto e do incremento do lucro antes da consideração dos juros e tributos incidentes sobre o lucro, o LAJI, conforme estabelecido no DRE[26].

$$GAO = \frac{\Delta\ Lucro\,(\%)}{\Delta\ Vendas\,(\%)}$$

Esse índice possui dois significados aparentemente distintos, porém matematicamente calculados do mesmo modo.

1º significado

Neste caso, mede-se a variação no lucro em razão de uma variação nas vendas.

Considerando ser o GAO uma medida da variação do lucro a uma dada variação das vendas, pode-se escrever, matematicamente:

---

[26] Disponível em: http://www.contabilidade-financeira.com/2010/03/grau-de-alavancagem-operacional.html. Acesso em: 15 nov. 2014.

$$GAO= \frac{\Delta \text{ Lucro}(\%)}{\Delta \text{ Vendas}(\%)} = \frac{\dfrac{L_N - L_0}{L_0}}{\dfrac{V_N - V_0}{V_0}} = \frac{\dfrac{L_N}{L_0} - 1}{\dfrac{V_N}{V_0} - 1}$$

em que: L_N expressa o lucro operacional de um dado exercício; L_0 corresponde ao lucro operacional em um período anterior denominado de período-base; V_N expressa as vendas de um dado exercício; e V_0 corresponde as vendas ocorridas no período base.

Exemplificando: em determinado exercício, o lucro de uma empresa aumentou em 20% para um aumento de 10% nas vendas. Assim, o grau de alavancagem operacional foi dois (2,00).

$$GAO= \frac{\Delta \text{ Lucro }(\%)}{\Delta \text{ Vendas }(\%)} = \frac{20\%}{10\%} = 2,00$$

2º significado

Neste caso, o GAO mostra a que distância o nível de produção da empresa se encontra do ponto de equilíbrio.

Em geral, quanto maior o GAO, mais perto a empresa se encontra do ponto de equilíbrio. E quanto mais perto do ponto de equilíbrio se encontra o lucro, maior é o risco da empresa de obter prejuízo. Nessas condições, o GAO pode ser entendido como uma medida de risco operacional.

Considerando por definição: p = preço; cv = custo variável unitário; e CFT = custo fixo total; o lucro operacional bruto pode ser escrito da seguinte forma:

$$L_0 = (p \times q) - (cv \times q) - CF^{[27]}$$

---

[27] Definições:
Lucro = Faturamento – Custo variável total – Custo fixo total, simbolicamente: L = F – CVT – CFT.
[b] , em que CVT = Custo variável total.

Ao se transferir a expressão do lucro para a expressão do GAO, tem-se:

$$GAO = \frac{\dfrac{(p \cdot q_N - cv \cdot q_N - CF) - (p \cdot q_0 - cv \cdot q_0 - CFT)}{L_0}}{\dfrac{(p \cdot q_N) - (p \cdot q_0)}{p \cdot q_0}} \quad \therefore$$

$$GAO = \frac{p \cdot q_N - cv \cdot q_N - p \cdot q_0 + cv \cdot q_0}{L_0} \times \frac{p \cdot q_0}{p \cdot (q_N - q_0)} = \frac{(q_N - q_0) \times (p - cv)}{L_0} \times \frac{q_0}{(q_N - q_0)}$$

$$GAO = \frac{q_0 \cdot (p - cv)}{L_0}$$

Da expressão mencionada, infere-se que o grau de alavancagem corresponde à margem de contribuição unitária (p − cv) multiplicado pela quantidade e dividido pelo lucro operacional.

Como a margem de contribuição unitária multiplicada pela quantidade representa a margem de contribuição total, verifica-se que a expressão representa a margem de contribuição total dividida pelo lucro operacional.

> **ATENÇÃO**
>
> É importante notar que o GAO pode ser entendido como uma medida de risco. Quanto maior o GAO, mais o desempenho da empresa se aproxima do ponto de equilíbrio. E, o lucro operacional se aproxima do zero.

5.3.2 Grau de alavancagem financeira (GAF)

O objetivo da alavancagem financeira é medir com qual eficiência são utilizados os recursos disponíveis pela empresa, recursos esses aportados pelos controladores e por terceiros. Ou, em que grau o capital de terceiros influi no aumento ou na redução da taxa de retorno do capital próprio (WALTER; BRAGA, 1986).

Havendo o interesse em aumentar a produção e havendo necessidade de recursos externos para financiá-la, a importância em conhecer o GAF é saber até que proporção do capital disponível o capital de terceiros contribui para o aumento do lucro.

Note-se que a captação de capital de terceiros, mesmo aumentando grau de endividamento, poderá permitir o incremento dos lucros e a melhor remuneração do capital próprio.

Por definição, o grau de alavancagem financeira é definido pela razão entre o retorno do capital próprio e o retorno do capital disponível, ou seja, a soma do capital próprio com o de terceiros. Matematicamente, tem-se:

$$GAF = \frac{\dfrac{LL_1}{PL}}{\dfrac{LL_2}{PL+PE}} \quad \therefore \quad GAF = \frac{LL_1}{LL_2} \times \left\{ \frac{PL+PE}{PL} \right\}$$

em que: GAF = grau de alavancagem operacional; LL1 = lucro líquido sob a hipótese de a empresa somente utilizar capital próprio; LL2 = lucro líquido sob a hipótese de a empresa utilizar capital próprio e de terceiros; PL = patrimônio líquido; PE = passivo exigível.

Considerando-se que a captação de recursos de terceiros poderá afetar a taxa de retorno do capital próprio e que os controladores da empresa costumam manter a rentabilidade de seu capital, como parâmetro de decisão há que se verificar:

GAF > 1	Sendo superior a um, os recursos de terceiros contribuirão para alavancar o lucro, fato que melhorará a rentabilidade do capital próprio.
GAF = 1	Neste caso, ao se captar recursos de terceiros, a taxa de retorno do Capital Próprio permanecerá inalterada. Assim, a empresa continuará a manter a mesma proporcionalidade entre os dois capitais.
GAF < 1	Nesta situação a taxa de retorno do capital próprio decai, devido ao aumento dos encargos financeiros decorrentes da remuneração do capital de terceiros.

5.4 Exemplos de aplicação

5.4.1 Alavancagem operacional

Neste caso, considere-se calcular o grau de alavancagem operacional (GAO) e a variação do lucro para diversos níveis de produção previstos.

O preço do produto é de 10 R$/un e as despesas administrativas, também denominadas de custos operacionais fixos ou custos fixos definidos, são R$ 27,00, independentemente da quantidade de produção.

A Figura 5.4 mostra uma série de DRE's projetados e a metodologia para calcular o GAO considerando diversos volumes de venda. Exemplificando:

$$GAO_{5,0} = \frac{LOB_N}{LAJI_N} = \frac{30,00}{3,00} = 10,0$$

Neste caso, a relação entre o LAJI (Lucro antes dos Juros e do Imposto de Renda) e o Lucro Operacional Bruto é de três (03) vezes.

Complementarmente, o diagrama da Figura 5.4 mostra a evolução do GAO para os volumes de produção analisados.

Figura 5.4 – Análise de sensibilidade do grau de alavancagem operacional

DRE - Projetado	Volume em mil unidades					
1 – Quantidade em unidades	3.500	4.000	4.500	5.000	5.500	6.000
2 – Receitas de vendas: p=10 R$/un	35,0	40,00	45,0	50,00	55,00	60,00
3 – Custos variáveis: CV = q·4,0 R$	14,0	16,00	18,0	20,00	22,00	24,00
4 – Lucro operacional bruto = LOB_N.	21,0	24,00	27,0	30,00	33,00	36,00
5 – Despesas operacionais fixas	27,00	27,00	27,0	27,00	27,00	27,00
6 – LAJI	- 6,00	- 3,00	0,00	3,00	6,00	9,00
7 – $GAO = \dfrac{LOB_N}{LAJI_N} = \dfrac{q_N \cdot (p - cv)}{L_N}$	- 3.50	- 8,00	PE	10,00	5,50	4,00

Fontes: os autores

Figura 5.5 Relação GAO x Volume de vendas

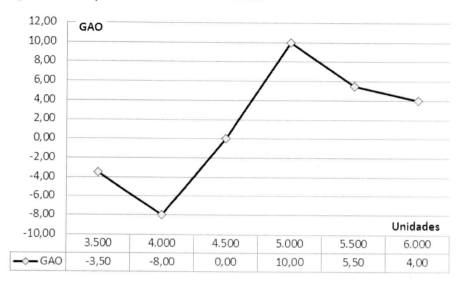

Fontes: os autores

5.4.2 Alavancagem financeira: empresa em início de operações

Um engenheiro, visando implantar um projeto de sua autoria, estuda formar uma nova empresa, a Jota das Quintas Eireli, cujo faturamento para o próximo exercício foi previsto para ser de R$ 1 (um) milhão. Para tanto, necessita dispor de um ativo total no montante de R$ 500.000,00, e só dispõe de 50% desse montante.

Os procedimentos adotados são os seguintes:

1. pesquisar qual ou quais as disponibilidades do aporte de capital de terceiros necessários para complementar a necessidade de capital demandado pelo projeto;
2. elaborar o DR para cada alternativa de aumento de capital;
3. calcular o GAF para as alternativas eleitas;
4. avaliar a rentabilidade do patrimônio líquido considerando o aporte dos vários capitais disponíveis;
5. verificar o incremento da rentabilidade do capital próprio considerando o aporte de capital de terceiros.

I   Alternativas de aporte de capital

Visando decidir quanto à estratégia necessária ao aporte do capital faltante, solicitou-lhe analisar o grau de alavancagem e avaliar as seguintes situações necessárias ao financiamento do ativo:

a. financiar o ativo mobilizando, exclusivamente, capital próprio;
b. financiar 50% do ativo ao custo de 35% ao ano, conforme proposta do gerente do SBI, o Seu Banco de Investimentos Ltda;
c. financiar 75% do ativo ao custo de 20% ao ano, conforme proposta do BIFI, o Banco Interestadual de Fomento Industrial S/A.

II   DR: Demonstrativo do Resultado para as alternativas disponíveis

A Figura 5.6 mostra um modelo do DRE projetado para cada situação de financiamento do ativo e as informações operacionais da empresa.

Figura 5.6 – Modelo de DRE projetado: empresa nova

DR projetado – Ano 1			
Tipo de financiamento	Capital Próprio	SBI	BIFI
(+) Vendas	1.000.000,00	1.000.000,00	1.000.000,00
(-) Custo dos produtos vendidos – 30%	300.000,00	300.000,00	300.000,00
(+) Lucro bruto	700.000,00	700.000,00	700.000,00
(-) Custos fixos	500.000,00	500.000,00	500.000,00
(=) LAJIR	200.000,00	200.000,00	200.000,00
(-) Juros	0,00	87.500,00	75.000,00
(+) LAIR	200.000,00	112.500,00	125.000,00
(-) Provisão (IR+CSLL = 24%)	48.000,00	27.000,00	30.000,00
Lucro líquido	152.000,00	85.500,00	95.000,00
GAF	1,00	3,56	2,13

Fonte: os autores

III Cálculo do GAF

Sendo o grau de alavancagem financeira dado pelo modelo abaixo, tem-se para cada situação de financiamento:

$$GAF=\frac{LL_1}{LL_2}\times\left\{\frac{PL+PE}{PL}\right\}$$

a. Financiamento pelo SBI:

- Capital próprio ☞ 50% ∴ PL = 250.000,000:
- Capital de terceiro ☞ 50% ∴ PE = 250.000,00.
- Total do ativo = 500.000,00.

b. Financiamento pelo BIFI:

- Capital próprio ☞ 25% ∴ PL = 125.000,00.
- Capital de terceiro ☞ 75% ∴ PE = 375.000,00.
- Total do ativo: 500.000,00

$$GAF_{SBI}=\frac{152.000}{85.500}\times\left\{\frac{500.000,00}{250.000,00}\right\}=3,56$$

IV Rentabilidade do patrimônio líquido

a. Com aporte de capital do SBI:

$$RPL_{SBI}=\frac{Lucro\ líquido}{Patrimônio\ líquido}=\frac{85.500,00}{250.000,00}=0,3420\rightarrow 34,20\%\ ao\ ano$$

b. Com Aporte de capital do BIF:

$$RPL=_{BIF}\frac{Lucro\ líquido}{Patrimônio\ líquido}=\frac{95.000,00}{125.000,00}=0,7600\rightarrow 76,60\%\ ao\ ano$$

c. Somente capital próprio:

$$RPL_{CP.} = \frac{\text{Lucro líquido}}{\text{Patrimônio líquido}} = \frac{152.000,00}{500.000,00} = 0,3040 \rightarrow 30,40\% \text{ ao ano}$$

V   Conclusão

A decisão de aporte de capital por financiamento por meio do BIFI permitirá uma remuneração do capital próprio na ordem de 76,60% ao ano com um GAF = 2,13, o que torna interessante a operação. E, além disso, demandará o aporte de menor volume de capital próprio para o início das operações. Caso opte apenas por capital próprio, a rentabilidade será de 30,40% ao ano.

5.4.3 Alavancagem financeira: empresa em crescimento

A TECBETA, após seu primeiro exercício e avaliando sua possibilidade de participação no mercado, avaliou que poderia aumentar suas vendas em 40%.

No intuito de decidir se haveria interesse em aumentar a produção sob a ótica financeira, foram coletadas as seguintes informações:

a. o aumento nas vendas em 40% demandará um aumento do capital de giro no montante de R$ 210.000,00;

b. a empresa dispõe de R$ 95.000,00 de lucro líquido possível de ser incorporado aos ativos;

c. como dispõe de um financiamento no BIFI ainda não quitando, essa fonte de capital está impedida de novo empréstimo;

d. o SBI já informou que financia capital de giro ao custo de 35% ao ano;

e. considerando a incorporação dos lucros, o empréstimo do SBI será de R$ 115 mil. Assim, o financiamento do SBI custará R$ 40.250,00/ano;

f. havendo incorporação do lucro disponível, o capital próprio da TECBETA passará a ser de R$ 220.000,00. PL = 125.000,00 + 95.0000,00 = 220.000,00;

g. com o financiamento do SBI, o passível exigível passará a ser R$ 490.000,00. PE = 375.000 + 115.000 = 490.000,00.

Na Figura 5.7 é mostrado o demonstrativo de resultados para essa nova situação:

Figura 5.7 – DR projetado: empresa em crescimento

DR projetado – Ano 1		
Tipo de financiamento	Capital próprio	SBI
(+) Vendas	1.400.000,00	1.400.000,00
(-) Custo dos produtos vendidos – 30%	420.000,00	420.000,00
(+) Lucro bruto	980.000,00	980.000,00
(-) Custos fixos	725.000,00	725.000,00
(=) LAJIR	255.000,00	255.000,00
(-) Juros - BIF = 75.000,00 - SBI = 40.250,00	75.000,00	115.250,00
(+) LAIR	180.000,00	139.250,00
(-) Provisão (IR + CSLL = 24%)	43.200,00	33.540,00
(=) Lucro líquido	136.800,00	106.210,00
GAF		4,16
RPL		48,28%

Fonte: os autores

Considerando que a TECBETA se encontra em andamento e tem, em um certo momento, uma determinada estrutura de capital, ao se efetuar a determinação do GAF, a variável LL_1 corresponderá ao lucro no período base, e LL_2, ao lucro no período subsequente. Consequentemente, PL corresponderá ao patrimônio líquido disponível no período base e PE ao total do passivo exigível no período subsequente.

$$GAF_{SBI} = \frac{LL_1}{LL_2} \times \left\{ \frac{PL+PE}{PL} \right\} = \frac{136.800}{106.210} \times \left\{ \frac{220.000+490.000}{220.000} \right\} = 4,16$$

$$RPL_{CP.} = \frac{Lucro\ líquido}{Patrimônio\ líquido} = \frac{106.210,00}{220.000,00} = 0,4828 \rightarrow 48,28\%\ ao\ ano$$

Quadro comparativo da evolução da TECBETA

Índices	Início	Ano 1
GAF	2,13	4,16
RPL	30,40% ao ano	48,28% ao ano
Relação de Capital: CP/CT	25%/75%	31%/69%

Ao serem comparados os índices acima, verifica-se que o aumento da produção pode ser realizado, pois além de alavancar o lucro conforme pode ser visto pelo aumento do GAF, a rentabilidade do capital próprio aumenta de 30,40 para 48,28% ao ano. Além disso, o capital próprio passou de 25% para 31% dos ativos da empresa. Assim, é recomendável o novo empréstimo nessas condições.

5.5 Defesa do caixa pelo ponto de equilíbrio

5.5.1 Metodologia e conceitos

Neste item é apresentada uma metodologia destinada a definir um nível de caixa capaz de atender à sazonalidade dos fluxos de caixa, partindo do conhecimento do ponto de equilíbrio.

A metodologia em pauta propõe que seja estabelecido um nível de caixa mínimo a ser mantido permanentemente o que permitirá a empresa atravessar épocas de baixo faturamento evitando a ida ao mercado financeiro visando obter empréstimos de curto prazo. Assim procedendo, não incorrerá em juros, via de regra com taxas mais elevadas, evitando um processo de descapitalização.

O procedimento sugerido, destinado a manter um nível mínimo de caixa, pode operar com a adoção de uma ou várias ações combinadas relacionadas a seguir:

- aporte de capital próprio ou dos sócios;
- venda de bens do ativo imobilizado para fazer caixa;
- incremento nas promoções de vendas visando transformar estoques em caixa e/ou garantir a realização de fluxos de caixa por meio de financiamentos aos clientes;
- cobrança de contas em atraso;
- empréstimos de longo prazo.

A metodologia proposta para a defesa do caixa é a seguinte:

1º passo: definir o ponto de equilíbrio da empresa;

2º passo: efetuar a projeção mensal dos faturamentos futuros;

3º passo: calcular a variação mensal de caixa:
$\Delta VC_n = (\text{Faturamento})_n - \text{Ponto de equilíbrio;}$

4º passo: calcular a variação acumulada de caixa:
$\Sigma\Delta VC_n = \Delta VC(n)_+ \Delta VC(n-1)$

5º passo: definir o nível de defesa do caixa.

Recomenda-se às empresas que atuam sob o regime de encomenda ou empreitada elaborar o processo de análise de defesa do caixa até um exercício após o encerramento do contrato com maior duração. No caso do comércio ou de empresas que trabalham sob o regime de produção contínua, a recomendação é que a citada análise seja efetuada, no mínimo, um exercício contábil após o atual.

Por definição, o ponto de equilíbrio corresponde ao nível de produção, ou do volume de vendas, em que o lucro seja zero. Nessa situação, as receitas se equivalem às despesas incorridas. Matematicamente, tem-se:

$$\Sigma \text{Receitas} = \Sigma\left(\text{Custos} + \text{Despesas}\right)$$

Figura 5.8 – Determinação do ponto de equilíbrio inferior

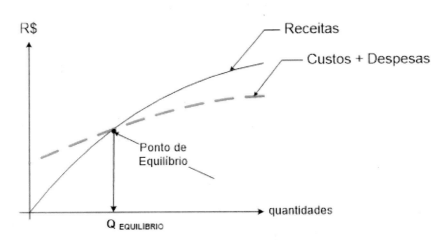

Fonte: os autores

A Figura 5.8 mostra, graficamente, a relação dos custos e do faturamento no ponto de equilíbrio, em que se estabelece a quantidade de equilíbrio de produção/vendas da empresa.

5.5.2 Aplicação

Considera-se estabelecer qual o nível de defesa do caixa para uma empresa que apresenta previsões de faturamento para os próximos doze meses conforme o exposto na tabela da Figura 5.9. Sabe-se que o ponto de equilíbrio foi definido em R$ 137.500,00 e que a empresa dispõe de um caixa inicial no montante de R$ 28 mil. Matematicamente, o nível de caixa é definido pelo seguinte modelo:

NC(N) = Faturamento(n) − Ponto equilíbrio (n) − NC (n-1)

Como exemplos do procedimento serão calculados os níveis de caixa previstos para os quatro primeiros períodos expostos na Figura 5.9:

- $NC_1 = 110.000,00 - 137.500,00 + 28.600,00 = 1.100,00$.
- $NC_2 = 96.000,00 - 137.500,00 + 1.100,00 = -40.400,00$.
- $NC_3 = 117.000,00 - 137.500,00 - 40.400,00 = -60.900,00$.
- $NC_4 = 146.000,00 - 137.500,00 - 60.900,00 = -51.900,00$.

Figura 5.9 – Determinação do ponto de equilíbrio

Ponto de equilíbrio	137.500,00	Variação de caixa ΔVC	Nível de caixa $NC_{M\hat{E}S}$
Mês	Previsão do faturamento	FAT – PE	Fluxo de caixa $\Sigma\Delta VC$
0 (atual)	-	-	28.600,00
1	110.000,00	- 27.500,00	1.100,00
2	96.000,00	- 41.500,00	- 40.400,00
3	117.000,00	- 20.500,00	**- 60.900,00**
4	146.000,00	8.500,00	- 52.400,00
5	153.200,00	15.700,00	- 36.700,00
6	169.000,00	31.500,00	- 5.200,00
7	158.000,00	20.500,00	15.300,00
8	147.000,00	9.500,00	24.800,00
9	145.000,00	7.500,00	32.300,00
10	154.000,00	16.500,00	48.800,00
11	150.000,00	12.500,00	61.300,00
12	110.000,00	- 27.500,00	33.800,00

Fontes: os autores

Elaborado o cálculo do fluxo de caixa acumulado para cada período, verifica-se que a maior necessidade de caixa, R$ 60.900,00, corresponde ao terceiro mês da previsão. Assim sendo, a empresa deve providenciar esse volume de capital de modo a suprir a necessidade citada.

Sob a ótica gerencial, recomenda-se adotar uma ou mais das ações anteriormente relacionadas, de modo combinado, visando manter o nível mínimo de caixa e, consequentemente, evitar incorrer em juros, sejam eles investimentos em estoques, em ativo ou capital de giro, fatos que podem levar a um processo de descapitalização. E, dessa forma, visa-se otimizar o uso dos capitais mobilizados e os adequar ao custo de capital com que a empresa remunera seus ativos.

5.6 Análise de risco financeiro

5.6.1 Objetivo

O objetivo da análise de risco financeiro é verificar se o lucro futuro é suficiente para bancar o nível de operações projetado e/ou contratado; e, desse modo, prever quando ocorre a possibilidade de a empresa entrar em risco de insolvência.

Fatores que contribuem para a ocorrência de risco financeiro são os seguintes:

- gerenciamento inconsistente quanto à definição de metas, previsão e aporte de recursos; e ao processo de controle inadequado. Baixa qualificação ou avaliação dos recursos sejam humanos, tecnológicos ou financeiros;
- projetos singulares inconsistentemente elaborados e sem haver interrelação entre as equipes;
- processo construtivo não previsto em todas as suas partes já na fase orçamentária;
- orçamentos insubsistentes;
- planejamento inconsistente e/ou descumprimento do planejamento executivo;
- licenças ambientais indisponíveis;
- atrasos em desapropriações;
- atraso no processo de mobilização ou entrega de equipamentos;
- processo de suprimento e logística defasados do processo construtivo;
- enfim, qualquer óbice que decorra em aumento de custos e do prazo de início de operação.

Finalizando, é interessante ressaltar que qualquer atraso de prazo, especialmente quanto ao início do período de operação, ou erros de avaliação orçamentária reduzem a lucratividade do projeto.

5.6.2 Definições

A análise de risco é efetuada utilizando contas do ativo e do passivo circulante, ambos reunidos em dois grupos de contas: as contas de caráter financeiro e as contas de caráter cíclico. Considerando um modelo clássico de balanço, na Figura 5.10 é mostrada a classificação das contas de natureza financeira e cíclica.

São definidas como contas cíclicas todas aquelas contas do ativo e do passivo circulantes e classificadas como de natureza operacional. Essas são contas que apoiam o desenvolvimento da empresa. As contas financeiras são todas as demais contas do circulante que não sejam de natureza operacional. Integram os dois grupos as contas relacionadas na Figura 5.11.

Figura 5.10 – Classificação das contas de ativo e passivo

Ativo	Passivo
Circulante	**Circulante**
• ATIVO FINANCEIRO	• PASSIVO FINANCEIRO
• ATIVO CÍCLICO	• PASSIVO CÍCLICO
Realizável em longo prazo	Exigível em longo prazo
Permanente - Investimentos - Imobilizado - Intangível	Patrimônio líquido
Total do ativo	Total do passivo

Fontes: os autores

Figura 5.11 – Contas cíclicas e financeiras

Contas cíclicas e financeiras	
a) Ativo financeiro	c) Passivo financeiro
• Caixa; • bancos; • aplicações financeiras; • outras contas correntes.	• Financiamento bancários; • desconto de duplicatas; • provisões para Imp. Renda e CSLL; • empréstimos de sócios; • outras contas a pagar.
b) Ativo cíclico	d) Passivo cíclico
• Duplicatas a receber de clientes; • estoques; • despesas pagas antecipadamente.	• Duplicatas a pagar; • fornecedores a pagar; • tributos a recolher sobre vendas; • obrigações trabalhistas.

Fontes: os autores

Essas contas expressam aspectos táticos de curto ou curtíssimo prazo e requerem atenção permanente do gestor visando manter o nível de capital de giro próprio. E, desse modo, visa-se evitar a necessidade de financiamento de capital de giro, situação que demanda aumento de custos devido ao pagamento de juros com a consequente redução da lucratividade.

5.6.3 Análise do risco financeiro

O risco financeiro passa a existir quando o crescimento da atividade empresarial ocorrer desordenadamente, ou seja, acima da capacidade de financiamento da empresa. Nesse cenário, a **NECESSIDADE DE CAPITAL DE GIRO** (NCG) cresce em proporções superiores ao **CAPITAL DE GIRO** (CG) disponível, fato que proporciona um desequilíbrio financeiro. Esse desequilíbrio é denominado *overtrade* e, matematicamente, ocorre quando:

$$NCG \geq CG \quad \text{☛} \quad Overtrade$$

Definindo os dois termos da expressão citada;

$$CG = AC - PC \text{ e } NCG = A_{\text{CÍCLICO}} - P_{\text{CÍCLICO}}$$

Dessas definições, a condição de risco passa a existir quando:

$$AC - PC \geq A_{\text{CÍCLICO}} - P_{\text{CÍCLICO}}$$

5.6.4 Definição do *overtrade*

Por *overtrade* se entende a ocorrência de desequilíbrio econômico-financeiro das empresas. Quando ocorre *overtrade*, a empresa não consegue gerar recursos para financiar sua operação e crescimento, ou seja, o seu giro, fato que decorre na necessidade em recorrer a financiamentos externos de curto prazo.

Para que a empresa não incida em passivos onerosos, ou seja, na necessidade de captação de financiamentos de terceiros, e mantenha a sua saúde financeira, recomenda-se o aporte de capital próprio ou a venda de bens ou direitos relacionados no ativo permanente.

Matematicamente, o *overtrade* corresponde à diferença entre o volume de capital de giro disponível e a necessidade de capital de giro em volume necessário para manter o nível de operação futuro. E o volume do capital de giro total (CGT) necessário à continuidade das operações corresponderá à soma dos *overtrade* de cada período.

$$\textbf{\textit{Overtrade}} = \textbf{CGD} - \textbf{NCG} \quad \therefore \quad \textbf{CGT} = \Sigma \textbf{\textit{Over trades}}$$

5.6.5 Exemplo de cálculo do *overtrade*

Dada a evolução da empresa conforme expressa na Figura 5.11, solicita-se analisar a necessidade de aporte de capital de giro considerando os próximos sete meses. Na citada figura é apresenta uma previsão do nível do capital de giro disponível para os próximos sete meses e o nível de capital de giro necessário para manter o nível de operação planejada.

Analisando a tabela em pauta e o diagrama da Figura 5.13, verifica-se que o *overtrade* ocorrerá no quarto mês quando a curva do NGC passará a superar a curva do CGD.

Da Figura 5.12, fica explícito que nos meses 4, 5, 6 e 7 deverão ser aportadas, respectivamente, as importâncias de: R$ 0,1; R$ 3,4; R$ 3,7 e 4.1 10^6, o que perfaz uma necessidade de investimento em capital de giro na ordem R$ 11,3 10^6.

Figura 5.12 – Determinação do *overtrade*

Projeção do capital de giro – Valores em R$ 10^6							
Mês	1	2	3	4	5	6	7
Capital de giro disponível	**12,0**	**12,6**	**13,8**	**15,4**	**17,2**	**19,1**	**20,3**
Necessidades de capital de giro	10,0	10,7	12,1	15,3	20,6	22,8	24,2
Overtrade	2,0	1,9	1,7	0,1	-3,4	-3,7	-4,1
Aporte de capital de giro				0,1	3,4	3,7	4,1
Aporte de CG total acumulado				0,1	3,5	7,2	11,3

Fontes: os autores

Figura 5.13 – Comportamento do capital de giro e *overtrade*

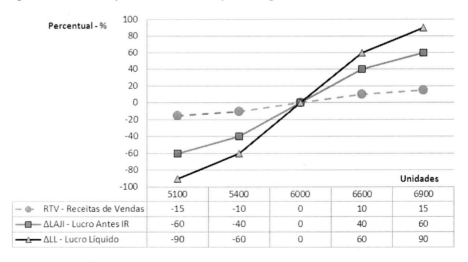

Fontes: os autores

Assim sendo, o recomendado é manter o nível do capital de giro em valor superior ao das necessidades futuras, de modo a não haver necessidade em recorrer a capital de terceiros.

Caso seja necessário o aporte do capital de terceiros, o recomendável é o realizar com aporte de capital de longo prazo, cujo custo seja inferior ao de curto prazo e em período anterior à ocorrência de um nível de caixa muito baixo — no caso, anteriormente ao mês 4.

5.7 Resolução de caso: proposta

Solicita-se resolver um caso relativo ao risco financeiro de uma empresa quando se conhecem os documentos de balanço de dois exercícios. A empresa atua no ramo da construção civil ou de empreitadas.

Para tanto, providencie o balanço patrimonial e o DRE relativos a dois exercícios consecutivos e efetue os balanços projetados para três exercícios seguintes.

A partir dos dois balanços disponíveis, efetue os balanços projetados de outros três exercícios futuros em que ocorram as seguintes situações:

I.   haja crescimento do faturamento na ordem de 15% ao ano;

II. os custos de obras evoluam em percentual acima do crescimento esperado;

III. ocorra *overtrade* no terceiro exercício projetado.

Disponíveis os balanços projetados, solicitam-se:

a. o índice de liquidez corrente de cada um dos cinco exercícios exercício;

b. o índice de liquidez geral;

c. a evolução da utilização do capital de terceiros;

d. o nível de capital de giro a cada exercício;

e. a evolução da rentabilidade do capital dos acionistas;

f. a evolução do índice de garantia de capital de terceiros;

g. informar, para cada exercício, qual a porcentagem do ativo imobilizado financiado com capital próprio;

h. a necessidade de investimento em capital de giro de modo que não ocorra *overtrade* no terceiro exercício projetado;

i. indicar qual a ação gerencial necessária a superar o *overtrade* previsto;

j. informar e justificar em que condições VOCÊ investiria nessa empresa!

Observações:

1. o lucro de cada exercício lançado no patrimônio líquido deve ser justificado com aquele obtido no DRE do exercício;

2. recomenda-se, caso necessário e para a solução do caso, efetuar uma simplificação dos documentos de balanço e DRE.

3. os gráficos mostrando a evolução dos índices devem ser efetuados mostrando os cinco exercícios.

REFERÊNCIAS

ABNT – Associação Brasileira de Normas Técnicas. **NB-140**: Avaliação de custos unitários de orçamento de construção para incorporação de edifícios em condomínios. Rio de Janeiro, RJ: ABNT, 1965.

ABNT – Associação Brasileira de Normas Técnicas. **NBR-12721**: Avaliação de custos unitários e preparação de orçamento de construção para incorporação de edifícios em condomínios. Rio de Janeiro, RJ: ABNT, 1992.

ALBIERO, Francis A; SCOPEL, Karla D. **Projeto, dimensionamento, orçamento, planejamento e viabilidade econômica de um edifício de concreto armado**. Trabalho de Conclusão de Curso (Graduação em Engenharia Civil) – UFSC, Florianópolis, SC, 2004.

AVILA, Antonio Victorino. **O método dos conjuntos nebulosos no processo de decisão**: aplicação à avaliação de propostas de projetos. Dissertação (Mestrado em Engenharia de Produção) – Departamento de Engenharia Industrial, PUC/Rio, Rio de Janeiro, 1982.

AVILA, Antonio Victorino; LIBRELOTTO, Liziane I.; LOPES, Oscar C. **Orçamento de obras**. Florianópolis, SC: Unisul, 2003.

AVILA, Antonio Victorino, JUNGLES, Antonio Edésio. **Gerenciamento na construção civil**. Chapecó, SC: Editora Argos, 2006.

BARRETO, Filipe S. P.; ANDERY, Paulo R. P. Caracterização da concepção de projetos em incorporadoras sob a ótica da gestão de riscos. *In*: ENCONTRO NACIONAL DA TECNOLOGIA DO AMBIENTE CONSTRUÍDO, 15., 2014, Maceió. **Anais** [...]. Maceió: ANTAC, 2014. p. 1167-1176.

BRAGA, Walter de Almeida (coord.). **Critérios para fixação dos preços de serviços de engenharia**. São Paulo: Editora Pini, 1993.

BRASIL. **Decreto-Lei n.º 5.452, de 1º de maio de 1943**. Aprova a Consolidação das Leis do Trabalho. Rio de Janeiro, DF: Presidência da República: [1943]. Disponível em: https://www.planalto.gov.br/ccivil_03/decreto-lei/del5452compilado.htm. Acesso em: 14 jul. 2023.

BRASIL. **Lei n.º 6.514, de 22 de dezembro de 1977**. Altera o Capítulo V do Título II da Consolidação das Leis do Trabalho, relativo a segurança e medicina do trabalho e dá outras providências. Brasília, DF: Presidência da República, [1977]. Disponível em: https://www.planalto.gov.br/ccivil_03/leis/l6514.htm. Acesso em: 14 jul. 2023.

BRASIL. **Lei n.º 8.212, de 24 de julho de 1991**. Dispõe sobre a organização da Seguridade Social, institui Plano de Custeio, e dá outras providências. Brasília, DF: Presidência da República, [1991]. Disponível em: https://www.planalto.gov.br/ccivil_03/leis/L8212compilado.htm#:~:text=LEI%20N%C2%BA%208.212%2C%20DE%2024%20DE%20JULHO%20DE%201991&text=Disp%C3%B5e%20sobre%20a%20organiza%C3%A7%C3%A3o%20da,Custeio%2C%20e%20d%C3%A1%20outras%20provid%C3%AAncias. Acesso em: 14 jul. 2023.

BRASIL. **Lei n.º 8.666, de 21 de junho de 1993**. Regulamenta o art. 37, inciso XXI, da Constituição Federal, institui normas para licitações e contratos da Administração Pública e dá outras providências. Brasília, DF: Presidência da República, [1993]. Disponível em: https://www.planalto.gov.br/ccivil_03/leis/l8666cons.htm. Acesso em: 15 jul. 2023.

BRASIL. **Lei n.º 9.876, de 26 de novembro de 1999**. Dispõe sobre a contribuição previdenciária do contribuinte individual, o cálculo do benefício, altera dispositivos das Leis nos 8.212 e 8.213, ambas de 24 de julho de 1991, e dá outras providências. Brasília, DF: Presidência da República, 1999. Disponível em: https://www.planalto.gov.br/ccivil_03/leis/L9876.htm#art1. Acesso em: 14 jul. 2023.

BRASIL. **Lei n.º 10.406, de 10 de janeiro de 2002**. Institui o Código Civil. Brasília, DF: Presidência da República, [2002a]. Disponível em: https://www.planalto.gov.br/ccivil_03/leis/2002/l10406compilada.htm. Acesso em: 15 jul. 2023.

BRASIL. Conselho Nacional do Meio Ambiente. **Resolução n.º 307, de 5 de julho de 2002**. Estabelece diretrizes, critérios e procedimentos para a gestão dos resíduos da construção civil. Brasília, DF: Ministério do Meio Ambiente, 2002b. Disponível em: https://cetesb.sp.gov.br/licenciamento/documentos/2002_Res_CONAMA_307.pdf. Acesso em: 14 jul. 2023.

BRASIL. **Lei Complementar n.º 116, de 31 de julho de 2003**. Dispõe sobre o Imposto Sobre Serviços de Qualquer Natureza, de competência dos Municípios e do Distrito Federal, e dá outras providências. Brasília, DF: Presidência da República, [2003a]. Disponível em: https://www.planalto.gov.br/ccivil_03/leis/lcp/lcp116.htm. Acesso em: 14 jul. 2023.

BRASIL. **Lei n.º 10.710, de 5 de agosto de 2003**. Altera a Lei no 8.213, de 24 de julho de 1991, para restabelecer o pagamento, pela empresa, do salário-maternidade devido à segurada empregada gestante. Brasília, DF: Presidência da República, [2003b]. Disponível em: https://www.planalto.gov.br/ccivil_03/leis/2003/l10.710.htm#:~:text=L10710&text=LEI%20No%2010.710%2C%20DE,devido%20%C3%A0%20segurada%20empregada%20gestante. Acesso em: 14 jul. 2023.

BRASIL. **Lei n.º 10.931, de 2 de agosto de 2004**. Dispõe sobre o patrimônio de afetação de incorporações imobiliárias, Letra de Crédito Imobiliário, Cédula de Crédito Imobiliário, Cédula de Crédito Bancário, altera o Decreto-Lei nº 911, de 1º de outubro de 1969, as Leis nº 4.591, de 16 de dezembro de 1964, nº 4.728, de 14 de julho de 1965, e nº 10.406, de 10 de janeiro de 2002, e dá outras providências. Brasília, DF: Presidência da República, [2005]. Disponível em: https://www.planalto.gov.br/ccivil_03/_ato2004-2006/2004/lei/l10.931.htm. Acesso em: 14 jul. 2023.

BRASIL. **Lei n.º 11.196, de 21 de novembro de 2005**. Institui o Regime Especial de Tributação para a Plataforma de Exportação de Serviços de Tecnologia da Informação - REPES, o Regime Especial de Aquisição de Bens de Capital para Empresas Exportadoras - RECAP e o Programa de Inclusão Digital; dispõe sobre incentivos fiscais para a inovação tecnológica; [...]. Brasília, DF: Presidência da República, [2005]. Disponível em: https://www.planalto.gov.br/ccivil_03/_ato2004-2006/2005/lei/l11196.htm. Acesso em: 14 jul. 2023.

BRASIL. **Lei Complementar n.º 123, de 14 de dezembro de 2006**. Institui o Estatuto Nacional da Microempresa e da Empresa de Pequeno Porte; altera dispositivos das Leis no 8.212 e 8.213, ambas de 24 de julho de 1991, da Consolidação das Leis do Trabalho - CLT, aprovada pelo Decreto-Lei no 5.452, de 1o de maio de 1943, da Lei no 10.189, de 14 de fevereiro de 2001, da Lei Complementar no 63, de 11 de janeiro de 1990; e revoga as Leis no 9.317, de 5 de dezembro de 1996, e 9.841, de 5 de outubro de 1999. Brasília, DF: Presidência da República, [2006]. Disponível em: https://www.planalto.gov.br/ccivil_03/leis/lcp/lcp123.htm. Acesso em: 14 jul. 2023.

BRASIL. Tribunal de Contas da União (Plenário). **Acórdão TCU 325/2007**. Administrativo. Critérios de aceitabilidade do lucro e despesas indiretas - LDI em obras de linhas de transmissão e subestações de energia elétrica. Aprovação de valores referenciais. Orientações às unidades técnicas. Recorrente: Tribunal de Contas da União. Relator: Guilherme Palmeira, 14 de março de 2007. Disponível em: https://pesquisa.apps. tcu.gov.br/documento/acordao-completo/*/KEY%253AACORDAO-COM-PLETO-34407/DTRELEVANCIA%2520desc/0/sinonimos%253Dfalse. Acesso em: 14 jul. 2023.

BRASIL. Tribunal de Contas da União (Plenário). **Acórdão TCU 32/2008**. FISCOBRAS/2007. Levantamento de auditoria. Ausência de indícios de irregularidades graves na fiscalização de 2007. Determinações. Recorrente: Congresso Nacional. Relator: Ubiratan Aguiar, 23 de janeiro de 2008a. Disponível em: https://pesquisa.apps.tcu.gov.br/documento/acordao-completo/*/KEY%253AACORDAO-COMPLETO-40741/DTRELE-VANCIA%2520desc/0/sinonimos%253Dfalse. Acesso em: 14 jul. 2023.

BRASIL. Tribunal de Contas da União (Plenário). **Acórdão TCU 2397/2008**. Representação. Concorrência para a execução de obras parcialmente custeadas com recursos federais. Conhecimento. Procedência parcial. Irregularidades detectadas no edital. Determinações. Arquivamento. Recorrente: Secex/BA. Relator: Marcos Bemquerer, 29 de outubro de 2008b. Disponível em: https://pesquisa.apps.tcu.gov.br/documento/acordao-completo/*/KEY%253AACORDAO-COMPLETO-40741/DTRELE-VANCIA%2520desc/0/sinonimos%253Dfalse. Acesso em: 14 jul. 2023.

BRASIL. Tribunal de Contas da União (Plenário). **Acórdão TCU 2593/2009**. Representação. Obras de construção da ponte sobre o Rio Madeira, na BR-319/RD. Indícios de irregularidade no procedimento licitatório. Concorrência revogada. Conhecimento. Prejudicialidade do mérito. Orientação. Recorrente: Secretaria de Fiscalização de Obras e Patrimônio da União. Relator: André de Carvalho, 4 de dezembro de 2009a. Disponível em: https://pesquisa.apps.tcu.gov.br/documento/acordao-completo/*/KEY%253AACORDAO-COMPLETO-1140001/DTRELEVAN-CIA%2520desc/0/sinonimos%253Dfalse. Acesso em: 14 jul. 2023.

BRASIL. Tribunal de Contas da União (Plenário). **Acórdão TCU 2993/2009**. Representação formulada por empresa licitante nos termos do art. 113, § 1º, da lei 8.666/93. Concorrência. Obra custeada com recursos federais. Cláusulas editalícias restritivas ao caráter competitivo e/ou ilegais. Procedência. Determinação para adoção de providências visando à anulação do certame. Outras determinações. Recorrente:

Construtora Jole Ltda. Relator: Augusto Nardes, 9 de dezembro de 2009b. Disponível em: https://pesquisa.apps.tcu.gov.br/documento/acordao-completo/*/KEY%253AACORDAO-COMPLETO-1142667/DTRE-LEVANCIA%2520desc/0/sinonimos%253Dfalse. Acesso em: 14 jul. 2023.

BRASIL. **Lei n.º 11.977, de 7 de julho de 2009**. Dispõe sobre o Programa Minha Casa, Minha Vida – PMCMV e a regularização fundiária de assentamentos localizados em áreas urbanas; altera o Decreto-Lei no 3.365, de 21 de junho de 1941, as Leis nos 4.380, de 21 de agosto de 1964, 6.015, de 31 de dezembro de 1973, 8.036, de 11 de maio de 1990, e 10.257, de 10 de julho de 2001, e a Medida Provisória no 2.197-43, de 24 de agosto de 2001; e dá outras providências. Brasília, DF: Presidência da República, [2009c]. Disponível em: https://www.planalto.gov.br/ccivil_03/_ato2007-2010/2009/lei/l11977.htm. Acesso em: 14 jul. 2023.

BRASIL. Receita Federal. **Instrução Normativa n.º 971, de 13 de novembro de 2009**. Dispõe sobre Normas Gerais de Tributação Previdenciária e de Arrecadação das Contribuições Sociais. Brasília, DF: Receita Federal, [2009d]. Disponível em: http://normas.receita.fazenda.gov.br/sijut2consulta/link.action?idAto=15937. Acesso: 13 jul. 2023.

BRASIL. **Lei n.º 12.309, de 9 de agosto de 2010**. Dispõe sobre as diretrizes para a elaboração e execução da Lei Orçamentária de 2011 e dá outras providências. Brasília, DF: Presidência da República, [2010a]. Disponível em: http://www.planalto.gov.br/ccivil_03/_ato2007-2010/2010/lei/l12309.htm. Acesso em: 15 jul. 2023.

BRASIL. Tribunal de Contas da União. **Licitações e contratos**: orientações e jurisprudência do TCU/Tribunal de Contas da União. 4. ed. rev. atual. e ampl. Brasília, DF: Senado Federal, Secretaria Especial de Editoração e Publicações, 2010b.

BRASIL. **Lei n.º 12.546, de 14 de dezembro de 2011**. Institui o Regime Especial de Reintegração de Valores Tributários para as Empresas Exportadoras (Reintegra); dispõe sobre a redução do Imposto sobre Produtos Industrializados (IPI) à indústria automotiva; altera a incidência das contribuições previdenciárias devidas pelas empresas que menciona; altera as Leis nº 11.774, de 17 de setembro de 2008, nº 11.033, de 21 de dezembro de 2004, nº 11.196, de 21 de novembro de 2005, nº 10.865, de 30 de abril de 2004, nº 11.508, de 20 de julho de 2007, nº 7.291, de

19 de dezembro de 1984, nº 11.491, de 20 de junho de 2007, nº 9.782, de 26 de janeiro de 1999, e nº 9.294, de 15 de julho de 1996, e a Medida Provisória nº 2.199-14, de 24 de agosto de 2001; revoga o art. 1º da Lei nº 11.529, de 22 de outubro de 2007, e o art. 6º do Decreto-Lei nº 1.593, de 21 de dezembro de 1977, nos termos que especifica; e dá outras providências. Brasília, DF: Presidência da República, [2011]. Disponível em: https://www.planalto.gov.br/ccivil_03/_ato2011-2014/2011/lei/l12546.htm. Acesso em: 15 jul. 2023.

BRASIL. **Lei n.º 12.740, de 8 de dezembro de 2012**. Altera o art. 193 da Consolidação das Leis do Trabalho - CLT, aprovada pelo Decreto-Lei nº 5.452, de 1º de maio de 1943, a fim de redefinir os critérios para caracterização das atividades ou operações perigosas, e revoga a Lei nº 7.369, de 20 de setembro de 1985. Brasília, DF: Presidência da República, [2012]. Disponível em: https://www.planalto.gov.br/ccivil_03/_ato2011-2014/2012/lei/l12740.htm. Acesso em: 14 jul. 2023.

BRASIL. **Lei Complementar n.º 147, de 7 de agosto de 2014**. Altera a Lei Complementar no 123, de 14 de dezembro de 2006, e as Leis nos 5.889, de 8 de junho de 1973, 11.101, de 9 de fevereiro de 2005, 9.099, de 26 de setembro de 1995, 11.598, de 3 de dezembro de 2007, 8.934, de 18 de novembro de 1994, 10.406, de 10 de janeiro de 2002, e 8.666, de 21 de junho de 1993; e dá outras providências. Brasília, DF: Presidência da República, [2014]. Disponível em: https://www.planalto.gov.br/ccivil_03/leis/lcp/lcp147.htm. Acesso em: 14 jul. 2023.

BRASIL. **Lei n.º 13.670, de 30 de maio de 2018**. Altera as Leis nº s 12.546, de 14 de dezembro de 2011, quanto à contribuição previdenciária sobre a receita bruta, 8.212, de 24 de julho de 1991, 8.218, de 29 de agosto de 1991, 9.430, de 27 de dezembro de 1996, 10.833, de 29 de dezembro de 2003, 10.865, de 30 de abril de 2004, e 11.457, de 16 de março de 2007, e o Decreto-Lei nº 1.593, de 21 de dezembro de 1977. Brasília, DF: Presidência da República, [2018]. Disponível em: https://www.planalto.gov.br/ccivil_03/_ato2015-2018/2018/lei/l13670.htm. Acesso em: 14 jul. 2023.

BRASIL. **Lei n.º 14.288, de 31 de dezembro de 2021**. Altera a Lei nº 12.546, de 14 de dezembro de 2011, para prorrogar o prazo referente à contribuição previdenciária sobre a receita bruta, e a Lei nº 10.865, de 30 de abril de 2004, para prorrogar o prazo referente a acréscimo de alíquota da Contribuição Social para o Financiamento da Seguridade Social devida pelo Importador de Bens Estrangeiros ou Serviços do Exterior (Cofins-Importação), nos termos que especifica. Brasília, DF: Presidência da República, [2021]. Disponível em: https://www.planalto.gov.br/ccivil_03/_ato2019-2022/2021/lei/l14288.htm. Acesso em: 14 jul. 2023.

BRASIL. Ministério do Trabalho e Previdência. Gabinete do Ministro. **Portaria Interministerial MPS/MF n.º 26, de 10 de janeiro de 2023**. Dispõe sobre o reajuste dos benefícios pagos pelo Instituto Nacional do Seguro Social - INSS e demais valores constantes do Regulamento da Previdência Social - RPS e dos valores previstos nos incisos II a VIII do § 1º do art. 11 da Emenda Constitucional nº 103, de 12 de novembro de 2019, que trata da aplicação das alíquotas da contribuição previdenciária prevista nos arts. 4º, 5º e 6º da Lei nº 10.887, de 18 de junho de 2004. Brasília, DF: MPS, [2023]. Disponível em: https://www.in.gov.br/en/web/dou/-/portaria-interministerial-mps/mf-n-26-de-10-de-janeiro-de-2023-457160869. Acesso em: 14 jul. 2023.

CABRAL, Eduardo C. **Proposta de metodologia de orçamento operacional para obras de edificação**. Dissertação (Mestrado em Engenharia) – EPS/UFSC, Florianópolis, 1988.

CARVALHAES, Martelene. **A nova desoneração da folha de pagamento na construção civil com as alterações da Lei 13.161 de 31 de agosto de 2015**. 2015. Disponível em: http://blogs.pini.com.br/posts/legislacao-tributos/a-novadesoneracao-da-folha-de-pagamento-na-construcao-civil-363963-1.aspx. Acesso em: 2 fev. 2017.

CIMINO, Remo. **Planejar para construir**. São Paulo: Editora Pini, 1987.

CUB – Custo Unitário Básico da Construção. Sinduscon Grande Florianópolis, SC. Publicado em março/2022. Site: www. http://cub.org.br/cub-m2-estadual/SC/

DIKMEN, Irem; BIRGONUL, M. Talat; HAN, Sedat. Using fuzzy risk assessment to rate cost overrun risk in international construction projects. **International Journal of Project Management**, [s. l.], v. 25, n. 5, p. 494-505, 2007.

FONSECA, Simon Jairo da; MARTINS, Gilberto de Andrade. **Curso de estatística**. São Paulo, SP: Editora Atlas, 1996.

GIAMMUSSO, Salvador E. **Orçamentos e custos na construção civil**. São Paulo, SP: Editora Pini, 1991.

GOLDMAN, Pedrinho. **Introdução ao planejamento e controle de custos na construção civil**. São Paulo: Editora Pini, 1986.

GUEDES, Milber F. **Caderno de encargos**. São Paulo, SP: Editora Pini, 1987.

HARTONO, Budi *et al*. Project risk: theoretical concepts and stakeholders' perspectives. **International Journal of Project Management**, [*s. l.*], v. 32, n. 3, p. 400-411, 2014.

IRPJ - Lucro presumido – cálculo do imposto. **Portal Tributário**, [*s. l.*], 2023. Disponível em: https://www.portaltributario.com.br/guia/lucro_presumido_irpj.html. Acesso em: 15 jul. 2023.

ISO – International Standards Organization. **ISO 31000:2009**: risk management: principles and guidelines. Genebra: ISO technical management board working group on risk management, 2009.

KLAUSER, Ludwig J. M. **Custo industrial**. 4. ed. São Paulo: Editora Atlas, 1975.

LEHTIRANTA, Liisa. Risk perceptions and approaches in multi organizations: a research review 2000–2012. **International Journal of Project Management**, [*s. l.*], v. 32, p. 640-653, 2014.

LIMA Jr., João da R. **BDI nos preços das empreitadas uma prática frágil**. São Paulo, SP. EPUSP. 1993.

LIMA Jr., João da R... O preço das obras empreitadas; análise e modelo para a sua formação. **Boletim Técnico**. EPUSP. 1990.

MAITAL, Schlomo. **Economia para executivos**. São Paulo: Editora Campus, 1996.

MARCIAL, Elaine Coutinho; GRUMBACH, Raul José dos Santos. **Cenários prospectivos**: como construir um futuro melhor. 2. ed. Rio de Janeiro: Editora FGV, 2004.

MARTINS, Gilberto de Andrade. **Estatística geral e aplicada**. São Paulo: Editora Atlas, 2000.

MATTOS, Aldo Dória. **Como preparar orçamentos de obras**. São Paulo: Editora Pini, 2006.

PMBOK. PROJECT MANAGEMENT INSTITUTE. **Um guia do conhecimento em gerenciamento de projetos**: guia PMBOK. 6. ed. Newton Square: PMI, 2018. Disponível em: https://www.academia.edu/44630119/Guia_do_CONHECIMENTO_EM_GERENCIAMENTO_DE_PROJETOS_GUIA_PMBOK_Sexta_edi%C3%A7%C3%A3o. Acesso em: 1 fev.2018.

ROCHA, Luiz Carlos C. Gestão estratégica de custos. Revista Construção Mercado, nº3, Editora PINI. São Paulo. SP. 2001.

SAAD, Eduardo G. **Consolidação das leis do trabalho comentada**. 37. ed. São Paulo, SP: LTr, 2004.

STABILLE, Miguel. **Custos**. Rio de Janeiro: Ed. Boletim de Custos, 1989.

TCPO – Tabela de composição de preços e orçamentos. 10. ed. São Paulo, SP: Editora Pini, 1996.

TIPOS de filiação. **Gov.br**, [s. l.], 22 jun. 2023. Disponível em: https://www.gov.br/inss/pt-br/direitos-e-deveres/inscricao-e-contribuicao/tipos-de-filiacao. Acesso em: 14 jul. 2023.

WALTER, M.A; BRAGA, H.R. **Demonstrações Financeiras um Enfoque Gerencial. Vol.2** – Análise e Interpretação. São Paulo: Editora Saraiva. 1986.

ZADEH, Lotfi A. Outline of a new aproach to the analysis of complex sistems and decision processes. **IEEE Transactions on Systems, Man, & Cybernetics**, Columbia, v. 3, n. 1, p. 28-44, 1973.

ZENG, Jiahao; AN, Min; SMITH, Nigel John. Application of a fuzzy based decision making methodology to construction project risk assessment. **International Journal of Project Management**, [s. l.], v. 25, n. 6, p. 589-600, 2007.

ZOU, Patrick X. W.; ZHANG, Goumin; WANG, Jiayuan. Understanding the key risks in construction projects in China. **International Journal of Project Management**, [s. l.], v. 25, n. 6, p. 601-614, 2007.

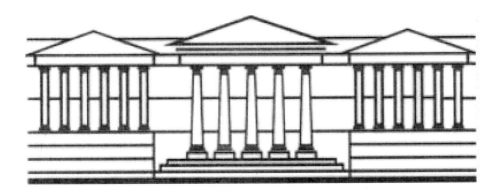